Dominik Landwehr
Mythos Enigma

MedienAnalysen
Herausgegeben von Georg Christoph Tholen | Band 2

Editorial

Medien sind nicht nur Mittel der Kommunikation und Information, sondern auch und vor allem Vermittlungen kultureller Selbst- und Fremdbilder. Sie prägen und verändern Konfigurationen des Wahrnehmens und Wissens, des Vorstellens und Darstellens. Im Spannungsfeld von Kulturgeschichte und Mediengeschichte artikuliert sich Medialität als offener Zwischenraum, in dem sich die Formen des Begehrens, Überlieferns und Gestaltens verschieben und Spuren in den jeweiligen Konstellationen von Macht und Medien, Sprache und Sprechen, Diskursen und Dispositiven hinterlassen.

Das Konzept der Reihe ist es, diese lesbar zu machen. Sie versammelt Fallanalysen und theoretische Studien – von den klassischen Bild-, Ton- und Textmedien bis zu den Formen und Formaten der zeitgenössischen Hybridkultur.

Prof. Dr. Georg Christoph Tholen lehrt Medienwissenschaft mit kulturwissenschaftlichem Profil an der Universität Basel. Seine Forschungsschwerpunkte sind Aisthesis und Medialität, Erinnern und Vergessen.

Dominik Landwehr studierte Germanistik, Volksliteratur und Medienwissenschaften in Zürich und Basel. Er arbeitet heute als Abteilungsleiter für das »Migros-Kulturprozent« in Zürich und ist Publizist.

Dominik Landwehr

Mythos Enigma.
Die Chiffriermaschine als Sammler- und Medienobjekt

[transcript]

Die vorliegende Arbeit wurde als Dissertation am 14. Juni 2007 von der Philosophisch-Historischen Fakultät der Universität Basel (Dekan Prof. Ueli Mäder) auf Antrag von Prof. Georg Christoph Tholen und Prof. Walter Leimgruber genehmigt.

Online-Informationen zur Arbeit und zum Thema unter www.mythos-enigma.ch

Bibliografische Information der Deutschen Bibliothek
Die Deutsche Bibliothek verzeichnet diese Publikation in der Deutschen Nationalbibliografie; detaillierte bibliografische Daten sind im Internet über http://dnb.ddb.de abrufbar.

Umschlaggestaltung: Kordula Röckenhaus, Bielefeld
Abbildungen: Die Bildrechte liegen, wo nichts anderes angegeben ist, beim Autor.
Die Rechte für die verwendeten Bilder aus Filmen und Videos liegen beim jeweiligen Rechteinhaber.
Lektorat & Satz: Dominik Landwehr
Druck: Majuskel Medienproduktion GmbH, Wetzlar
ISBN 978-3-89942-893-3

Gedruckt auf alterungsbeständigem Papier mit chlorfrei gebleichtem Zellstoff.

Besuchen Sie uns im Internet:
http://www.transcript-verlag.de

Bitte fordern Sie unser Gesamtverzeichnis und andere Broschüren an unter:
info@transcript-verlag.de

Inhalt

Georg Christoph Tholen
Geleitwort

Krieg und Kryptographie sind in der Medien- und Militärgeschichte ein ebenso geheimnisvolles wie geheim gehaltenes Zwillingspaar. Im Falle der Enigma, der prominenten Chiffriermaschine des zweiten Weltkrieges, dauerte die Geheimhaltung ihrer Geschichte und Bedeutung bis 1974. Seit diesem Jahr war es, wie der britische Weltkriegsveteran Frederick Winterbotham in einer der ersten Veröffentlichungen zur erfolgreichen Entschlüsselung der deutschen Funksprüche und Befehlsflüsse betont, erlaubt, wissen zu können und zu wollen, worin das Enigma der ›Enigma‹ bestand – im Wettkampf zwischen den Verschlüsselungs- und Entschlüsselungstechniken. Das »Relais-Rennen« zwischen den Chiffriermaschinen, so schon der Mathematiker und Turing-Biograph Andrew Hodges, ist *eine* der Vor-Geschichten des Computers als universellem Medium, die sich mit denen der Steuermedien, Rechenautomaten, Logik- und Kalkülmaschinen verkreuzt und überlagert.

Doch der Mythos von der monokausalen Heldengeschichte der Geheimschreiber und Codiermaschinen als Waffe ist eben auch ein Mythos, d.h. eine variationsreiche und zugleich traditionsbeständige Erzählung, die im Fall der Enigma Zeitzeugen und Wissenschafter, Liebhaber und Sammler faszinieren und bis zur Obsession in Beschlag nehmen kann: ›Boundary Objects‹ der Wissbegier und Mythenbildung – in wissenschaftlichen wie populären Diskursen.

Und an dieser Stelle setzt Dominik Landwehr mit seinen materialreichen Recherchen und Interviews ein: in diskursanalytischer wie dekonstruktiver Perspektive erfahren wir neue mediengeschichtliche Details über Chiffriermaschinen, über Mathematik und Informatik, die zu erzählen so prominente Gesprächspartner wie Andrew Hodges, David Kahn, Friedrich L. Bauer u.a. bereit waren. Wir erfahren aber auch, warum und wie das Geheimnis um Alan Turing und die Enigma zum bevorzugten Narrativ zahlloser Erzählungen, Romane und Filme, von Rolf Hochhuth bis Robert Harris, wurde. Und die Leidenschaft der Sammler, so Landwehrs mehrjährige Recherchen, hört nicht auf, nicht aufzuhören. Dies wiederum gilt erst recht für eine andere Simulation, in der sich Technik und Phantasma verschränken: Re-Enactment nennt sich das Rollenspiel der Übermittlung von Verschlüsselungen, die eine Gruppe von Freiwilligen, eingekleidet in originale Uniformen und ausgerüstet mit authentischen Nachrichten der deutschen Wehrmacht, nachspielt und sich selber vorspielt – Rohstoff für weitere Studien über Krieg und Kryptografie.

Dank

»Das Rätsel der Neuen Maschine« hiess ein Artikel, den ich 2001 in der Neuen Zürcher Zeitung[1] publizieren konnte. Er beschäftigte sich mit der kaum bekannten Tatsache, dass die Schweiz im Zweiten Weltkrieg mit der Enigma-Chiffriermaschine arbeitete. Der Zeitungsartikel war gewissermassen die Initialzündung für die nun vorliegende Dissertation. Selten hätte ein Artikel, so berichtete mir Stefan Betschon, Informatik-Redaktor bei der Neuen Zürcher Zeitung, ein derart reiches Echo ausgelöst. Unter den Reaktionen fand sich auch ein kurzes Schreiben des ehemaligen Kryptografie-Ingenieurs Oskar Stürzinger. Dieser hat meine Arbeit seither mit viel Aufmerksamkeit und Sachkenntnis begleitet und mir dabei immer wieder Dokumente und längst vergriffene Bücher zukommen lassen. Prof. Dr. Alfred Messerli, mit dem ich seit meiner Gymnasialzeit verbunden bin, kannte meine Recherchen und lud mich deswegen für eine Präsentation im Herbstworkshop der Schweizerischen Gesellschaft für Kulturwissenschaft (SGKW)[2] ein. Die Begegnung mit Prof. Dr. Christoph Georg Tholen an dieser Tagung war kurz aber folgenreich: Prof. Tholen schlug mir dort vor, meine Recherchen im Rahmen eines Dissertationsprojektes am Institut für Medienwissenschaften der Universität Basel fortzusetzen. Prof. Tholen hat das Promotionsprojekt seither mit Interesse und Sympathie betreut und begleitet, die einzelnen Kapitel nach ihrer ersten Niederschrift gelesen und kommentiert und mir immer wieder Präsentationen und Diskussionen ermöglicht: Im Rahmen des Doktoranden-Kolloquiums, aber auch an anderen Orten wie etwa an der Lüneburger Veranstaltung »Hyperkult«, wo ich im Sommer 2006 eine ausführliche Präsentation zum Thema Enigma-Simulationen[3] machen konnte

1 Dominik Landwehr: Das Rätsel der Neuen Maschine. In: Neue Zürcher Zeitung vom 30.11. 2001. S. 81/82.

2 Dominik Landwehr: Cet Obscur Objet du Désir. Die Chiffriermaschine Enigma als Mythos und Gegenstand der Leidenschaft. Herbstworkshop der Schweizerischen Gesellschaft für Kulturwissenschaft vom 22./23. November 2002 zum Thema Wissenschaftskulturen – Kulturwissenschaften. http://www.culturalstudies.ch/d/workshop/index.html.

3 Dominik Landwehr: Re-Enacting Enigma. Die Konstruktion von Wirklichkeit durch Simulationen der Enigma-Chiffriermaschine. Referat für

und zahlreiche interessante und wichtige Kontakte knüpfen konnte, unter anderem auch mit Prof. Dr. Wolfgang Coy und Prof. Dr. Martin Warnke, die mir beide wichtige Anregungen zukommen liessen.

Wichtige Anregungen verdanke ich einer Reihe von weiteren Angehörigen der Universität Basel: Meinem zweiten Referenten, Prof. Dr. Walter Leimgruber vom Institut für Kulturwissenschaft und Europäische Ethnologie, Prof. Dr. Sabine Maasen vom Programm für Wissenschaftsforschung und Prof. Dr. Eva Horn vom Deutschen Seminar.[4]

Der vielleicht abenteuerlichste und ungewöhnlichste Teil meiner Arbeit waren die zahlreichen Interviews, die ich für meine Recherchen führte. Allen meinen Interviewpartnern sei deshalb an dieser Stelle gedankt. Bei vielen blieb es nicht bei einer einmaligen Befragung und nicht selten ergab sich ein Kontakt, der bis heute andauert. Dies gilt in besonderer Weise für eine ganze Reihe von Personen: Frode Weierud hat mir immer wieder wertvolles Archivmaterial zur Verfügung gestellt und mir damit aufwendige und zeitraubende Recherchen abgenommen. Dasselbe gilt auch für Rudolf J. Ritter oder Norbert Ryska vom Heinz Nixdorf Museumsforum in Paderborn. Peter Nyffeler, der während meiner Recherche beim Schweizer Verteidigungsministerium (VBS) für Kryptologie zuständig war, hat mir nicht nur wertvolle Dokumente zukommen lassen, sondern auch in grosszügiger und unkomplizierter Weise eine Schweizer Enigma und eine Nema für Demonstrations- und Dokumentationszwecke ausgeliehen. Dankbar bin ich auch dem Mathematiker und Turing Biografen Dr. Andrew Hodges aus Oxford, dem Historiker Dr. David Kahn aus New York und Prof. Dr. Friedrich L. Bauer, Mathematiker aus München. Alle nahmen sich Zeit für längere Gespräche und ermöglichten mir entscheidende Einsichten.

Meine Dissertation entstand neben meiner übrigen beruflichen Arbeit. Ein wichtiger Dank geht deshalb an meine Vorgesetzten bei der Direktion Kultur und Soziales des Migros-Genossenschafts-Bundes (»Migros-Kulturprozent«) zwischen 2001 und 2007: Heinz Altorfer und Hedy Graber. Letztere war es auch, die mir in den Jahren 2006 und 2007 zu einem Bildungsurlaub verhalf.

die Tagung Hyperkult 15 zum Thema Modelling & Simulation vom 13.-15. Juli 2006. http://kulturinformatik.uni-lueneburg.de/hyperkult/ vom 19.2.2008.

4 Das von Eva Horn organisierte Seminar »Dark Powers« an der Universität Konstanz vom Sommer 2006 ermöglichte mir einen fruchtbaren Austausch. http://www.uni-konstanz.de/transatlantik/veranst.htm#0406 vom 19.2.2008.

Ohne meine verständnisvolle und unterstützende Familie wäre diese Dissertation nicht geschrieben worden und meine Frau, Susanna Landwehr-Sigg, hat mit ihrem kritischen Verstand und ihrem scharfen Blick auch die Mühe eines mehrmaligen Korrekturlesens auf sich genommen.

Für ihre Unterstützung bei den Vorarbeiten zur Drucklegung danke ich Beate Kuhn.

Ein Wort zur Rechtschreibung: Sie orientiert sich an den Regeln der Neuen Zürcher Zeitung, welche die seit 1998 geltende Rechtschreibereform zurückhaltend umgesetzt hat. Die Regeln, welche im 2006 letztmals überarbeiteten Vademecum[5] erläutert werden, schliessen auch typografische Konventionen ein.

5 Vademecum. Der sprachlich-technische Leitfaden der Neuen Zürcher Zeitung. Zürich 2006. NZZ-Libro.

Prolog: Die Enigma - ein mehrfaches Geheimnis

Diese Arbeit beschäftigt sich mit der deutschen Chiffriermaschine Enigma. Diese Maschine wurde im Zweiten Weltkrieg verwendet, um Funksprüche zu verschlüsseln. Aber dies ist nur der erste Teil der Geschichte.

Wer sich heute mit dieser Maschine beschäftigt, stösst auf verschiedene Geheimnisse, die wie die Schalen einer Zwiebel angelegt sind. Vielleicht macht das den Reiz des Themas aus: Hinter jedem Geheimnis wartet ein zweites.

Das erste Geheimnis könnte man das zeitgenössische Geheimnis nennen. Die Enigma war eine Verschlüsselungsmaschine, genauer genommen eine der ersten Maschinen, welche die Verschlüsselung automatisch vornahm. Und sie tat das offenbar recht gut. Mit den damals bekannten Methoden war es jedenfalls nicht mehr möglich mitzuhören. Diese Erfahrung mussten die englischen Kryptoanalytiker machen, die im berühmten ›Room 40‹ der britischen Admiralität in London den deutschen Funkverkehr abhörten:

»Doch seit 1926 hörten sie Funksprüche, aus denen sie sich keinen Reim mehr machen konnten. Die Enigma war auf den Plan getreten, und je mehr Geräte die Deutschen einsetzten, desto weniger Aufklärungserfolge konnte Room 40 erzielen. Auch die Amerikaner und Franzosen versuchten die Enigma-Verschlüsselung zu knacken, doch auch ihre Versuche scheiterten kläglich. Deutschland hatte jetzt das sicherste militärische Fernmeldesystem der Welt.«[1]

Mit einem fast unvorstellbaren Aufwand gelang es britischen Spezialisten im Zweiten Weltkrieg, das deutsche Geheimnis zu lüften.

Nun stellte sich ein neues Problem: Dieses Wissen musste geschützt werden, damit es der Kriegsführung nützen konnte. So mussten die Briten alles daran setzen, ihr Wissen geheim zu halten:

---

1 Simon Singh: Geheime Botschaften. Die Kunst der Verschlüsselung von der Antike bis in die Zeiten des Internet. München, Wien 2000. Hanser Verlag. S.179.

»Wenn das Material in Geheimaktionen erbeutet worden war, mussten weitere Vorsichtsmaßnahmen ergriffen werden, bevor das gewonnene Wissen genutzt werden konnte. Zum Beispiel lieferten die Enigma-Entschlüsselungen die Positionen zahlreicher U-Boote, doch es wäre unklug gewesen, jedes einzelne sofort anzugreifen, weil eine plötzliche unerklärliche Zunahme der britischen Erfolge die Deutschen mißtrauisch gemacht hätte. Folgerichtig ließen die Alliierten einige U-Boote entkommen und griffen andere erst an, wenn ein Spähflugzeug ausgeflogen war, womit sich die Annäherung eines Zerstörers ein paar Stunden später scheinbar erklären ließ. Oder die Alliierten schickten fabrizierte Meldungen in den Äther, wonach U-Boote gesichtet worden seien, was ebenfalls ausreichte, um den darauf folgenden Angriff zu erklären.«[2]

In dem Masse, wie eine Technik und ein Verfahren veraltet, dürfte auch das Interesse verblassen, sie geheim zu halten. Das trifft nun im Falle der Enigma erstaunlicherweise nicht zu: Die Geheimhaltung wurde auch nach dem Krieg aufrecht erhalten – viel länger, als man gemeinhin erwarten würde – bis zum Jahre 1974, als der britische Weltkriegsveteran Frederick Winterbotham sein Buch »Aktion Ultra« veröffentlichte. Tatsächlich war die Entschlüsselung der deutschen Enigma bis dahin Staatsgeheimnis gewesen. Im Vorwort zur Publikation von 1974 lesen wir:

»Zweifellos behinderte das bis Frühjahr 1974 geltende Verbot Ultra überhaupt zu erwähnen, die gesamte militärische Geschichtsschreibung außerordentlich. Persönlich habe ich während der letzten 10 Jahre mehrfach versucht - und zwar auf allerhöchster Ebene -, dieses Verbot zu Fall zu bringen. Vergeblich! Ich bin mir jedoch sicher, daß die so lange hinausgezögerte Enttarnung von Ultra und seines beinahe sagenhaften Einflusses auf die alliierte Strategie und manchmal sogar auf die alliierte Taktik – während des letzten großen konventionellen Krieges uns in einem etwaigen großen Krieg der Zukunft, der dann allerdings wohl atomar geführt werden würde, keinesfalls gefährden würde.«[3]

Der Schutz des Geheimnisses ist also die zweite Zwiebelschale. Und hier gilt es zwischen zwei verschiedenen Dimensionen zu unterscheiden: Das Geheimnis der entzifferten Enigma-Funksprüche wurde nicht nur während des Krieges sorgfältig gewahrt, sondern auch lange danach.

Eine Aura des Geheimen umgibt die Maschine auch heute noch, wo die Enigma ein wertvolles Sammelstück geworden ist. Die Preise, die dafür gezahlt werden, bewegen sich im Bereich von einigen zehntausend Euros. Wer eine solche Maschine besitzt, würde sie am liebsten in einen

---

2 Ebenda S. 227.

3 Frederick Winterbotham: Aktion Ultra. Deutschlands Code Maschinen halfen den Alliierten siegen. Berlin 1976. Ullstein (Engl. Erstausgabe 1974). S. 11.

Tresor sperren, wie ein kleiner Ausschnitt aus einem Interview mit einem Sammler zeigt:

»*Frage: Haben Sie Angst, dass ihnen Maschinen gestohlen werden könnten?*
Natürlich hat jeder Angst vor einem Diebstahl. Dagegen kann man sich schützen, indem man die Sammelstücke auslagert bei Freunden und Bekannten. Vor allem in den USA haben Sammler Bedenken und Angst vor der NSA [National Security Agency]. Sie sind vorsichtig und publizieren das nicht gerne.
Frage: Mir scheint das ziemlich absurd, es gibt ja heute von der Verschlüsselung her weit bessere Algorithmen. Ist diese Angst berechtigt?
Das stimmt schon – aber man hat Angst vor dem Übereifer dieser Dienste, die einfach etwas beschlagnahmen können, weil man nichts davon versteht. Das kann natürlich die Sammlertätigkeit schon lähmen. Es ist schon denkbar, dass diese Dienste alte Telegramme entziffern möchten.«[4]

4 Interview mit dem Sammler John Alexander (GB) vom 15. September 2002 und dem Sammler N.N. am 5. Oktober 2001.

EINLEITUNG

Die Enigma wird gemeinhin als eine der ersten mechanischen Chiffriermaschinen angesehen. Dass sie in der Geschichte mehr als nur eine Maschine unter vielen war, hat sie ihrem Einsatz im Zweiten Weltkrieg zu verdanken. Als Maschine hat sie die Zeichenkette der Sprache mittels einer logischen, reproduzierbaren und reversiblen Operation in eine unverständliche Zeichenkette umgeformt. Damit darf sie als eine frühe informationsverarbeitende Maschine angesehen werden und gehört – auf die eine oder andere Art – in die Mediengeschichte und auch in die Computergeschichte.

Die Enigma ist Gegenstand zahlreicher Untersuchungen wissenschaftlicher und populärwissenschaftlicher Art. Es gibt Romane, Theaterstücke und Filme, die sich mit der Maschine befassen. Sammler interessieren sich für die Maschine und Teile von ihr, und natürlich gibt es eine Fülle von Enigma Paraphernalia und Souvenirs zu kaufen.

All das trägt zur Bildung eines eigentlichen Enigma-Mythos bei. Bevor wir uns jedoch diesem Mythos zuwenden, mag es sinnvoll sein, einige faktische Informationen zu dieser Maschine vorzustellen:

Die Maschine: Die Enigma – 1923 vom deutschen Ingenieur Arthur Scherbius entwickelt – ist eines der ersten Geräte, das eine maschinelle Chiffrierung von Nachrichten erlaubt. Die Maschine bildete das Rückgrat für die Geheimhaltung deutscher Nachrichtenübermittlung im Zweiten Weltkrieg und wurde in zahlreichen Versionen benutzt. Eine etwas einfachere, kommerzielle Version wurde verkauft und auch in der Schweiz während des Krieges benutzt.

Die Entschlüsselung: Bereits in den 30er Jahren gelang es einer Gruppe von polnischen Mathematikern eine Maschine nachzubauen und ein erstes Mal den Enigma-Code zu brechen und Nachrichten zu entschlüsseln. Ihre Erkenntnisse wurden im Zweiten Weltkrieg von den Briten in einer geheimen Operation namens ›Ultra‹ weiterentwickelt, um mit den laufend veränderten Codeverfahren Schritt zu halten. Mit einem fast unvorstellbaren Aufwand gelang es, der Enigma ihre Geheimnisse zu entreissen. Am Ende des Krieges arbeiteten über 10 000 Personen an der Entschlüsselung der Enigma-Funksprüche in Bletchley Park in der Nähe von

Oxford. Unter den Spezialisten, die in Bletchley Park dienten, befand sich auch der britische Mathematiker Alan Turing (1912-1954).

Das Geheimnis: Die Entschlüsselung der Enigma war bis 1974 Staatsgeheimnis. Seither sind zahlreiche wissenschaftliche, aber auch populärwissenschaftliche Studien entstanden. Und auch heute, mehr als 60 Jahre nach dem Ende des Zweiten Weltkrieges und über 30 Jahre nach der ersten Publikation über die Entschlüsselung, steht die Maschine immer wieder im Mittelpunkt des öffentlichen Interesses.

Geschichten rund um die Maschine

Zur Enigma gehört eine fast unübersehbare Fülle von Geschichten. Dies soll im Folgenden anhand von einigen kleinen Beispielen gezeigt werden.

Populärstes und jüngstes Beispiel ist vielleicht der gleichnamige Roman des britischen Thriller-Autors Robert Harris, der 2002 auch verfilmt wurde. Robert Harris lässt Jericho, seine männliche Hauptfigur, folgenden Gedankengang machen: »Jericho thought the Enigma machine was beautiful – a masterpiece of human ingenuity that created both chaos and a tiny ribbon of meaning.«[1] Die Enigma wird als Meisterstück der menschlichen Erfindungskraft beschrieben, die Chaos hervorbringt und ein dünnes Band Sinn. Wir konstatieren nüchtern, dass der Maschine in diesem Satz Schönheit zugeschrieben wird und die Kraft, Chaos zu erzeugen.

Um die historische Bedeutung der Enigma geht es in einer vierteiligen Fernsehdokumentation, die der britische Sender Channel 4 TV produziert hat.[2] Dort kommen Zeitzeugen und Historiker zu Wort, unter ihnen auch der britische Ingenieur und Historiker Tony Sale. Historiker, so führt Tony Sale in der Dokumentation aus, seien sich heute darüber einig, dass die Enigma den Krieg beträchtlich verkürzt hat.[3] Weit wichtiger für das Verständnis des Enigma-Mythos ist aber sein nachfolgender Satz:

---

1 Robert Harris: Enigma. London 1995. Hutchinson. S. 25.

2 Station X: The Codebreakers of Bletchley Park. Video. Channel 4 Television 1999.

3 Dass Spekulationen nicht unproblematisch sind, ist auch dem zitierten Autor bewusst: »Counter-factual history is a difficult exercise, not to say a dubious one – as may be judged from such studies as those which have sought to reconstruct the history of the United States on the assumption that the railway had not been invented. It is certainly true that we should

»Für mich geht es bei der Enigma aber um weit mehr, und das ist gerade für die jüngeren Zuschauer wichtig: Die Geschichte der Entschlüsselung der Enigma ist eine Geschichte vom Sieg des Geistes – der Geist, der stärker ist als die Waffen.«[4]

Zwei weitere Beispiele für die Bedeutung des Enigma-Mythos in der Kulturwissenschaft:

Der Medienwissenschafter Jochen Hörisch beginnt das Kapitel Computer/Internet in seiner Geschichte der Medien mit der Enigma und ihrer Entschlüsselung und dem Beitrag des Mathematikers Alan Turing in einer allerdings fast atemlos zu nennenden Verkürzung:

»[...] im April 1940 waren bereits eine Enigma und – wichtiger noch – zahlreiche Dokumente, die mit der Enigma verschlüsselt worden waren, in einem als holländisches Fischerboot getarnten deutschen Schiff aufgebracht worden. Und so bekam der geniale britische Mathematiker Stoff für sein Forschungsvorhaben. Er hat 1936 seine ›Universal Discrete Machine‹ vorgestellt […] mit dem Kriegsbeginn bekam die anfangs als spleeniges Produkt belächelte Maschine des scheuen Exzentrikers eine kaum zu überschätzende Bedeutung.«[5]

Friedrich Kittler schliesslich schuf die Metapher von der ›künstlichen Intelligenz des Weltkriegs‹ und meinte damit allerdings nicht die Enigma, sondern Alan Turing:

»Der Zweite Weltkrieg, um es kurz zu machen, konfrontierte einfach zwei Schreibmaschinen. Auf der einen Seite Enigma und Geheimschreiber..., auf der anderen Seite Apparate namens Bombe, Orientalische Göttin oder Colossus, die ihre prophetischen oder gigantischen Namen durch die Fähigkeit verdienten, dieses selbe System...wieder zu dekodieren.«[6]

Mit dem Geheimschreiber ist ein Fernschreibegerät gemeint, das auch unter dem Namen T52 bekannt wurde, und von Siemens und Halske

carry it out only if we are fully aware of what we are doing. But it is equally true that, unless we attempt it, we shall not grasp the significance of Ultra's contribution«. In: F.H. Hinsley; Alan Stripp: Codebreakers. The inside story of Bletchley Park. Oxford 1993. Oxford University Press. S. 2.

4 Ebenda.

5 Jochen Hörisch: Eine Geschichte der Medien. Frankfurt 2004. Suhrkamp. S. 374.

6 Friedrich Kittler: Die künstliche Intelligenz des Weltkrieges: Alan Turing. In: Friedrich Kittler; Georg Christoph Tholen (Hg.): Arsenale der Seele. München 1989. Wilhelm Fink Verlag. S. 195.

entwickelt wurde. Bombe und Colossus waren Maschinen, die beim Brechen des Codes mithalfen.

Halten wir vorläufig fest: Die Geschichte der Enigma wurde – vornehmlich seit der Deklassifizierung durch die britische Regierung – immer wieder aufgegriffen und in unzähligen Arten erzählt. Diese Geschichte verführt offenbar zu einer metaphorischen Sprechweise, zu einer Überhöhung, und die Komplexität nötigt gleichzeitig zu Verkürzungen.

Diese Beispiele mögen zur Einführung genügen. Die vorliegende Arbeit widmet sich der Bedeutung, die dieser Maschine zugeschrieben wird. Es geht also nicht um eine ›objektive‹, geschichtswissenschaftliche Klärung, sondern um die Art und Weise, wie Geschichte und Geschichten um diese Maschine aufgeladen werden.

Zum Mythos

Als fruchtbar erweist sich in diesem Kontext die Frage, inwiefern wir es mit einem Mythos zu tun haben. Dazu bedarf es zunächst einer begrifflichen Klärung. Wir fragen also nicht nach der Faktizität der Geschichte, sondern nach den Geschichten, die rund um diese Maschine entstanden sind und um die Menschen, die sie erzählen. Das Interesse gilt nicht der historischen Bedeutung der Maschine, sondern den Geschichten zur Maschine und ihrer Bedeutung.

Es scheint, als werden zur Enigma besonders viele Geschichten erzählt – dafür muss es einen Grund geben. Mit meiner Arbeit möchte ich diesem Grund nachgehen.

Dazu bedarf es einer näheren, zu Beginn wohl auch provisorischen Bestimmung des Begriffes Mythos. Das Handbuch der Rhetorik weist uns einen Weg: »Eine im Kern wahre, beim Hörer Sinn stiftende Erzählung und eine spezifische Weise des ganzheitlichen Welterkennens.«[7]

Würde das in unserem Kontext heissen, dass die Geschichte rund um die Maschine einen höheren Sinn stiften und einem ganzheitlichen Welterkennen dienen sollte? – Ja, und auf diese Frage will sich diese Arbeit einlassen. Dahinter steckt die Vermutung, dass dieses scheinbar absichtslose Erzählen von Geschichten einem Zweck dient. Die Geschichten rund um die Enigma haben einen Sinn, und diesen Sinn zu finden machen wir uns auf den Weg und fragen ganz am Schluss auch, worin der Beitrag der Enigma-Geschichte zu diesem »ganzheitlichen Welterkennen« liegt.

---

7 Gregor Kalivoda; Gert Ueding; Walter Jens: Historisches Wörterbuch der Rhetorik. Tübingen 1991 ff.

Bleiben wir noch einen Moment beim Mythos und beim Erzählen. Die Bestimmung des Mythos durch den Philosophen Hans Blumenberg ist in unserem Kontext fruchtbar:

»Mythen sind Geschichten von hochgradiger Beständigkeit ihres narrativen Kerns und ebenso ausgeprägter marginaler Variationsfähigkeit: Diese beiden Eigenschaften machen Mythen traditionsgängig [...] Mythen sind daher nicht so etwas wie ›heilige Texte‹, in denen jedes Jota unberührbar ist.«[8]

Und auch die Bestimmung des Geschichten-Erzählens von Blumenberg könnte uns weiterhelfen: »Geschichten werden erzählt um etwas zu vertreiben. Im harmlosesten, aber nicht unwichtigsten Falle: die Zeit. Sonst und schwerwiegend: die Furcht.«[9] Wird mit dem Enigma-Mythos eine Furcht vertrieben? Welche?

Eine ganz ähnliche Sicht auf den Mythos liefern Stefan Münker und Alexander Roesler in einer aktuellen Untersuchung zum Mythos Internet:

»Mythen sind Geschichten, welche Menschen aller Zeiten und Kulturen sich angesichts scheinbar unerklärlicher und zugleich ebenso erschreckender wie verführerischer Phänomene erzählen: der mythische Narrativ bannt die beängstigende Fremdheit seines Gegenstands, bewahrt aber zumeist die faszinierende Ambivalenz, die dem Unerklärlichen anhaftet. Die grundsätzliche Mythologisierbarkeit der Welt, das haben wir gelernt, hat auch die Aufklärung kaum verringert, sie hat dem Willen zur mythischen Imagination und deren irreduzibler Irrationalität lediglich eine andere Richtung gewiesen. Statt Naturgewalten oder Schicksalsmächte dichten wir heute vornehmlich kulturelle Epiphänomene der entzauberten Welt der Moderne um. Unsere Mythen des Alltags (Roland Barthes) ranken sich um die schillernden Ikonen des Kinos, der Mode, der Popkultur ebenso wie um die immer neuen Möglichkeitsräume, welche wissenschaftlicher und technologischer Fortschritt erschliessen – und so auch um den Raum der telematischen Netze.«[10]

Bernhard Debatin stützt sich in seinen Betrachtungen zum Mythos auf die Bestimmung von Claude Lévy-Strauss: »Man kann sich also einen Mythos wie ein Hypertext-Dokument vorstellen, das sowohl auf Stellen in sich selbst, wie auch auf andere Hypertext-Dokumente, also andere Mythen verweist. Durch diese Querverweise in Form von Analogien, Metaphern und Metonymien bilden die Mythen ein zusammenhängendes

8 Hans Blumenberg: Arbeit am Mythos. Frankfurt 1996. Suhrkamp. S. 40.

9 Ebenda.

10 Stefan Münker; Alexander Rösler: Mythos Internet. Frankfurt 1996. Suhrkamp. S. 8.

mythisches Netz oder ›Gerüst‹, einen virtuellen Gesamtmythos.«[11] In welchen Gesamtmythos gehören dann die Enigma-Geschichten?

Zu den interessantesten Ansätzen, Mythen aus moderner Sicht zu verstehen, zählen die Überlegungen von Roland Barthes:

»Ob weit zurückliegend oder nicht, die Mythologie kann nur eine geschichtliche Grundlage haben, denn der Mythos ist eine von der Geschichte gewählte Aussage, aus der Natur der Dinge vermöchte er nicht hervorzugehen. Diese Aussage ist eine Botschaft. Sie kann deshalb sehr wohl auch anders als mündlich sein, sie kann aus Geschriebenem oder aus Darstellungen bestehen. Der geschriebene Diskurs, der Sport, aber auch die Photographie, der Film, die Reportage, Schauspiel und Reklame, all das kann Träger der mythischen Aussage sein.«[12]

Der Mythos, so Barthes, ist eine Aussage; aber dennoch ist er nicht ans Medium der Sprache gebunden. Erst die Deutung des Mythos geschieht im Medium der Sprache.

»Weil alle Materialien des Mythos, seien sie darstellend oder graphisch, ein Bedeutung gebendes Bewusstsein voraussetzen, kann man unabhängig von ihrer Materie über sie reflektieren. Diese Materie ist nicht indifferent: Die Abbildung ist gewiss gebieterischer als die Schrift, sie zwingt uns ihre Bedeutung mit einem Schlag auf, ohne sie zu analysieren, ohne sie zu zerstreuen. Doch dies ist kein konstitutiver Unterschied mehr. Das Bild wird in dem Augenblick, da es bedeutungsvoll wird, zu einer Schrift: Es hat, wie die Schrift, den Charakter eines Diktums. Eine Photographie ist für uns auf die gleiche Art und Weise Aussage, wie ein Zeitungsartikel, die Objekte selber können Aussage werden, wenn sie etwas bedeuten.«[13]

Für Barthes gehören die Mythen in ein semiologisches System.

»Man sieht, dass im Mythos zwei semiologische Systeme enthalten sind, von denen eines im Verhältnis zum anderen verschoben ist: ein linguistisches System, die Sprache (oder die ihr gleichgestellten Darstellungsweisen), die ich Objektsprache nenne – weil sie die Sprache ist, deren sich der Mythos bedient, um sein eigenes System zu errichten – und der Mythos selber, den ich Metasprache

11 Bernhard Debatin: Metaphern und Mythen des Internet. Demokratie, Öffentlichkeit und Identität im Sog der vernetzten Datenkommunikation. http://oak.cats.ohiou.edu/~debatin/German/NetMet.htm vom 16.2.2008.

12 Roland Barthes: Mythen des Alltags. Frankfurt 1964. Suhrkamp. S. 86.

13 Ebenda S. 87.

nenne, weil er eine zweite Sprache darstellt, in der man von der ersten spricht.«[14]

Der Mythos verbirgt nichts, er deformiert. Der Mythos ist gleichzeitig eine gestohlene wie eine zurückgegebene Aussage. Nur wurde sie zwischen dem Diebstahl und der Rückgabe verändert.[15] Die Mythen, so Roland Barthes, gehören zu einem Code des Bürgertums. Diesen gilt es in einem revolutionären Akt zu entschleiern. Eine revolutionäre Sprache kann für Barthes keine mythologische sein.

Die Arbeit am Enigma-Mythos versteht sich als De-Konstruktion dieses Mythos. Was wird mit einer solchen De-Konstruktion gewonnen? – Emphatisch gesprochen ist dieser Akt ein Stück Aufklärung, Entschleierung. Wenn im Mythos etwas verändert wurde, dann muss hier gefragt werden: Was wurde verändert, wie hat die Geschichte vor dieser Transformation ausgesehen? – Aber auch umgekehrt: Was wurde durch den Akt der Transformation in den Mythos gewonnen?

Raketen, Roboter, Netzwerke – Mythen der Neuzeit

Zur weiteren Untersuchung des Enigma-Mythos erscheint es sinnvoll, einen Blick auf andere Phänomene und Geschichten im technologisch und geschichtlich verwandten Umfeld zu werfen. Es sind dies die Mythen um Roboter, Raketen und um das Internet. Was können wir aus der Analyse dieser Mythen für unsere Untersuchung lernen?

Raketen: Ein Rückgriff auf letztere dürfte sich als besonders fruchtbar erweisen, geht doch die Geschichte der Rakete mit ihrem Janusgesicht von Raumerweiterung und Zerstörung ebenso wie der Enigma-Mythos auf eine Entwicklung zurück, die im Kontext des Zweiten Weltkrieges ihren Anfang nahmen. Gemeint ist damit vor allem die Rakete V2, die ihre so harmlos klingende Abkürzung vom Begriff »Vernichtungswaffe« bezogen hat. Ihre Geschichte ist eng mit dem Namen des Ingenieurs Wernher von Braun – dem nachmaligen Chefentwickler der US-Raumfahrtbehörde NASA – und der Ostseeinsel Usedom verbunden: dort wurden bei Peenemünde die ersten Raketen entwickelt und getestet.

14 Ebenda S.97.

15 Ebenda S.107. und S. 112.

Schon bei oberflächlicher Betrachtung fällt aber auf, dass der Diskurs über diese Raketen-Geschichte völlig anders strukturiert ist als der Diskurs über die Enigma. Die V2 war eine Waffe und hat als solche nachweisbare Effekte erzeugt, das heisst, sie hat Schäden angerichtet und einige zehntausend Menschen getötet. Demgegenüber wird die Enigma gemeinhin nicht als Waffe, sondern als Verschlüsselungsmaschine behandelt. Das Verschlüsseln und der Gebrauch von Verschlüsselungsmaschinen wird kaum mit ethischen Fragen in Verbindung gebracht, weil nach dem Inhalt der verschlüsselten Nachrichten zunächst nicht gefragt wird.

Ethische Fragen spielen demgegenüber bei der Aufarbeitung und Darstellung der (deutschen) Raketengeschichte eine zunehmend wichtige Rolle. So hat etwa nach der Wende der Plan für den Bau eines Freizeitparks zum Thema Weltraum und Raketen in Peenemünde eine grosse Kontroverse ausgelöst. Der Freizeitpark wurde schliesslich nicht realisiert, stattdessen konnte im ehemaligen Kraftwerk ein Museum eingerichtet werden.[16] Entsprechende Kontroversen bei der Enigma blieben aus. Dabei gäbe es durchaus Grund dazu: Die Enigma war ohne Zweifel Teil jenes Nazi-Apparates, der die Katastrophe des Zweiten Weltkrieges und namentlich den Holocaust möglich gemacht hat. Denn dafür brauchte es nicht nur Pläne, willfährige Menschen und Waffen, sondern auch eine umfassende Infrastruktur. Der Historiker Raul Hilberg beispielsweise hat in diesem Zusammenhang immer wieder darauf hingewiesen, welche zentrale Rolle für den Holocaust ein reibungsloses Funktionieren der Eisenbahn spielte.[17] Die Eisenbahn wurde dann auch zur zentralen Meta-

---

16 »In Peenemünde kann es nicht darum gehen, den Verantwortlichen und deren Taten ein unkritisches Denkmal zu setzen […]. Angesichts der Folgen, die die Peenemünder Entwicklungen ausgelöst haben, ist an diesem Ort von den Nachgeborenen aber die Frage nach einer politischen, moralischen und ethischen Schuld, die jenseits des Justitiablen liegt, zu stellen.« Bernhard Hoppe: Peenemünde. Ein Beitrag zur deutschen Erinnerungskultur. In: Bernhard Hoppe, Johannes Erichsen (Hg.): Peenemünde. Mythos und Geschichte der Rakete 1923-1989. Katalog des Museums Peenemünde. Berlin 2004. Nicolaische Verlagsbuchhandlung. S. 15.

17 Raul Hilberg: Sonderzüge nach Auschwitz. Mainz 1981. vgl. dazu auch den Artikel zum Stichwort »Reichsbahn«. In: Israel Gutman: Enzyklopädie des Holocaust. Zürich und München 1995. Piper. S. 1199-1201. »Die deutsche Eisenbahnverwaltung spielte bei der Durchführung der Endlösung eine entscheidende Rolle.« Auch: Sigrun Wulf: Nur Gott der Herr kennt ihre Namen. KZ-Züge auf der Heidebahn. Selbstverlag 1991. Vergriffen aber im Internet zugänglich: www.kz-zuege.de/ vom 16.2.2008.

pher bei der Einrichtung des Holocaust Memorial Museums in Washington D.C.[18]

Nicht so bei der Enigma. Sie wurde nicht als Instrument des Todes gesehen. Eine parallele Betrachtung mit der Eisenbahn wird meines Wissens nirgends versucht. Eine Diskussion im Kontext der Eisenbahn würde durchaus auf der Hand liegen, wurde doch für die Reichsbahn eine eigene Version der Enigma angefertigt.[19] Umgekehrt wurde die Entschlüsselung der Chiffriermaschine durchaus als moralischer Akt angesehen. Als Argument dafür wird, wie wir oben gesehen haben, die Verkürzung des Krieges und der Beitrag zur Schonung von Menschenleben angeführt.

Roboter: Die Fiktion von der Mensch-Maschine ist eine fruchtbare Idee in der Science Fiction Literatur des 20. Jahrhunderts und ist in unendlichen Abwandlungen immer wieder erzählt worden. Während sich in anderen Gebieten die Wissenschaft gegen populäre Umdeutungen zur Wehr setzt und abgrenzt, geschieht hier geradezu das Gegenteil: Immer wieder nehmen Ingenieurwissenschafter und Informatiker die Roboter-Idee auf und knüpfen mit ihren Konstruktionen an populären Bildern an. Als Beispiel dafür darf etwa die Roboterkonstruktion ›Kismet‹ gelten, die am Media Lab des Massachusetts Institute of Technology geschaffen wurde, ebenso gehören Erfindungen japanischer Wissenschafter dazu, die sich in den letzten 25 Jahren besonders intensiv um die Entwicklungen der Robotik gekümmert haben. Bei der Weltausstellung von Aichi in Japan, die im März 2005 eröffnet wurde, spielten humanoide Roboter eine tragende Rolle. Eng verbunden mit dem Roboter-Mythos darf auch der Mythos um die Künstliche Intelligenz betrachtet werden.[20]

Netzwerke: Allwissenheit und Grenzenlosigkeit sind Mythen, die sich um Computernetze und speziell um das Internet ranken. Es gibt offenbar so etwas wie eine Koppelung zwischen Technophilie und Technophobie, die sich stets findet, wenn sich eine neue Technologie ausbreitet. »Die je neueste Technik ist immer schon Gegenstand von Träumen und Wünschen, Projektionen und Mythen gewesen«, schreibt Bernhard Debatin

---

18 Mit vollem Namen: The United States Holocaust Memorial Museum in Washington D.C. www.ushmm.org vom 16.2.2008.

19 Die umfassendste Darstellung der verschiedenen Typen von Enigma-Maschinen findet sich bei David H. Hamer; Geoff Sullivan; Frode Weierud: Enigma Variations: An Extended Family of Machines. In: Cryptologia 23/3 (1998) S.211-223.

20 Olaf Kaltenborn: Das künstliche Leben. Die Grundlagen der Dritten Kultur. München 2001. Fink.

und verweist auf die unzähligen Mythen und Geschichten in denen eine technische Schöpfung (Homunkulus, Maschinenmensch, Cyborg oder Künstliche Intelligenz) zum universellen Helfer und Allheilmittel wird oder sich zerstörerisch gegen ihre Schöpfer erhebt.[21]

Debatin verweist auf ein weiteres Moment, das zu einer Verstärkung der mythischen Projektionen führt: Der Computer basiert auf abstrakten Algorithmen, seine Operationen erhalten eine magische Immaterialität. Und diese magische Immaterialität lässt den Computer zum Konkurrenzunternehmen des menschlichen Denkens werden. Die Attraktion dieser Mythen bewirkt, dass die Wirklichkeit hinter der Leuchtkraft des Mythos zurück tritt.

Diese drei Themenkomplexe weisen eine eigenartige Verwandtschaft mit unserem Untersuchungsgegenstand auf: Mit dem Raketen-Mythos verbindet sie ihr kriegerischer Ursprung, mit den Robotergeschichten ihre Kraft zum Fabulieren. Auch mit den Computer- und Netzwerkmythen ist der Enigma-Mythos verbunden, wird die Geschichte der Chiffriermaschine doch immer wieder im Umfeld der Geschichte des Computers erzählt. Tatsächlich ist die Verschlüsselungstechnik – wenn auch in einer anderen Form – Grundlage jeder Datenübertragung in modernen Netzwerken.

Die drei Ebenen der Untersuchung

Die Untersuchung des Enigma-Mythos soll auf drei Ebenen geschehen:

Erstens soll die Geschichte, respektive deren Rekonstruktion nach 1974 dargestellt werden, immer mit einer gewissen kritischen Distanz und dem Wissen um deren Bedingtheit und Konstruktion. Es gibt keine ›objektive Faktengeschichte‹ sondern immer nur Deutungen, und im Fall der Enigma zeigt sich dies besonders deutlich. Es kann gut sein, dass wir im Lauf der Untersuchung feststellen werden, dass auch die scheinbar ›historischen‹ Berichte zur Enigma bereits schon Teil des Mythos Enigma sind.

Zweitens werden wir uns den Menschen zuwenden, die sich heute mit der Enigma beschäftigen. Wir werden dabei davon ausgehen, dass es sich

21 Bernhard Debatin: Allwissenheit und Grenzenlosigkeit: Mythen um Computernetze. In: Jürgen Wilken (Hg.): Massenmedien und Zeitgeschichte. Schriftenreihe der Deutschen Gesellschaft für Publizistik und Kommunikationswissenschaft. Band 26. Mainz 1999. UVK Medien. S. 481-493.

nicht notwendigerweise um eine homogene, sondern um eine heterogene Gruppe von Menschen handelt, die von unterschiedlichen Zielen und Motivationen getrieben werden. Wir werden dabei auch prüfen, ob sich die Theorie der ›Boundary Objects‹ für diesen Kontext als fruchtbar erweist.[22]

Drittens wollen wir die gewonnenen Erkenntnisse im weiteren Kontext von medialen Diskursen über die Enigma betrachten. Dazu zählen Zeugnisse in Zeitungen, Zeitschriften und Büchern ebenso wie Darstellungen in Film und Video und im Internet. Es darf vermutet werden, dass gerade durch diese medialen Erzeugnisse eine reichhaltige Mythenproduktion stattfindet.

Zum Begriff der ›Boundary Objects‹: Dieser Begriff stammt aus der Museumssoziologie und wurde von den Autoren Star und Griesemer 1989 zum ersten Mal verwendet: »In natural history work, boundary objects are produced when sponsors, theorists and amateurs collaborate to produce representation of nature.«[23] Dasselbe Objekt kann für verschiedene Teilnehmer eines Systems verschiedene Bedeutungen haben. Das zeigt etwa die amüsante Geschichte einer Expedition in die Mongolei. Dort zeigten die Forscher Interesse an alten menschlichen Knochen, wohl um daraus Rückschlüsse auf die genetische oder sonstige Entwicklung einer Ethnie zu ziehen. Die Eingeborenen interessierten sich auch für diese Knochen und hielten sie gar für heilig, allerdings aus einem anderen Grund. Sie lösten sie in einer Flüssigkeit auf um daraus ein magisches Getränk herzustellen.[24] Wir mögen uns vorerst mit dem Hinweis begnügen, dass es sich lohnt, die Beschäftigung mit der Enigma mit dem Werkzeug und Auge des Ethnographen zu prüfen.

22 Susan Leigh Star; James R. Griesemer: Institutional Ecology, ›Translations‹ and Boundary Objects: Amateurs and Professionals in Berkeley's Museum of Vertebrate Zoology, 1907-1939. In: Social Studies of Science. An International Review of Research in the Social Dimensions of Science and Technology. London 1989. Sage Pubications. S. 387-420.

23 Ebenda. S. 411.

24 Ebenda.

Diskurstheorie als Werkzeug

Wir haben es in dieser Untersuchung mit Geschichte und Geschichten zu tun, mithin mit Fakten und Diskursen. Es lohnt sich also, einen Blick auf die Diskurstheorie zu werfen und zu fragen, ob sie für unsere Untersuchung genutzt werden kann. Diskurstheorie ist, so der Historiker Philipp Sarasin, zunächst einmal weniger eine Methode als vielmehr eine Haltung, eine Philosophie.[25] Es geht dabei nicht oder nicht nur darum, zu deuten, was Subjekte in einem Quellentext gemeint haben könnten, sondern auch was sie tatsächlich gesagt haben und noch mehr wie sie dies getan haben.

Besondere Aufmerksamkeit kommt dabei der Metaphorizität zu, also der Neigung von Autoren, ihre Gedanken in Bilder zu fassen:

»Die Aufmerksamkeit für die Polysemie der Sprache und die Unabschliessbarkeit des Sinns fördert die Einsicht in die Metaphorizität aller sprachlichen Äusserungen – auch von Wissenschaftssprachen – und erlaubt damit Analysen, die die Vielschichtigkeit von Bedeutungen in einer konkreten Situation sichtbar und verdrängte, unterdrückte oder verschwiegene Stimmen im ›Rauschen‹ eines herrschenden Diskurses hörbar machen.«[26]

Und auch die sogenannten Fakten führen kein Eigenleben jenseits von Kritik und Reflexion. Denn auch sie haben »immer schon Masken getragen, auf falsche Namen gehört und in erborgten Sprachen neue Geschichten erzählt«.[27]

In eine solche kritische Sichtweise reiht sich auch eine weitere Bemerkung ein: Sie gilt dem historischen Ort der Chiffriermaschine Enigma. Blickt man in die technikgeschichtliche Literatur, an der in Sachen Kryptografie und Enigma alles andere als Mangel herrscht, so gewinnt man überall einen ähnlichen Eindruck: Die Geschichte des Fernmeldewesens und der Kryptografie wird als ein stetes Voranschreiten dargestellt. Vorhandenes wird verfeinert, aus Altem wird Neues entwickelt. Ein steter Strom von steigender Raffinesse ist feststellbar von der bereits in der römischen Antike bekannten Technik der Cäsar-Verschiebung über die Mechanisierung der Chiffriertechnik, der Erfindung der asymmetrischen Verschlüsselung bis zur erst experimentell funktionierenden Quantenkryptografie.

25 Philipp Sarasin: Geschichswissenschaft und Diskursanalyse. Frankfurt 2003. Suhrkamp. S. 8.

26 Ebenda S. 59.

27 Ebenda S. 9.

In all diesen Darstellungen manifestiert sich ein Stück verfestigten Denkens, das sich im populären Diskurs schon fast zu axiomatischer Gewissheit verdichtet hat: Die Geschichte – insbesondere die Geschichte der Technik – ist immer die Geschichte eines Fortschritts. Diese teleologische Haltung wohnt fast allen Technikdiskursen der Gegenwart inne.

Gegenüber diesem linearen Geschichtsverständnis, das in der Technikgeschichte besonders ausgeprägt erscheint, sollten Zweifel formuliert werden, wie dies Siegfried Zielinski in seiner Archäologie der Medien gemacht hat.[28] Zu Recht fragt er dort: »Gibt es wirklich eine umfassende, grosse Genealogie der Telematik – vom antiken Sprechrohr zum Telefon, vom antiken Wassertelegrafen zum Datenservice – oder wird hier nicht vor allem eines veredelt: Die Idee des unaufhaltsamen, quasi natürlichen technischen Fortschrittes?«[29] Geschichte, die so verstanden wird, ist ein Feiern des stetigen Fortschreitens im Zeichen der Humanität. Demgegenüber postuliert Zielinski ein Eigenleben der untersuchten geschichtlichen Apparate und fordert ein anderes Denken: »Die Umkehrung im Sinne einer absichtsvollen Verschiebung lohnt sich zu denken und experimentell auszuprobieren: Nicht Altes, das schon immer Dagewesene, im Neuen suchen, sondern Neues, Überraschendes im Alten entdecken. Soll ein solches Finden glücken, ist der Abschied vom Gewohnten in vielfacher Weise erforderlich.«[30]

Damit ist zwar die Frage, inwiefern Enigma und ihre Entschlüsselungsmaschinen Teil der Computer-Geschichte sind, nicht erledigt. Zwei Schlüsse für unsere Untersuchung drängen sich auf: Erstens lohnt es sich bei Ansprüchen und Errungenschaften der untersuchten Maschinen zu verweilen, ohne sie gleich schon a priori zum Übergangsobjekt einer Genese des Computers zu machen. Zweitens und wohl noch wichtiger wirft diese Bemerkung ein neues Licht auf die Geschichte des Computers: In der Sichtweise des Begriffes ›Computergeschichte‹ wird der Computer nämlich selber zu einem Endpunkt der Entwicklung stilisiert, die er ohne Zweifel nicht ist. Vielleicht wäre es deshalb angebracht, statt von Computer von ›informationsverarbeitender Maschine‹ zu sprechen. Nicht dass dieser Begriff schöner wäre: Er ist einfach neutraler. Die heilsgeschichtliche Perspektive fehlt.

Es kann gut sein, dass wir in unserer Untersuchung auf genau diese Haltung stossen, welche die Enigma in eine historische Reihe der Vorläufer des Computers stellt. Unsere Vorbemerkung hilft uns in diesem

---

28 Sigfried Zielinski: Archäologie der Medien. Zur Tiefenzeit des technischen Hörens und Sehens. Hamburg 2002. Rowohlt.

29 Ebenda S. 12.

30 Ebenda S. 12.

Fall, diese Einordnung zu erkennen. Dabei geht es nicht darum zu urteilen, was möglicherweise historisch richtig oder falsch ist, sondern vielmehr, welche Funktion eine derartige Einordnung allenfalls haben könnte.

Eine Untersuchung zum Enigma-Mythos muss sich zwangsläufig ins Feld der (Natur)wissenschaft, aber auch der Populärwissenschaft begeben. Eine letzte Vorbemerkung soll deshalb diesem Themenkomplex gelten. Wiederum geht es nicht um richtig oder falsch, sondern um das Warum und Wie. Die Kultur der Populärwissenschaft ist eng mit der Kultur der Moderne verbunden.

»Populärwissenschaft ist ein Teil der Populärkultur. Kultur ist eine Kampfzone. Es gibt keinen in irgendeiner Weise übergeordneten Standpunkt, von dem aus entschieden werden könnte, was legitimes und was illegitimes Wissen ist, was zu Recht low und was auf eine geheimnisvoll exklusive Weise eben high sein muss. Vielmehr stellen sich solche Positionen auf Grund von gesellschaftlichen Kämpfen um Deutungsmacht her. Dass diese Deutungsmacht sich meist verstetigt und institutionalisiert, so dass der Eindruck entstehen kann, sie sei naturwüchsig mit ›Wahrheit› verknüpft, ändert daran nichts.«[31]

Sarasin schlägt vor, die Vorstellung einer klaren Trennungslinie zwischen zwei sozialen Ordnungen des Wissens zu ersetzen durch das Konzept von zwei koexistierenden Diskursformen: Das ›Populäre‹ der Populärwissenschaft wäre dabei nicht mit einer sozialen Position ihrer Produzenten oder Rezipienten verknüpft, sondern erscheint als Name für einen zweiten, allerdings ziemlich instabilen, unkontrollierbaren Diskursmodus innerhalb des weiten Rahmens der sozialen Konstruktion wissenschaftlicher Wahrheit. ›Populärkultur‹ oder eben ›Öffentlichkeit‹ ist die Voraussetzung dafür, dass wissenschaftliche Weltbilder entstehen können – und sie schafft erst die Bedingungen dafür, dass ›Wissenschaft verstehen‹ auch bedeuten kann, sie zu kritisieren.[32]

Mit diesen Vorbemerkungen ist der Bogen nun ziemlich weit gespannt. Vereinfacht gesagt, untersuchen wir einen geschichtlichen Sachverhalt – nämlich den Einsatz einer Maschine – und stellen fest, dass der Sachverhalt Gegenstand intensiver Auseinandersetzungen ist und auch heute im Zentrum eines kaum nachlassenden Interesses steht. Möglicherweise – und das wird zu prüfen sein – fördert diese Beschäftigung sogar eigene soziale Praktiken.

Je weiter unsere Untersuchung voranschreitet, desto mehr drängt sich die Frage auf: Wird hier immer wieder Neues erzählt? – Oder sind die

31 Ebenda S. 255.

32 Ebenda S. 257.

Veränderungen des Stoffes letztlich marginal? Die grosse Frage, die wir am Schluss zu beantworten hoffen, ist jene nach dem Warum: Warum geschieht das alles? Und: Was wird aufgedeckt, was wird zugedeckt?

Teil 1: Enigma oder die Automatisierung der Verschlüsselung

Das erste Kapitel ist den geschichtlichen Hintergründen und Fakten zur Chiffriermaschine Enigma gewidmet – sie werden gleichsam als Einführung ins Thema dargestellt; nach dem eben Gesagten ist dies allerdings nur mit einem hintersinnigen Lächeln möglich. Existieren denn diese Hintergründe und Fakten überhaupt unabhängig vom Mythos? – Oder ist es nicht vielmehr so, dass der vom Mythos geprägte Diskurs immer Neues hervorbringt?

Wie dem auch sei – ein Minimum an faktischen Informationen und Hintergründen ist notwendig. Dazu gehört etwa die Erklärung dessen, was diese Chiffriermaschine überhaupt war, wie sie funktionierte und wie ihr Geheimnis gelüftet werden konnte. Auch einige allgemeine Erörterungen zum Thema Kryptografie sind Teil dieser Einführung. Die umfangreiche Fakten- und Literaturlage soll knapp aber kritisch zusammengefasst werden. Als Exkurs ist der zweite Teil dieses Kapitels zu verstehen, in dem es um die Schweizer Enigma und ihre Nachfolgemaschine, die Nema, geht.

Forschungslage und Literatur

Zur Enigma-Geschichte existiert eine wachsende Menge von Literatur und medialen Zeugnissen, die auch Teil dieser Untersuchung – vor allem im dritten Kapitel – sind. Schon an dieser Stelle lassen sich eine Reihe von Feststellungen machen: Ein grosser Teil der Literatur gibt im Wesentlichen die Aussagen einiger weniger Werke angelsächsischer und vor allem britischer Provenienz wieder; wichtige Werke wurden zudem von Personen verfasst, die an der Enschlüsselungsoperation selber mitbeteiligt waren. Könnte es sein, dass es einen Zusammenhang zwischen dieser Tatsache und der wiederkehrenden, fast kultähnlichen Beschäftigung mit diesem Thema gibt? – Wir behalten diese Frage im Auge und versuchen, im dritten Kapitel eine Antwort darauf zu finden.

Der Anfangspunkt der Beschäftigung mit der Enigma lässt sich klar benennen: Es ist nicht das Ende des Zweiten Weltkriegs, sondern das Ende der Informationsblockade zur Operation Ultra, wie das gesamte britische Entschlüsselungs-Unternehmen hiess. Das erste Buch zur Geschichte der Enigma, ›The Ultra Secret‹, erschien 1974 und stammte aus der Feder des britischen Offiziers Frederick W. Winterbotham, der an der Entschlüsselungsoperation selber beteiligt war.[1] Sowohl die USA als auch Grossbritannien hatten ihre Erfolge im Dekodieren deutscher Meldungen nach dem Krieg zur Geheimsache erklärt. US Präsident Truman entschied dies bereits am 28.August 1945, drei Wochen nach dem Abwurf der Atombombe über Hiroshima. Es gab dafür einen handfesten Grund: Die Maschinen verschwanden nicht nach dem Waffenstillstand, sondern blieben offenbar noch für Jahrzehnte in Gebrauch, vorab in den Commonwealth Staaten. Die letzte Enigma soll erst 1975 aus dem Verkehr gezogen worden sein.[2] David Kahn vermutet, dass diese Staaten sehr wohl wussten, dass Grossbritannien ihre Nachrichten entschlüsseln konnte. Das kümmerte sie wenig, denn ihre Sorge galt vor allem den Nachbarstaaten.[3]

Zu den am meisten zitierten Darstellungen gehört die mehrbändige Darstellung »British Intelligence in the Second World War«[4] von Francis H. Hinsley (1918-1998). Hinsley war wie Frederick W. Winterbotham selber an der Operation von Bletchley Park beteiligt.

Die erste mir bekannte umfassende technische Darstellung zum Thema Enigma ist »Machine Cryptography and Modern Cryptanalysis« von Cipher A. Devours und Louis Kruh von 1984. Das Buch gilt auch 20 Jahre nach seinem Erscheinen als Standardwerk und wird zu hohen Preisen antiquarisch gehandelt.[5] Ein weiterer Name, der in unserem Kontext oft auftaucht, ist Alan Stripp, der in seinem zusammen mit Harry Hinsley

1 Frederick W. Winterbotham: The Ultra Secret. New York 1974. Harper & Row. (Deutsch: Aktion Ultra. Frankfurt/Berlin 1976. Ullstein.)

2 Cipher A. Deavours; Louis Kruh: Machine Cryptography and Modern Cryptoanalysis. Norwood 1985. S. 40.

3 David Kahn: The Codebreakers. New York 1996. Scribner. (Erste Auflage 1967) S. 979.

4 F. H. Hinsley: British Intelligence in the Second World War. London 1979-1990. 5 Bände.

5 Devours/Kruh: Machine Cryptography. Wie oben.

publizierten Werk »Codebreakers: the Inside Story of Bletchley Park«[6] zahlreiche Zeugnisse von Zeitzeugen präsentiert.

Schliesslich muss hier auch Tony Sale, wiederum ein Brite, erwähnt werden: Der 1931 geborene Tony Sale gehört zu den Gründern des Bletchley Park Trust, jener Organisation, die sich mit der Erhaltung von Gebäuden und Einrichtungen von Bletchley Park beschäftigt. 1991 startete der Ingenieur mit der Rekonstruktion der Entschlüsselungsmaschine Colossus.[7] Waren die zur Entzifferung der Enigma gebauten »Bomben« rein elektromechanische Maschinen, so stellte Colossus die erste digitale, mit Röhrenelektronik bestückte Rechenmaschine dar. Sie wurde zur Entschlüsselung des verschlüsselten deutschen Funkfernschreiber-Verkehrs entwickelt. Tony Sale veröffentlicht seine Erkenntnisse vorzugsweise im Internet.[8]

Eine wichtige Rolle spielt das Buch des amerikanischen Journalisten und Pulitzer-Preisträgers David Kahn »The Codebreakers«,[9] das 1967 zum ersten Mal erschienen ist und 1996 in einer überarbeiten Ausgabe aufgelegt wurde. Kahns Werk ist die erste umfassende Darstellung zum Thema Kryptografie, allerdings fehlt in ihrer ersten Auflage von 1967 jeglicher Hinweis auf die Enigma. Sehr zum Verdruss des Autors übrigens, aber davon wird später noch ausführlicher die Rede sein. David Kahn ist auch Mitherausgeber der seit 1977 existierenden wissenschaftlichen Zeitschrift »Cryptologia«,[10] die sich unter anderem mit historischen Fragen der Kryptographie beschäftigt und zahlreiche Einzelstudien zum Thema Enigma publiziert hat.

Eine wichtige Figur im Kontext der Entschlüsselungsoperation war der Mathematiker Alan Matheson Turing; Andrew Hodges – ebenfalls Mathematiker – hat ihm 1984 eine Biographie[11] gewidmet. Sie gehört zu

6 Alan Stripp; Hinsley, Harry Francis: Codebreakers: The Inside Story of Bletchley Park. Oxford 1993. Oxford University Press.

7 Tony Sale: The Colossus Computer, 1943-1996 and How it Helped to Break the German Lorenz Cipher in WWII. Shropshire 1998. M&M Baldwin.

8 Internet-Seite von Tony Sale: www.codesandciphers.org.uk vom 16.2.2008

9 David Kahn: The Codebreakers. New York 1996. Scribner (Erste Auflage 1967).

10 Cryptologia. An International Journal Devoted to Cryptology. Philadelphia 1977ff. Taylor & Francis.

11 Andrew Hodges: Alan Turing the Enigma. London 1983. Burnett Books. Deutsch: Andrew Hodges: Enigma. Wien 1994. Springer. vgl. auch David Leavitt: The Man who knew too much: Alan Turing and the Invention of the Computer. London 2005. W. W. Norton & Company.

den am meisten zitierten Werken im Kontext der Enigma und wird heute als massgebliche Biografie des britischen Mathematikers angesehen.

Die umfassendste Darstellung zur Geschichte der Kryptografie stammt aus der Feder des deutschen Mathematikers Friedrich L. Bauer.[12] Die Geschichte der Enigma spielt in diesem Werk eine wichtige Rolle; Bauer hat den jeweils neuesten Forschungsstand bei den verschiedenen Überarbeitungen berücksichtigt. Sein Werk wird zusammen mit einer Darstellung zur wissenschaftlichen Aufarbeitung der Entschlüsselungsoperation im dritten Teil dieser Untersuchung eingehend vorgestellt.

Eine kurze Geschichte der Kryptografie

Zur Begriffserklärung: Zur Kryptografie[13] (griechisch: ›kryptos‹ verborgen und ›grafein‹ schreiben) im engeren Sinn gehören alle Methoden, die sich im weitesten Sinn als Geheimschriften bezeichnen lassen. Dazu zählen Texte, die im einfachsten Fall mit einer Alphabetverschiebung erzeugt oder im komplexesten mit asymmetrischen Schlüsseln und mit aufwendigen Computeroperationen berechnet wurden. Die Steganographie (griechisch: ›steganos‹ eng und ›grafein‹ schreiben) zielt auf das Verstecken eines Textes ab. Schon mit einfachen Geheimtinten wie Zwiebelsaft oder Milch lassen sich unsichtbare Texte erzeugen, die man später mit Wärme wieder sichtbar machen kann. Signale lassen sich technisch so verändern, dass sie sich nicht mehr vom Umgebungsrauschen unterscheiden lassen. Auch die Mikropunkt-Fotografie, die vor allem im Kalten Krieg beliebt war, gehört zu diesen Methoden. Die Beschreibung und Analyse von kryptografischen und steganografischen Methoden hat eine grosse thematische Nähe zur Entzifferung alter Schriften, wie etwa der mykenischen Linear B, der Hieroglyphen oder der bis heute nicht lesbaren Schrift der Etrusker[14].

Der Begriff der Kryptografie ist verhältnismässig jung – der lateinische Ausdruck Cryptologia und auch Cryptographia wurden 1641 erstmals vom englischen Bischof John Wilkons mit der Bedeutung Geheim-

12 Friedrich L. Bauer: Entzifferte Geheimnisse. Methoden und Maximen der Kryptologie. Berlin und Heidelberg 2000. Springer. Ders.: Decrypted Secrets. Methods and Maxims of Cryptology. Berlin und Heidelberg 2006. Springer.

13 Ebenda.

14 Kahn: The Codebreakers: S. 895-937. Simon Singh: Geheime Botschaften. S.235-280.

sprache benutzt. Gebräuchlich sind heute sowohl die Begriffe Kryptologie als Oberbegriff sowie Kryptografie und Kryptoanalysis als Unterbegriffe, wobei die Unterscheidung in Ober- und Unterbegriffe meist nicht so streng gemacht wird.[15]

Eines der einfachsten kryptografischen Hilfsmittel ist die Chiffrierscheibe. Ihre Erfindung wird dem italienischen Architekten Leon Albert im 15. Jahrhundert zugeschrieben. Sie funktioniert denkbar einfach und besteht aus zwei Kreisen mit je einem Alphabet darauf. Den verschlüsselten Text erhält man, indem man die eine Scheibe gegen die andere verdreht und dann den resultierenden Buchstaben abliest. Solche Scheiben waren während Jahrhunderten im Gebrauch.

Abbildung 1

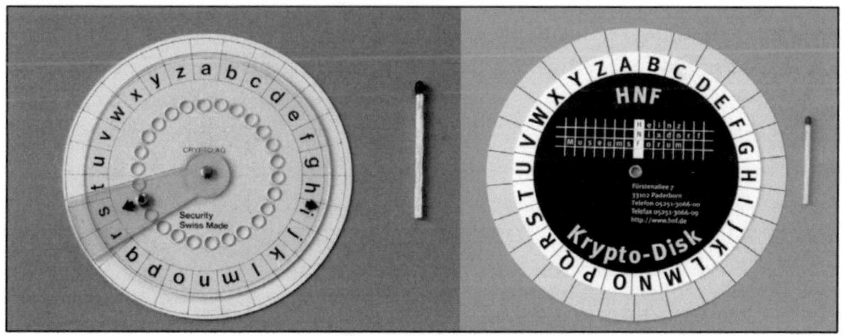

Zwei Chiffrierscheiben aus jüngerer Zeit: Die Scheibe links wurde von der Firma Crypto AG als Werbegeschenk benutzt. Die Scheibe rechts wird heute vom Heinz Nixdorf Museumsforum für museumspädagogische Zwecke eingesetzt. (Fotos D. Landwehr)

Die Chiffrierscheibe wurde noch in den Zeiten des amerikanischen Bürgerkrieges benutzt und ist gleichzeitig auch zum Sinnbild für Geheimschriften überhaupt geworden: Noch in den 70er Jahren setzte der Schweizer Chiffriergeräte-Hersteller Crypto AG Chiffrierscheiben als Kundengeschenke ein und kein museumspädagogischer Kurs zum Thema Geheimschriften kommt ohne diese Scheibe aus.

15 Friedrich L. Bauer: Entzifferte Geheimnisse. S. 9.

Funk und Radio als Beschleuniger

Das Bedürfnis nach der Chiffrierung akzentuierte sich dramatisch mit der Einführung des Mediums Funk für die Übermittlung von Botschaften. Kittler hat die übermittlungstechnische Rückkoppelung zwischen der (drahtlosen) Erteilung von Befehlen und der Rückmeldung als unerlässliches Element der modernen Kriegsführung bezeichnet[16.] Die drahtlose Übermittlung erhöhte die Geschwindigkeit und Effizienz der Nachrichtenübermittlung in einem nie da gewesenen Masse – brachte aber gleichzeitig ein neues Problem mit sich: Ein Funkspruch war immer gleichzeitig eine Botschaft an alle. Dieses Problem hatte bereits Guglielmo Marconi (1874-1937), den Erfinder der drahtlosen Nachrichtenübermittlung beschäftigt:

»Als mir vor 42 Jahren in Pontecchio die erste Radioübertragung gelang, sah ich schon die Möglichkeit voraus, elektrische Wellen über grosse Entfernungen zu senden, aber ich hegte dennoch keine Hoffnung, zur Erlangung jener grossen Genugtuung zu kommen, die mir heute wiederfährt. Denn damals wurde meiner Erfindung in der Tat ein grosser Defekt zugeschrieben: die mögliche Interzeption übermittelter Nachrichten. Dieser Defekt beschäftigte mich so sehr, dass meine hauptsächlichen Forschungen viele Jahre auf seine Behebung gerichtet waren. Und nichtsdestoweniger wurde genau dieser ›Defekt‹ nach etwa 30 Jahren ausgenutzt und ist zum Rundfunk geworden.«[17]

Der Physiker Guglielmo Marconi sah den Nutzen seiner Entdeckung vor allem in der Übertragung militärischer Nachrichten. Funk wurde erst später zum Rundfunk. Bezeichnenderweise war der erste deutsche Rundfunkdirektor jener Nachrichtenoffizier Hans Bredow, der sich Jahre zuvor im Ersten Weltkrieg den »Missbrauch von Heeresgerät« hatte zu Schulden lassen kommen![18]

Prinzipien der Kryptografie

Die Kryptografie war als Wissenschaft in den 30er Jahren in den Kinderschuhen und benutzte, wie der Mathematiker Andrew Hodges feststellte,

16 Friedrich Kittler: Grammophon – Film – Typewriter. Brinkmann und Bose. 1986. S. 363.

17 Ebenda.

18 Jochen Hörisch: Eine Geschichte der Medien von der Oblate bis zum Internet. Frankfurt am Main 2004. Suhrkamp. S. 331.

»wenig brauchbare Methoden«.[19] Fast alle beruhten auf den Prinzipien der Addition und der Substitution.

- **Addition**: Man addiert eine Zahl Schritte zum Buchstaben, der sich in einem als Kreis dargestellten Alphabet befindet.
- **Substitution**: Man ersetzt Buchstaben nach bestimmten Regeln (Algorithmen) durch andere.

Beide Methoden sind leicht zu durchschauen. Im Fall der Additionsmethode gibt es grundsätzlich nur 26 Lösungen, im Fall der Substitution kommt man mit einer Frequenzanalyse schnell zum Ziel. Jede Sprache hat ihre Eigengesetzlichkeit, dazu gehört zum Beispiel die Häufigkeitsverteilung von Vokalen und Konsonanten.[20]

Die einzig wirklich sichere Verschlüsselungsmethode des frühen 20. Jahrhunderts war der individuelle Einmal-Schlüssel, auch One-Time-Pad genannt, der von Gilbert Vernam (1890-1960) im Jahr 1918 erstmals beschrieben und bis in die neuere Zeit verwendet wurde. Die Methode ist denkbar einfach: Sie beruht auf einem fortlaufend und zufällig generierten Schlüssel, von dem genau zwei Kopien existieren und der nur für eine Meldung benutzt wird. Die Buchstabenfolge des Schlüssels muss streng zufällig sein und der Schlüssel muss genau so lang sein wie die Nachricht, die er codiert.[21] Die Methode des One-Time-Pads wurde vor allem in der Sowjetunion gerne verwendet.

Die Methode gilt heute noch als sicher, wenn sie sauber angewendet wird, und genau hier liegt die Crux: Zuerst muss eine riesige Menge von Schlüsseln mit wirklich zufälligen Zahlenfolgen hergestellt werden. Dann müssen diese Schlüssel sicher verteilt werden, in der Praxis ein oft unüberwindbares Hindernis. Und schliesslich ist auch die Produktion von einwandfreien Zufallszahlen alles andere als banal. Trotzdem verwendeten sowohl die Briten als auch die USA, die Sowjetunion und auch die Wehrmacht dieses System, allerdings nur in einem sehr reduzierten Um-

19 Andrew Hodges: Turing Enigma. S. 190.

20 Cryptool Programm: Die Deutsche Bank stellt ein Programm zur Verfügung, mit dem sich die verschiedenen kryptografischen Methoden von der einfachen Cäsar-Verschlüsselung bis zur modernen RSA Chiffrierung nachvollziehen lassen: www.cryptool.de vom 17.2.2008.

21 Friedrich L. Bauer: Entzifferte Geheimnisse. S.156-159. Bruce Schneier: Angewandte Kryptografie. Protokolle, Algorithmen und Sourcecode in C. München etc. 2006. Pearsons Studium. S. 17ff.

fang. In der ehemaligen Sowjetunion sollen solche Zahlentabellen gelegentlich sogar von Hand hergestellt worden sein.[22]

Der Informationstheoretiker Claude E. Shannon (1916-2001) hat im Rahmen seiner allgemeinen Informationstheorie bereits 1949[23] definiert, unter welchen Bedingungen eine Verschlüsselung als sicher gelten kann. Der nach ihm benannte Shannonsche Hauptsatz lautet – etwas kryptisch: »In einer klassischen Shannonschen Chiffrierung ziehen je zwei der drei Eigenschaften *ist perfekt, ist individuell, ist vom Vernamschen Typ,* die dritte nach sich.«[24]

Der Auftritt der Maschine

Die Idee der maschinellen Verschlüsselung von Texten war naheliegend, gerade auch da sich gegen Ende des 19. Jahrhunderts die Schreibmaschine als Bürogerät mit grossem Erfolg durchzusetzen begann.[25] Nach der Mechanisierung des Schreibens sollte auch die Verschlüsselung, zumal im militärischem Kontext, automatisiert werden.

Chiffriermaschinen haben eine doppelte Funktion: Sie vollziehen nicht nur die Chiffrierschritte, sie erzeugen auch ihre eigene Schlüsselzeichenfolge für die Auswahl dieser Chiffrierschritte. Solche Maschinen waren zunächst etwas wenig Spektakuläres: »Sie taten nichts, was nicht durch das Nachschlagen von Tabellen in Büchern hätte getan werden können, ermöglichten aber, dass die Arbeit schneller und genauer getan werden konnte.«[26]

Die Existenz solcher Maschinen war kein Geheimnis. Jeder wusste davon. Allerdings waren die Folgen alles andere als banal, wie schon ein zeitgenössisches, populärwissenschaftliches Werk folgert: »Was derzeitige kryptoanalytische Methoden anlangt, sind von einigen dieser Maschinen stammende Chiffriersysteme der praktischen Unlösbarkeit sehr nahe.«[27]

---

22 Vgl. Peter Gendolla und Thomas Kamphusmann: Die Künste des Zufalls. Frankfurt 1999. Suhrkamp. In unserem Kontext ist vor allem der erste Aufsatz interessant: Claus Grupen: Die Natur des Zufalls. S. 15-33.

23 Claude E. Shannon: Communication Theory of Secrecy Systems. Bell Systems Technical Journal 28 (1949) S. 656-715.

24 Bauer: Entzifferte Geheimnisse. S.470.

25 Kittler: Typewriter. S. 273.

26 Walter Rouse Balls: Mathematical Recreations. Zitiert nach Hodges: Turing: Enigma. S. 193.

27 Ebenda.

Enigma – die erste mechanische Chiffriermaschine?

In den 20er Jahren des 20. Jahrhunderts wurde eine Vielzahl von kryptografischen Erfindungen patentiert, wie Devours/Kruh in einer quantitativen Untersuchung der Patente zum Thema Kryptografie und Kryptografie-Maschinen nachgewiesen haben. Dieselbe Statistik verzeichnet einen erneuten Anstieg der Patente ab 1950 und eine noch steilere Zunahme nach 1970.[28]

Die Enigma war nicht die erste mechanische Chiffriermaschine, aber die erste, die kommerziell Erfolg hatte.[29] Zentrales Element der Enigma sind ihre Rotoren, und solche Rotoren oder Walzen standen im Mittelpunkt der Ideen dreier Erfinder, die unabhängig voneinander auf die Idee zur Konstruktion einer Chiffriermaschine gekommen waren.

- Alexander Koch liess das Prinzip der Rotor-Verschlüsselung am 7. Oktober 1919 in Holland patentieren – als ›Geheimschrijfmachine‹ unter Patent Nr. 10 700. Zu den Besonderheiten seiner Erfindung zählte die sogenannte Umkehrwalze. Er glaubte, dass seine Erfindung ein gewisses kommerzielles Potential hatte, und überschrieb die Patentrechte 1927 an Arthur Scherbius. Ein Jahr später verschied er.[30]
- In Schweden erhielt Arvid Damm 1919 ein ähnliches Patent und versuchte verschiedene Maschinen zu bauen, was ihm nur teilweise gelang (Patent Nr. 52 279). Aber: Der Schwede Boris Hagelin kannte Arvid Damm und entwickelte aus dessen Grundidee seine Chiffriermaschine C-36, die zuerst von den Franzosen gekauft wurde. 1940 erwarben auch die Amerikaner eine Lizenz und entwickelten daraus die M-209, gebaut von der Schreibmaschinen-Fabrik Smith & Corona. Boris Hagelin verliess nach dem Zweiten Weltkrieg Schweden und liess sich in der Schweiz nieder, wo er 1952 die heute noch aktive Crypto AG gründete.[31]

---

28 Cipher A. Deavours; Louis Kruh: Machine Cryptography and Modern Cryptoanalysis. Norwood 1985. S.1-2.

29 Ebenda S. 10.

30 David Kahn: The Codebreakers. S.420. Deavours/Kruh: Machine Cryptography. S. 3-10.

31 Zur Geschichte der Firma Crypto AG existiert nur sehr wenig Literatur. David Kahn gibt in seinem Standardwerk ›The Codebreakers‹ einen kurzen Abriss. Die Firma Crypto AG selber veröffentlichte im Jahr 1992 zum 100-jährigen Geburtstag des 1983 verstorbenen Firmengründers eine kurze Firmengeschichte, die allerdings bereits in den frühen 50er Jahren

- Der Amerikaner Edward Hebern entwickelte zwischen 1912 und 1920 verschiedene kryptografische Apparate, die er patentieren liess, und baute auch eine Fabrik für solche Geräte. Es gelang ihm Ende der 20er Jahre, einige seiner Maschinen an die Navy zu verkaufen. Nach einem kompletten Misserfolg mit einer neuen Maschine im Jahr 1934 hörte die Navy auf, mit ihm Geschäfte zu machen. Hebern klagte später, dass man ihm seine Ideen gestohlen habe. Er starb 1952 und erhielt posthum 30 000 USD für seine Ideen. David Kahn: »Hebern deserved better. His story, tragic, unjust, and pathetic, does his country no honour.«[32]

Bemerkenswert: Das verrückteste der geschilderten Konzepte erreichte das Patentamt nur gerade drei Tage nach dem klarsten: Arvid Damm reichte sein Patent in derselben Woche ein wie Koch, nämlich im Oktober 1919.[33]

1918 erwarb der Deutsche Arthur Scherbius ein erstes Patent. Zusammen mit Julius Ritter gründete er 1918 die Firma Scherbius und Ritter. 1925 begann die Serienfertigung der Enigma, die es in drei verschiedenen Ausführungen gab:[34]

- Modell A: So gross wie eine Registrierkasse.
- Modell B: Erstmals Koppelung mit einer normalen Schreibmaschine.
- Modell C: Portables Modell, das mit Lampen ausgestattet war.

Scherbius selber starb 1929 nach einem Unfall mit einer Pferdekutsche. 1934 wurden die Titel seines Betriebs an eine neue Firma übertragen: Heimsoeth und Rinke.

---

abbricht. Behandelt wird nur die Ära der mechanischen, nicht aber der elektro-mechanischen und elektronischen Chiffriergeräte. Die Crypto AG hat anfangs 90er Jahre von sich reden gemacht, als ihr Verkaufsingenieur Hans Bühler während sechs Monaten im Iran inhaftiert war. Die Firma Crypto AG wurde immer wieder beschuldigt, in ihre Software sogenannte Hintertüren für den US Geheimdienst einzubauen. Der Vorwurf taucht in zahlreichen im Internet kursierenden Verschwörungstheorien auf, konnte aber bisher nie bewiesen werden. Die Kontroverse wirkt bis auf den heutigen Tag nach. Vgl. dazu auch: Res Strehle: Verschlüsselt. Der Fall Hans Bühler. Zürich 1994. Werd Verlag.

32 Kahn: The Codebreakers. S. 420.

33 Ebenda.

34 Louis Kruh, Cipher Devours: The Commercial Enigma. Beginning of Machine Cryptography. In: Cryptologia. 26/1 (2002) S. 1-16.

Im militärischen Kontext relevant wurde einzig Modell C, als mobiles Gerät war es wesentlich kleiner als die beiden anderen, allerdings benötigte es eine Stromquelle in Form einer Batterie. Die anderen Varianten gerieten schnell in Vergessenheit. Von diesem mobilen Modell existieren verschiedene Varianten für Wehrmacht, Post, Eisenbahn und die Marine. Schliesslich wurde auch eine Version für kommerzielle Zwecke gebaut.[35]

Wieviele solcher Maschinen wurden überhaupt gebaut? Eine Frage, die nicht nur für Historiker, sondern auch für Sammler von Bedeutung ist. Schätzungen variieren zwischen 40 000 und 200 000 Geräten. Bauer geht von einer Zahl von 100 000 aus.[36]

Das Prinzip der Enigma war einfach und robust und diente deshalb auch für verschiedene Weiterentwicklungen in anderen Ländern als Vorbild: So geht die in England benutzte Typex Maschine auf die Enigma zurück, ebenso die amerikanische M-325, die allerdings unter Feldbedingungen nicht befriedigte, sowie eine japanische Maschine, die unter dem Namen ›Green‹ bekannt wurde.[37]

Fast ebenso erfolgreich, wie das Konzept der Enigma mit Rotoren und einem elektrischen Stromkreis war, zeigte sich die auf Arvid Damm zurückgehende Konstruktion einer rein mechanischen Chiffriermaschine, die Boris Hagelin übernahm und weiterentwickelte: Frankreich, Russland und Schweden bauten ihre Chiffriermaschinen nach diesem Prinzip.[38]

---

35 Hamer/Sullivan/Weierud unterscheiden im Einzelnen: Wehrmacht-Enigma benutzt von Land- und Luftstreitkräften; Marine-Enigma in zwei Varianten mit 3 respektive 4 Walzen; Abwehr-Enigma und schliesslich die kommerziell vertriebene Enigma D und K, die auch von der Eisenbahn und der Post benutzt wurde. Dieser Typ Maschine wurde auch an die Schweiz verkauft. David H. Hamer; Geoff Sullivan; Frode Weierud: Enigma Variations. An Extended Family of Machines. In: Cryptologia. 22/3 (1998) S. 211-223.
Heinz Ulbricht: Die Chiffriermaschine Enigma. Trügerische Sicherheit. Ein Beitrag zur Geschichte der Nachrichtendienste. Braunschweig 2004.

36 Friedrich L. Bauer: Enzifferte Geheimnisse. S.117.

37 Devours; Kruh: Machine Cryptography. S. 10.

38 Ebenda S. 12.

Enigma: Eine Schreibmaschine für Geheimschriften

Die Enigma war nichts anderes als eine Schreibmaschine für Geheimschrift. Sie bestand aus drei Elementen: Der Tastatur für die Eingabe, eine im inneren der Maschine versteckte Verschlüsselungseinheit und einer Ausgabe-Einheit. Diese Ausgabe-Einheit bestand beim Kriegsmodell aus einem Lampenfeld und nicht etwa aus einem Drucker. Die Verschlüsselungseinheit im Innern der Maschine bestand aus Rotoren, die sich mit jedem Buchstaben einen Schritt weiter drehten. Wenn man zehn Mal denselben Buchstaben eingibt, erhält man also zehn Mal ein unterschiedliches Resultat. Allerdings mit einer bemerkenswerten Ausnahme: Egal wie oft derselbe Buchstabe hintereinander gedrückt wird – das verschlüsselte Resultat ist nie der Buchstabe selber. N wird niemals zu N. Diese bemerkenswerte Tatsache machten sich die Codebrecher zu Nutze. Umgekehrt liess ein Text, dessen Analyse das Fehlen eines einzigen Buchstabens zeigte, einen ganz einfachen Schluss zu: Der Operateur hatte wiederholt die Taste des gleichen Buchstabens gedrückt.

Schematisch lässt sich das so darstellen: Wenn auf dem Tastenfeld der Buchstabe K gedrückt wird, wandert ein elektrischer Strom in der Verschlüsselungseinheit durch die drei beweglichen Walzen. Dabei wird der Buchstabe durch die drei Rotoren dreimal vertauscht und kommt dann zur Umkehrwalze. Dort wird er gespiegelt und ein weiteres Mal vertauscht, bevor er dann ein zweites Mal durch die drei Rotoren geschickt wird und nochmals dreimal vertauscht wird. Das austretende Signal wird dann auf einem Lampenfeld als U abgebildet. Gleichzeitig wird bei jedem Tastendruck der Rotor um eine Position weiter bewegt. Nach 26 solchen Bewegungen wird der nächste Rotor eine Position nach vorn geschoben, ganz ähnlich wie bei einem analogen Kilometerzähler.

Abbildung 2

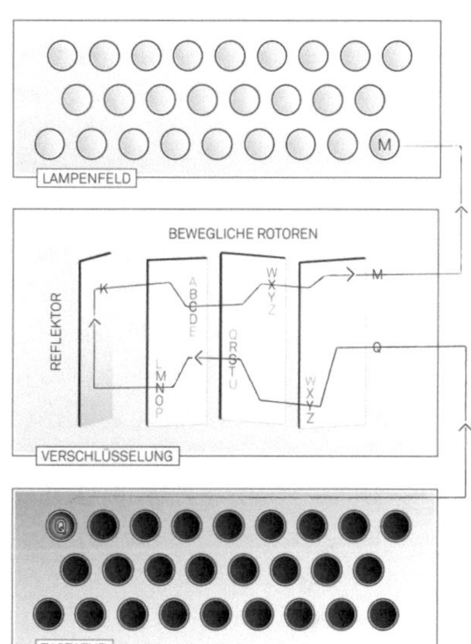

Chiffriermaschine Enigma und schematische Darstellung. (Foto D.Landwehr; Schema I. Sterzinger)

Nur auf dem Foto und nicht im Schema abgebildet ist ein zusätzliches Steckerbrett, das eine erneute Vertauschung der Buchstaben ermöglichte. Diese Vertauschung war allerdings statisch – das heisst, sie wurde über eine gewisse Zeit beibehalten und war deshalb auch nicht so effektiv für die Verschlüsselung, wie man dies rein rechnerisch vermuten, respektive konstruieren könnte.

Die frühen Enigma besassen nur drei verstellbare und vertauschbare Walzen plus eine fix eingebaute Umkehrwalze. Später wurde die Anzahl der zur Verfügung stehenden Walzen auf 6, dann auf 8 erhöht – sie trugen römische Ziffern I, II III, IV, V, VI, VII und VIII. Die Marine Enigma, deren Code am schwierigsten zu knacken war, wurde 1942 mit einer zusätzlichen Walzenposition ausgerüstet, so dass dort schliesslich vier Walzen plus die Umkehrwalze im Einsatz waren. Die neue Walze wurde mit dem griechischen Buchstaben Beta bezeichnet und deshalb auch die Griechenwalze genannt.

Der erste Hersteller der Enigma rechnete aus, dass 1000 Operateure mehrere Millionen Jahre brauchen würden, um alle Möglichkeiten durchzuprobieren, was wiederum die deutschen Käufer im Glauben liess, die Maschine sei sicher genug. Die Maschine war sehr sicher, wenn beim Übermittlungsprozess keine Fehler gemacht wurden.[39]

Vor einer Verschlüsselung musste der Operator sein Gerät folgendermassen vorbereiten – wir folgen der Darstellung von Rudolf Kippenhahn:[40]

- Er musste aus mehreren Walzen drei auswählen. Zu Beginn standen ihm dazu allerdings nur drei zur Verfügung, später waren es mehr.
- Er musste jede Walze in die vorgeschriebene Ringstellung bringen.
- Die Walzen waren in einer bestimmten Reihenfolge ins Gerät einzusetzen. Bei 3 Walzen gab es 6, bei 4 Walzen 24 Möglichkeiten.
- Danach mussten die 3 Walzen in eine Anfangsstellung gebracht werden.
- Diese Manipulation liess sich vornehmen, ohne die Maschine zu öffnen. Die Stellung der Rotoren war auch von aussen ablesbar.
- Schliesslich musste er die Steckerverbindungen schalten, respektive stöpseln.

Zur Verschlüsselung gab es einen Tagesschlüssel, der die Walzen mit berücksichtigte – das Verstellen der Walzen war eine relativ umständliche Operation – und einen Spruchschlüssel, der nur noch die Grundstellung der Walzen veränderte. Der Empfänger musste grundsätzlich dieselben Operationen vornehmen. Eine der wichtigsten Eigenschaften der Enigma bestand genau in der Tatsache, dass Verschlüsseln und Entschlüsseln zwei identische Prozesse waren, die natürlich auch mit der gleichen Maschine und denselben Einstellungen vorgenommen werden mussten.[41]

Die Entschlüsselung der Enigma

Ohne auf die mathematischen Permutationsmöglichkeiten näher einzugehen, lässt sich doch sagen: Bei aller Komplexität erzeugte diese Ver-

39 Die Autoren Deavours und Kruh kommen zum Schluss, dass die kryptografischen Maschinen der Achsenmächte genau so adäquat und sicher waren wie die Maschinen der Alliierten und schwer zu knacken. Beide basierten auch auf denselben Prinzipien. Die Alliierten waren aber strenger und konsequenter im Einhalten von Protokollen und Richtlinien. Devours/Kruh: Machine Cryptography S. 20.

40 Rudolf Kippenhahn: Verschlüsselte Botschaften. Geheimschrift, Enigma und Chipkarte. Hamburg 1997. Rowohlt. S. 213-214.

41 Ebenda.

schlüsselungsmaschine[42] vorhersagbare Resultate. Aber mit den damaligen Mitteln waren solche Botschaften nicht zu entziffern; erst der massive Einsatz von modernster Computertechnik vermag diese Technologie in die Knie zu zwingen.

Warum gelang die Entschlüsselung trotzdem? Zwei grundlegende Faktoren sind zu nennen: Systematische und wiederholt begangene Fehler auf der Seite Deutschlands und der Achsenmächte – und äusserste Entschlossenheit und eine Konzentration der verfügbaren Ressourcen auf der Seite der Alliierten, vor allem der Briten.

Die Entschlüsselung der Enigma gelang nicht nur aufgrund der Genialität und des Einfallsreichtums der Beteiligten, allen voran Alan Turing. Es brauchte mehr als das. Verrat und Spionage auf der Seite der Angreifer gehörten ebenso dazu wie Ignoranz auf der Seite der Angegriffenen. Es brauchte klug geplante und brachial durchgeführte Kapermanöver von Schiffen, aber schliesslich auch Maschinen, die stur Millionen von Möglichkeiten durchrechnen konnten.

In der Entschlüsselung lassen sich drei verschiedene Perioden unterscheiden:

- In den 30er Jahren bis zum Ausbruch des Krieges 1939 waren polnische Mathematiker in Warschau führend.
- 1939 bis 1943 operierten britische Spezialisten vom geheimen Standort Bletchley Park aus – zunächst allein.
- Ab 1943 wurden sie dabei von US Spezialisten unterstützt, die ihre Operationen in Washington D.C. durchführten.

Die polnischen Pioniere

Die Enigma wurde in Deutschland bereits ab 1926 eingesetzt. Funksprüche, die mit diesem Gerät verschlüsselt wurden, waren von diesem Zeit-

42 In der Kryptologie wird zwischen Entschlüsseln und Entziffern unterschieden: Für das Entschlüsseln muss ein Schlüssel vorliegen. Der Begriff des Entzifferns bezeichnet den Vorgang, den Klartext ohne Kenntnis der Regeln mittels Analyse zu ermitteln. In Bletchley Park wurde beides gemacht: Es wurden Texte entziffert und mit dem daraus gewonnenen Schlüssel zahlreiche weitere Texte entschlüsselt (Schriftliche Mitteilung von Oskar Stürzinger an den Autor vom 27.1.2007). In der vorliegenden Untersuchung werden die Begriffe aber, näher an der umgangssprachlichen Bedeutung, synonym verwendet.

punkt an auch für die Spezialisten nicht mehr lesbar. Als erstes gelang es den Polen, solche Nachrichten zu entschlüsseln.

Verantwortlich war dort Maximilian Ciezki. Er hatte eine kommerzielle Enigma, stand aber auch damit bald vor Rätseln, die er nicht mehr lösen konnte. Über den französischen Geheimdienst kamen die Polen an Dokumente des Beamten Hans Thilo Schmid, die weitere wichtige Hinweise lieferten. Ein entscheidender Durchbruch gelang den Polen, als man begann, Mathematiker für die Aufgabe des Entschlüsselns zu rekrutieren: Jerzy Rozycki, Henryk Zygalski und Marian Rejewski. Die Enigma, so dachte man, wäre schliesslich eine mechanische Verschlüsselungsmaschine und deshalb für einen naturwissenschaftlichen Geist eher zugänglich.[43] Unter den Neuen war Marian Rejewski. Er stützte sich in seiner Arbeit hauptsächlich auf die Beobachtung, dass die Wiederholung der Feind der Geheimhaltung ist. Die Deutschen wiederholten den Spruchschlüssel am Anfang, um Irrtümern zu begegnen. Die Polen arbeiteten zunächst mit einem von Hand erstellten Katalog, danach mit einem System von Blättern, den sogenannten Zygalski-Sheets und schliesslich mit einer Maschine, welche das Durchprobieren der Kombinationen übernahm und die von ihnen Bomba oder Bombe genannt wurde. Man dachte bei dieser Namensgebung offenbar weniger an eine Explosiv-Bombe als vielmehr an eine Eis-Bombe.[44] Dank ihren Erkenntnissen konnten die Polen jahrelang deutsche Nachrichten abhören – so auch als Göring 1934 Warschau besuchte.

---

43 Simon Singh: Geheime Botschaften. Die Kunst der Verschlüsselung von der Antike bis in die Zeiten des Internet. München 1999. Hanser. S.186.

44 Eine ausführliche Beschreibung der Arbeit der polnischen Spezialisten findet sich bei David Kahn: The Codebreakers. S. 973 ff; bei Friedrich L. Bauer S. 411-22 und auch auf den Internet Seiten von Tony Sale: www.codesandciphers.org.uk/virtualbp/poles/poles.htm vom 16.2.2008. Ausserdem: W. Kocaczuk: Geheimoperation Wicher. Polnische Mathematiker knacken den deutschen Funkschlüssel Enigma. Bonn 1999. Bernard & Graefe Verlag.

Government Code and Cipher School und Bletchley Park

1938 kamen zu den drei bisherigen zwei neue, austauschbare Walzen: Das bedeutete, dass es nun für die Enigma fünf Walzen für drei Positionen gab. Dies führte zu sechzig möglichen Rotorlagen anstelle von bisher sechs.[45] Zwar wussten die Polen um Rejewski, was zu tun gewesen wäre – allein ihnen fehlten die Mittel, ihre Bomben hochzurüsten. Bei einer Konferenz in Warschau am 25. Juli 1939 präsentierten die drei polnischen Mathematiker die Resultate ihrer Bemühungen den staunenden Briten und Franzosen und schenkten ihren Gästen auch eine Replika der Enigma made in Poland.[46]

In England befasste sich eine spezielle Gruppe des Foreign Service mit der Entschlüsselung von chiffrierten Botschaften. Sie hatten ihre Adresse zuerst in Westminster (Adresse 56 Broadway Whitehall) und arbeiteten in einem als ›Room 40‹ bezeichneten Zimmer. Aus naheliegenden Gründen verlegten sie ihren Dienst nach Kriegsbeginn ausserhalb der Stadt. Die Wahl fiel dabei auf ein grosszügiges Landhaus genau zwischen Oxford und Cambridge, Bletchley Park genannt.

Die Bilder des im Tudor Stil gebauten Landhauses von Bletchley Park erscheinen heute fast als Ikone. Wer sich mit dem Thema befasst, stösst sofort auf das Bild dieses Hauses und wird es später mit der Entschlüsselung der Enigma in Verbindung bringen. Das Bild des Hauses trägt mit zur Vorstellung bei, dass die Entschlüsselungsoperation die Angelegenheit einer kleinen, überschaubaren Gruppe von Leuten gewesen war. Tatsächlich arbeiteten die ersten Mitarbeiter dieser Behörde in diesem Haus. Der Dienst wuchs aber bald an und am Ende des Krieges gingen täglich bis zu 10 000 Personen auf dem Gelände ein und aus. Die meisten lebten allerdings nicht hier, sondern in Unterkünften in der Nachbarschaft.

---

45 Friedrich L. Bauer: Entzifferte Geheimnisse. S. 417.

46 Ebenda S. 221.

Abbildung 3

Das Mansion von Bletchley Park präsentiert sich heute rein äusserlich noch genau so wie vor 60 Jahren. Die Anlage war allerdings sehr weitläufig und bestand zum grösseren Teil aus Baracken und einfachen Zweckbauten, von denen heute noch einige wenige zu sehen sind. (Fotos D. Landwehr)

Die neue Behörde gab sich den Namen ‹Government Code and Cipher School› – sie war alles andere als eine gewöhnliche Dienststelle und schon gar keine streng militärische Organisation – wie etwa Görings Luftfahrts-Forschungsamt – sondern »eine lose Sammlung von Gruppen, von der jede die Dinge improvisiert vorantrieb und sich aufs Beste bemühte, den relevanten militärischen Köpfen etwas Vernunft einzubleuen, bevor es zu spät war.«[47] Kaum ein Autor unterlässt es, auf die Heterogenität der hier beschäftigten Spezialisten hinzuweisen. Neben den Mathematikern und Linguisten gab es auch noch Porzellanspezialisten, einen Kurator vom Prager Museum, den britischen Schachmeister und zahlreiche Bridge Experten. Bei einem Besuch soll Churchill dem Chef des Secret Intelligence Service ins Ohr geflüstert haben: »Ich habe sie angewiesen, jeden Stein umzudrehen, aber dass sie mich so wörtlich nehmen, hätte ich nicht erwartet.«[48]

Bei allen skurrilen Details darf nicht übersehen werden: Bletchley Park war ein Ort der Arbeit und ein grosser Teil der Arbeit muss aus stumpfsinniger Routine bestanden haben, deren Sinn allerdings das Opfer der Langeweile mehr als rechtfertigte. Unter den Persönlichkeiten, die ihren Weg nach Bletchley Park gefunden hatten, waren mehrere namhafte Wissenschafter, allen voran der Mathematiker Alan Matheson Turing. Zusammen mit anderen vermittelte er der Entschlüsselungsarbeit entscheidende Ideen. Die überwiegende Mehrheit der hier Tätigen waren al-

47 Andrew Hodges: Turing. S. 236.

48 Simon Singh: Geheime Botschaften. S. 226.

lerdings nicht Männer, sondern Frauen und sie arbeiteten in untergeordneten, aber unerlässlichen Funktionen.

Die Operation von Bletchley Park – auch Ultra genannt – knüpfte an die Ergebnisse der polnischen Spezialisten an, ergänzte sie mit eigenen Beobachtungen. Man konstruierte schliesslich eine Maschine, die der polnischen Bombe nicht unähnlich war und im Grunde demselben Zweck diente: Dem mechanischen Durchprobieren von möglichen Kombinationen. Dies war nur möglich, wenn man bereits vor dieser Operation mindestens einen Teil des chiffrierten Textes entschlüsseln konnte. Dafür bedurfte es präziser Beobachtung, Imagination und Kenntnisse der deutschen Vorgehensweise. Wetterbeobachtungen oder ritualisierte Eröffnungsformeln boten willkommene Anhaltspunkte für solche Wörter, die ›Cribs‹ genannt wurden.

Die Arbeit der britischen Spezialisten führte in vielen Fällen zum Erfolg und wurde auch entsprechend gewürdigt. Trotzdem fehlte es an Mitteln, um schneller und effektiver arbeiten zu können. In dieser Situation gelangte eine Gruppe von Bletchley Park Mitarbeitern an den britischen Premierminister Winston Churchill persönlich. Man bat ihn – unter Umgehung des Dienstweges – um zusätzliche Mittel: »We find it hard to believe that it is really impossible to produce quickly the additional staff that we need, even if this means interfering with the normal machinery of allocation.«[49]

Die Antwort von Winston Churchill hat Geschichte gemacht. Sie bestand nur aus zwei Sätzen: »Action this day. Make sure they have all they want on extreme priority and report to me that this has been done.«[50]

49 Andrew Hodges: Turing. S. 220.
50 Ebenda S. 221.

Abbildung 4

Die Replica einer Bombe aus Bletchley Park. Die Museumsführerin Jean Valentine im Vordergrund gehörte im Krieg zu den Operateurinnen dieses Gerätes. (Foto D. Landwehr)

Elektromechanische Hilfsmittel - die Bomben

Die Methoden der britischen und später amerikanischen Kryptoanalytiker zum Knacken des Enigma-Codes können hier nur sehr summarisch dargestellt werden, sie sind aber in der Literatur vielerorts ausführlich dokumentiert.[51]

Im Mittelpunkt standen Bemühungen möglichst viel Material zu erhalten, so dass damit die Anzahl der theoretisch möglichen Kombinationen reduziert wurde. Was übrig blieb, war von Hand immer noch nicht zu bewältigen – aber eigens konstruierte Maschinen halfen hier nach: Die sogenannten Bomben, die Alan Turing analog zu den Apparaten der polnischen Spezialisten entwickelte. Seine Bomben hatten eine ähnliche Funktion: Sie konnten Steckerverbindungen sowie die Walzenlage ermitteln. Sie taten dies allerdings nicht direkt, sondern arbeiteten nach dem Ausschlussverfahren. Jene Kombinationen, die übrig blieben, mussten von Hand getestet werden.

Das Gerät bestand aus einer Serie von Enigma-Replicas ohne Steckerbrett. Sie waren miteinander verbunden. Getestet wurden alle 17 576 möglichen Walzenpositionen. Die erste dieser Maschinen wurde 1940 eingesetzt. Im Frühjahr 1941 waren 8 Bomben in Betrieb, im August 1942 bereits 60 und am 30. März 1943 schliesslich deren 300.[52.] Hergestellt wurden sie von der British Tabulating Machine Company in Letchworth. Nach dem Besuch von Alan Turing Ende 1942 begannen

51 So unter anderem bei Friedrich L. Bauer: Entzifferte Geheimnisse. S. 421-435; Andrew Hodges: Turing. S. 187-299. Auch bei Tony Sale: http://www.codesandciphers.org.uk/virtualbp/tbombe/tbombe.htm vom 16.2.2008. Besonders ausführlich: Hugh Sebag-Montefiore: Enigma. The Battle for the Code. London 2000. Phoenix. S. 370-426.

52 Friedrich L. Bauer. Entzifferte Geheimnisse. S. 431.

auch die amerikanischen Verbündeten solche Maschinen zu nutzen und herzustellen. Trotz grossem Druck wurden von NCR die ersten dreizehn Geräte erst im Juli 1943 fertig gebaut. Ende 1943 waren 50 Bomben gebaut und weitere 30 in der Produktion. Ab Dezember 1943 dauerte die Entzifferung eines Enigma-Spruches noch rund 18 Stunden – ein halbes Jahr zuvor waren es noch 600 Stunden gewesen.

Die Rolle der Schiffsüberfälle

Die Entschlüsselung der Enigma war nicht nur die Leistung der klugen Köpfe von Bletchley Park. Ohne militärische Erfolge wäre es kaum möglich gewesen, die Maschine zu entschlüsseln. Entscheidend waren die Operationen im Atlantik und in der Nordsee. Dort gelangen den Briten spektakuläre Aktionen, im Lauf derer sie zu wichtigem Geheimdienstmaterial gelangten: Codeschlüssel, Rotoren und weitere Unterlagen. Der amerikanische Publizist David Kahn hat diese Kaperungen im Buch »Seizing the Enigma« ausführlich beschrieben.[53] Die wichtigsten Aktionen sind hier kurz zusammengefasst:

- Am 11. Februar 1940 begegnet das britische Minensuchboot HMS Gleaner dem deutschen U-Boot U-33. Das U-Boot wird zuerst mit Wasserbomben kampfunfähig gemacht und zum Auftauchen gezwungen. Der britischen Crew gelingt es, die Schiffbrüchigen aufzufischen. Bei der näheren Untersuchung der Geborgenen stellt sich heraus, dass einer der Crewmitglieder vergessen hatte, zwei Enigma-Rotoren wie befohlen ins Meer zu werfen. Es handelt sich um die bisher unbekannten Rotoren VI und VII. Rotor VIII wurde später bei einem ähnlichen Zwischenfall gefunden.[54]
- Am 26. April 1940 gelang es der Besatzung des britischen Zerstörers Arrow einen Leinensack mit wertvollem Enigma-Material zu bergen; der Sack wurde wahrscheinlich vom deutschen Fischerboot Polaris, das einen militärischen Auftrag hatte, über Bord geworfen.[55]
- 7. Mai 1941: Eine besondere Rolle für die deutsche Kriegsführung spielte die Wetterbeobachtung. Weil das Wetter immer vom Westen nach Osten kam, mussten weit im Meer draussen Schiffe stationiert werden, die das Wetter beobachteten und weitermeldeten. Das Ober-

53 David Kahn: Seizing the Enigma. The Race to Break the German U-Boat Codes. 1939-1943. London 1992. Souvenir Press.

54 Ebenda S. 100-111.

55 Ebenda S. 116-117.

kommando betrachtete solche Schiffe nicht als Kriegsschiffe und liess sie von einer zivilen Crew betreiben. Trotzdem waren sie mit Chiffriersystemen – dazu gehört auch ein Wetterkurzschlüssel – ausgerüstet. Diese Tatsache entdeckten die Codespezialisten von Bletchley Park bereits im Frühjahr 1941. Eine entsprechende Operation wurde vorbereitet und am 7. Mai 1941 gelang es, zwei Wetterschiffe aufzubringen. Sie hatten zwar die Enigma-Maschinen bereits über Bord geworfen, die Schlüssel jedoch konnten geborgen werden.[56]

- 9. Mai 1941: Eine wichtige Rolle spielt auch die Begegnung mit dem deutschen U-Boot U-110. Das Schiff wurde ebenfalls von einem britischen Zerstörer aufgebracht. Die britischen Matrosen konnten das leck geschossene U-Boot unter Lebensgefahr entern und wichtige Dokumente bergen. Die Geschichte lieferte den Rohstoff für den Hollywood Film U-571, in dem der Ruhm der heldenhaften Angreifer allerdings einem US Schiff zugeschrieben wird.[57]

Eher von anekdotischem Wert – gerade in unserem Kontext aber wertvoll – war der Plan für eine abenteuerliche See-Operation, die nie ausgeführt wurde. Die originelle Idee wurde vom Assistenten des Direktors des Marine-Nachrichtendienstes vorgebracht, einem »imaginative civilian«, wie David Kahn ihn nennt. Seine Operation ›Ruthless‹ sah vor, dass die Briten ein erbeutetes deutsches Flugzeug im Ärmelkanal in der Nähe eines deutschen U-Bootes würden notwassern lassen. Es würde Hilfesignale aussenden und sich von einem deutschen Schiff retten lassen. Die Fortsetzung liest sich wie ein Drehbuch: »Once aboard rescue boat, shoot German crew, dump overboard, bring rescue boat back to English port«. Die Idee erwies sich in der Folge als undurchführbar und wurde aufgegeben. Andere Ideen dieses phantasievollen Zivilisten wurden nach dem Krieg umgesetzt – und zwar in geeigneterer Form: Bei diesem phantasievollen Assistenten handelte es sich nämlich um lan Fleming, den Erfinder der Roman- und Filmfigur James Bond.[58]

56 Ebenda S.127-136.

57 Ebenda S.170-182.

58 Ebenda S.127. Vgl. Simon Winder: The Man who Saved Britain. A Personal Journey into the Disturbing World of James Bond. London 2006. Picador.

Kryptografie wird zur mathematischen Wissenschaft

Das Knacken der Enigma hat neben der historisch-politischen auch eine kulturhistorische Bedeutung: Mit der Operation Ultra hatte sich nämlich die Mathematik endgültig als Königsdisziplin in der Kryptografie, respektive in der Kryptoanalyse etabliert. Das mag aus heutiger Sicht banal erscheinen. Die Kryptografie als Wissenschaft steckte noch am Ende des Ersten Weltkrieges in den Kinderschuhen. Zwar unterhielten die Grossmächte spezialisierte Chiffrier-Dienste. Aber ihre Methoden waren mit einfachen Mitteln zu durchbrechen. Kryptografie war keine etablierte Wissenschaft, die Kenntnisse darin waren bescheiden.

Die wenigen Spezialisten waren in der Regel Sprachwissenschafter oder Leute, die im weitesten Sinn mit Sprache zu tun hatten. Das darf nicht erstaunen – bei der Chiffrierung ging es ja um die Verschlüsselung von sprachlichen Mitteilungen. Das galt etwa für die Briten, die 1914 einen ersten kryptografischen Dienst gründeten, der in der Admiralität von London im Raum 40 untergebracht war. Dort arbeiteten in erster Linie Philologen unterschiedlichster Provenienz, Historiker und auch ein Archäologe[59]. Ähnlich in den USA: 1921 gründete dort Herbert Osborne Yardley (1889-1958) einen Dienst, der unter dem Namen ›Black Chamber‹ berühmt wurde.[60] William Friedman (1891-1961), der Pionier der amerikanischen Kryptografie, hatte seine erste Anstellung bei einem exzentrischen Textilhändler namens George Fabyan, der sich zum Vergnügen eine kryptologische Abteilung aufbaute mit dem Ziel zu beweisen, dass Bacon der Verfasser der Texte von Shakespeare war.[61]

Modernen Chiffrierverfahren ist nur mit Mathematik beizukommen. Die ersten, die dies erkannten, waren die Polen:

»Die Angriffspitze gegen die Enigma bildete ein neuer Typ von Kryptoanalytikern. Jahrhundertelang hatte man angenommen, die besten Kryptoanalytiker wären Sprachwissenschaftler, doch als die Enigma auf die Bühne kam, änderten die Polen ihre Rekrutierungsstrategie. Enigma war eine mechanische Verschlüsselung und im ›Biuro Szyfrow‹ (Chiffrierbüro DL) kam man zu dem Schluss, ein eher naturwissenschaftlicher Geist hätte vielleicht eine grössere Chance sie zu knacken. Das ›Biuro Szyfrow‹ organisierte einen Kryptografie-

59 David Kahn: The Codebreakers. S. 274.

60 Ebenda S.351.

61 Ebenda S.370.
Ausserdem: William F. Friedman und Elizabeth S. Friedman: The Shakespearean Ciphers Examined. Cambridge 1957. Cambridge University Press.

Lehrgang und lud dazu 20 Mathematiker ein, die man auf Stillschweigen einschwor.«[62]

Mathematik ergänzte und ersetzte nach und nach die Methoden der Sprachwissenschaft. Dieser Vorgang – die mathematische Umschreibung von Sprache – darf nicht unterschätzt werden. Sie stellt einen Baustein dar, der später auch zur Grundlage der digitalen Umsetzung von Sprache wurde. Und auch dieser Schritt wurde in Bletchley Park – allerdings in einem anderen Kontext – vollzogen: Die Colossus – gebaut mit 1500 Rundfunkröhren – ermöglichte die Entzifferung des Funkfernschreibers, den Nazi-Deutschland für die Verschlüsselung und Übertragung von Nachrichten auf oberster Ebene benutzte. Colossus war der erste digitale Röhrenrechner.[63]

Der Erfolg von Ultra

Operation Ultra war ohne Zweifel ein Erfolg für die Briten und die Alliierten. Bis Ende 1943 beherrschten die deutschen U-Boote mit ihrer von Admiral Dönitz erfundenen Taktik der Wolfsrudel-Attacke den Nordatlantik und versenkten alliierte Schiffe zu Dutzenden. Die Taktik der deutschen U-Boot Jäger war denkbar einfach und wirkungsvoll: Zunächst verteilten sich die U-Boote im Nordatlantik. Wurde ein alliierter Konvoi gesichtet, so wurden so viele U-Boote wie möglich zusammengezogen, um dann einen konzertierten Angriff zu führen. In einzelnen Fällen wurden so 50 und mehr U-Boote für einen Angriff versammelt.[64]

Es war vor allem ›Ultra‹ zu verdanken, dass die Schiff-Konvois, die Grossbritannien mit fast allen lebensnotwendigen Gütern versorgten, ab 1943 mit zunehmender Sicherheit passieren konnten.

Hier zeigt sich ein weiterer Aspekt der informationstheoretisch interessant ist: Ultra lief Gefahr, Opfer seines eigenen Erfolges zu werden, und musste mit aufwendigen Massnahmen geschützt werden. Informationstheoretisch interessant ist auch die an sich banale Beobachtung, dass es nicht reicht, die gegnerischen Funksprüche zu entziffern, sie müssen auch noch verstanden werden.

---

62 Simon Singh: Geheime Botschaften. S. 186.

63 Tony Sale hat einen Nachbau der Maschine in Bletchley Park eingerichtet: www.codesandciphers.org.uk/lorenz/rebuild.htm vom 16.2.2008. Jack Copeland: Colossus. The Secrets of Bletchley Park's Codebreaking Computers. Oxford 2006. Oxford University Press.

64 Eine detaillierte Liste mit der Aufzählung aller derartigen Überfälle findet sich hier: http://uboat.net/ops/convoys/battles.htm vom 16.2.2008.

»Auf einer Maschine basierend und durch eine Maschine entschlüsselt, wurden die chiffrierten Enigma-Meldungen mechanisch direkt in normale Sprache verwandelt, so dass sie ein Endprodukt von füllhornartigem Überfluss erbrachten, sobald einmal die tägliche Einstellung gelöst war.«[65]

Die Aktensysteme von Bletchley Park mussten das Deutsche Kommandosystem widerspiegeln, um dem Chiffrierverkehr als Ganzem eine Bedeutung zu geben. Es wird geschätzt, dass 15 bis maximal 29 Prozent des deutschen Fernmeldeverkehrs über die Enigma abgewickelt wurde. Weitere 40 Prozent wurden schätzungsweise vom Siemens Geheimschreiber kodiert und ebenfalls in Bletchley Park mit einer Maschine namens Colossus entziffert.[66] Richtig zusammengesetzt liessen die abgefangenen Botschaften eine Rekonstruktion des gesamten feindlichen Nachrichtensystems zu.

Von Admiral Dönitz wird berichtet, dass er ein konstantes Misstrauen gegenüber der Sicherheit der Enigma gehabt hat. Trotzdem konnte oder wollte man sich nicht vorstellen, dass die Enigma nicht sicher war, dass ihr Code gebrochen werden konnte: »They failed to imagine that scores of speedy, brute force codebraking machines might be used: their own few cryptoanalytic mechanisms were much more primitive.«[67]

Über die Frage, was insgesamt der Wert von Operation Ultra war, wird immer wieder spekuliert. Die Historiker sind sich im allgemeinen darüber einig, dass diese Operation den Verlauf des Krieges erheblich beeinflusst und verkürzt hat. Wäre es den Deutschen gelungen, bis 1945 weiter zu kämpfen, so hätte die erste Atombombe möglicherweise nicht Hiroshima, sondern Berlin getroffen.[68]

Die Operation Ultra rettete Menschenleben – eine Feststellung, die verschiedene Autoren immer wieder machen, so auch David Kahn. Die pathetische Färbung wird uns im dritten Kapitel noch ausführlicher beschäftigen.

»One day during the war, a can of spam appeared on the table of Leonard Forster, a translator in Hut 4. ›Look‹, said his wife ›here's this new thing that's come from America.‹ When he saw the can Forster felt a great swelling of pride. For he had had a hand in getting that food to Britain. Ultra had helped bring food to his table and to millions of others in Britain. It was one of the

65 Friedrich Kittler: Die künstliche Intelligenz des Weltkriegs: Alan Turing. In: Ders./Georg Christoph Tholen (Hg.): Arsenale der Seele. Literatur- und Medienanalyse seit 1870. München 1989. Fink. S. 197

66 Ebenda.

67 David Kahn: Seizing the Enigma. S. 279.

68 Ebenda S. 278.

great intellectual achievements of the century, no less remarkable because it was achieved against a secret produced by men rather than one of nature. The unraveling of the Enigma was the equivalent of those endeavors that are awarded Nobel prizes. And, like those, it benefited humankind by bringing peace closer, Ultra shortened the time that fathers were separated from their children, husbands, from wives. And it spared an untold number of people: men in cargo ships and their escorts, men at the fighting fronts, men and children under the bombs in the cities of the home fronts. That was Ultra's greatest gift: it saved lives. Not only British and American lives, but German lives as well. That is the debt the world owes the Bletchley codebreakers that is the crowning human value of their triumphs.«[69]

Kein Geheimnis: Die Schweizer Enigma

Stützte sich der erste Teil dieses Kapitels primär auf gedrucktes und publiziertes Material, so verhält es sich im zweiten Teil nun anders: Über die Geschichte der Schweizer Enigma und ihres ›Nachfolgemodell‹ ist nur sehr wenig publiziert worden. Die Untersuchung stützt sich deshalb stärker auf Interviews und Archivmaterialien.

Bei meiner Suche haben mich verschiedene Personen freundlich unterstützt. Dazu gehören unter anderem der ehemalige Schweizer Nachrichtendienstmann Rudolf J. Ritter,[70] der Elektroingenieur Frode Weierud[71] oder der damalige Leiter der Kryptografie-Dienste der Schweizer Armee, Peter Nyffeler.[72] Paul Glur in Bern war der letzte zum Zeitpunkt der Recherchen noch lebende Zeitzeuge aus dem inneren Kreis der Schweizer Kryptologen des Zweiten Weltkrieges, der für diese Arbeit befragt werden konnte.[73]

69 Ebenda S. 282.

70 Rudolf J. Ritter: Das Fernmeldematerial der Schweizerischen Armee seit 1875. 10. Folge: Codes und Chiffrierverfahren. Bern 2002. Publikationen des Generalstabs. Untergruppe Führungsunterstützung.

71 Vgl. dazu die Publikationen von Frode Weierud in der Bibliografie. Sowie: http://frode.home.cern.ch/frode/ vom 16.2.2008.

72 Peter Nyffeler war bis zum Jahre 2003 Leiter des Kryptografiedienstes der Schweizer Armee, genauer im Departement für Verteidigung, Bevölkerungsschutz und Sport (VBS). Er hat den Autor verschiedene Male zu Gesprächen empfangen und auch Geräte für Demonstrations- und Dokumentationszwecke ausgeliehen!

73 Das Gespräch mit Paul Glur (1917-2007) fand am 1.Oktober 2001 in Bern statt. Der liebenswürdige Berner Mathematiker verstarb am 2. Dezember 2007, kurz vor der Drucklegung dieser Arbeit.

Zu den wenigen gedruckten Arbeiten zum Thema gehört mein eigener Artikel, der im November 2001 in der Neuen Zürcher Zeitung erschienen ist.[74] Ein erster Aufsatz zu diesem Thema war im selben Jahr, am 5. Januar 2001, in der Westschweizer Tageszeitung Liberté zu lesen.[75] Die technischen Aspekte der Schweizer Enigma sowie ihres Nachfolgemodells sind zuvor im bereits erwähnten Aufsatz von Frode Weierud beschrieben worden.[76] Schliesslich hat Rudolf J. Ritter in seiner militärgeschichtlichen Publikation erhellende Hintergründe zur Schweizer Enigma publiziert. Nützlich erwiesen sich auch Informationen und Archivalien, die Walter Schmid zur Nema zusammengetragen hat.[77]

Stunde Null

Unsere Rückschau auf die Geschichte der Schweizer Enigma beginnt in der jüngsten Vergangenheit, in den 90er Jahren: Der 4. Mai 1994 war die Stunde Null der Schweizer Enigma. An diesem regnerischen und grauen Frühlingstag wurde das letzte Kapitel dieser Maschine im Dienst der Schweizer Armee geschrieben und ein neues eröffnet – das zweite Leben der Maschine würde sich aber nicht mehr in der Armee, sondern in den Händen von Sammlern und in den Räumen von Museen abspielen.

Die Reisenden, die an jenem Frühlingstag nach Meiringen ins Berner Oberland kamen, wurden angelockt durch eine trockene dienstliche Mitteilung, die drei Wochen zuvor vom Schweizer Verteidigungsministerium veröffentlicht worden war. Der Inhalt war nur Fachleuten verständlich und deutete auf nichts Aufregendes hin. Unter der Überschrift »Liquidations-Shop für Uem Material« konnte man lesen:

»Bis heute wurde das zu liquidierende Material je nach Anfall zu einem grossangelegten Verkauf in einem Zeughaus geführt. Zur Zeit steht aber nicht genü-

74 Dominik Landwehr: Das Rätsel der Neuen Maschine. Neue Zürcher Zeitung Nr. 279 vom 30.11 2001. S. 81-82.

75 Christian Campiche: Comment la Suisse a bradé des Enigma. Le plus célèbre codeur secret du monde a fait rêver le monde entier, sauf Berne. Liberté vom 5.1.2001. S.10.

76 David H. Hamer; Geoff Sullivan; Frode Weierud: Enigma Variations. An Extended Family of Machines. In: Cryptologia. 22/3. 1998. S. 211-229. Geoff Sullivan; Frode Weierud: The Swiss NEMA Cipher Machine. In: Cryptologia. 23/4.1999. S. 310-328.

77 Walter Schmid: Die Chiffriermaschine Nema. Hombrechtikon 2005. Typoskript.

gend ›qualitativ‹ gutes Material zur Verfügung, um einen solchen Aufwand zu rechtfertigen. Um das trotzdem anfallende Material abzubauen und gleichzeitig Interessierten die Möglichkeit zu bieten, Liquidationsmaterial zu erwerben, wurde durch die Kriegsmaterialverwaltung beschlossen, einen Liquidationsshop zu eröffnen«.[78]

Die Überraschung kam erst am Ende des Schreibens. Kommentarlos wurde hier mitgeteilt, dass an diesem Mittwoch einzelne Enigma Chiffriergeräte verkauft würden sowie eine Maschine, die im Schreiben »Nema« genannt wurde. Hätte das Schreiben eine weitere Verbreitung gefunden, so wären wohl nicht nur Gäste aus der Schweiz und Deutschland, sondern auch aus den USA angereist. »Eine absolut unglaubliche Aktion«, nennt etwa Frode Weierud diesen Verkauf, nirgends auf der Welt hatte es etwas Derartiges zuvor gegeben. Wer davon wusste, hatte die grosse Chance, für den geringen Preis von 150 Franken[79] eine Enigma Chiffriermaschine zu erwerben und mit einem Stück Geschichte heimzukehren, für das Sammler Tausende von Franken zu zahlen bereit waren. Weil pro Person nur eine Maschine abgegeben wurde, reisten Sammler aus Deutschland mit Freunden an.

---

78 Vgl. dazu das weiter unten reproduzierte Dokument »Liquidationsshop«.

79 Ein Besucher dieses Liquidationsshops berichtet, die Maschinen seien zunächst zum Preis von 400 Franken abgegeben worden. Der Preis sei später möglicherweise gesenkt worden. In den Verkauf gelangten maximal 25 Maschinen. Diese Zahl hat Rudolf J. Ritter rekonstruiert. Siehe auch oben.

Abbildung 5

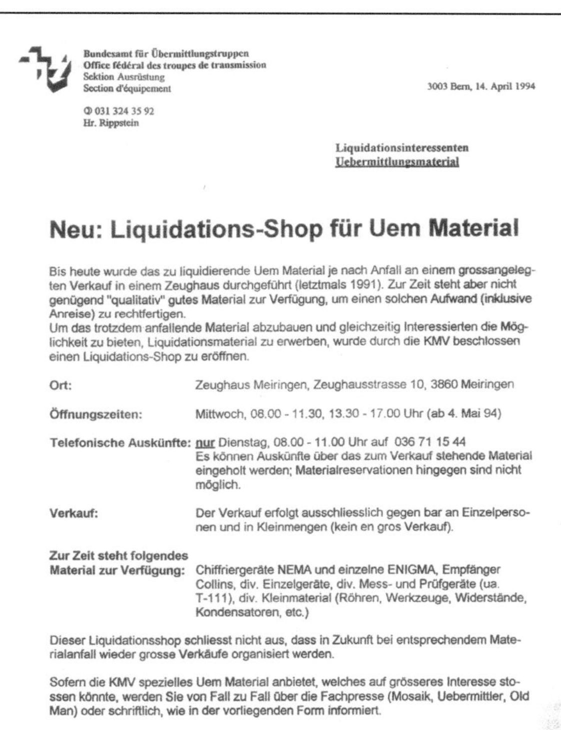

Bundesamt für Übermittlungstruppen
Office fédéral des troupes de transmission
Sektion Ausrüstung
Section d'équipement

3003 Bern, 14. April 1994

✆ 031 324 35 92
Hr. Rippstein

Liquidationsinteressenten
Uebermittlungsmaterial

Neu: Liquidations-Shop für Uem Material

Bis heute wurde das zu liquidierende Uem Material je nach Anfall an einem grossangelegten Verkauf in einem Zeughaus durchgeführt (letztmals 1991). Zur Zeit steht aber nicht genügend "qualitativ" gutes Material zur Verfügung, um einen solchen Aufwand (inklusive Anreise) zu rechtfertigen.
Um das trotzdem anfallende Material abzubauen und gleichzeitig Interessierten die Möglichkeit zu bieten, Liquidationsmaterial zu erwerben, wurde durch die KMV beschlossen einen Liquidations-Shop zu eröffnen.

Ort: Zeughaus Meiringen, Zeughausstrasse 10, 3860 Meiringen

Öffnungszeiten: Mittwoch, 08.00 - 11.30, 13.30 - 17.00 Uhr (ab 4. Mai 94)

Telefonische Auskünfte: nur Dienstag, 08.00 - 11.00 Uhr auf 036 71 15 44
Es können Auskünfte über das zum Verkauf stehende Material eingeholt werden; Materialreservationen hingegen sind nicht möglich.

Verkauf: Der Verkauf erfolgt ausschliesslich gegen bar an Einzelpersonen und in Kleinmengen (kein en gros Verkauf).

Zur Zeit steht folgendes Material zur Verfügung: Chiffriergeräte NEMA und einzelne ENIGMA, Empfänger Collins, div. Einzelgeräte, div. Mess- und Prüfgeräte (ua. T-111), div. Kleinmaterial (Röhren, Werkzeuge, Widerstände, Kondensatoren, etc.)

Dieser Liquidationsshop schliesst nicht aus, dass in Zukunft bei entsprechendem Materialanfall wieder grosse Verkäufe organisiert werden.

Sofern die KMV spezielles Uem Material anbietet, welches auf grösseres Interesse stossen könnte, werden Sie von Fall zu Fall über die Fachpresse (Mosaik, Uebermittler, Old Man) oder schriftlich, wie in der vorliegenden Form informiert.

Mit freundlichen Grüssen

Bundesamt für Übermittlungstruppen
Sektion Ausrüstung

Mitteilung aus dem Bundesamt für Übermittlungstruppen vom 14. April 1994. (Archiv des Autors)

Dass die Schweiz zur Zeit des Zweiten Weltkriegs mit der Chiffriermaschine Enigma arbeitete, war kein Geheimnis. Rudolf J. Ritter, unser erster Gewährsmann, beschreibt im Gespräch, wie er bereits in den 50er Jahren als Truppenkommandant mit diesem Gerät in Berührung gekommen war: »Die Enigma gehörte zum Chiffriermaterial, das man jeweils für Übungen separat in Bern bestellen musste«.[80] Besonderes Interesse brachte er dem Gerät aber nicht entgegen: »Das Telekryptogerät der Firma Gretener, das eine Verschlüsselung in Realzeit ermöglichte, war weit

80 Rudolf J. Ritter im Gespräch mit dem Autor am 22. Oktober 2001 in Grub im Kanton Appenzell.

moderner und hat mich darum viel mehr fasziniert«.[81] Trotzdem: Mit dem Wissen, das er sich zum Thema Schweizer Enigma angeeignet hatte, entstand später eine wichtige Publikation zum Thema.[82] Seinen Angaben zufolge spielte die Enigma bei der Schweizer Nachrichtenübermittlung eine wichtige Rolle: »Die ersten Maschinen kamen 1938 als Beigabe mit 14 schweren Funkstationen, welche die Schweiz 1937 in Deutschland bestellt hatte«.[83] Ein Test zeigte, dass diese Maschinen in Sachen Sicherheit nicht zu übertreffen waren. Sofort wurde eine weitere Tranche von 60 Maschinen und nur wenig später eine weitere von 180 bestellt. Im Juli 1942 waren 265 Enigma K Maschinen vorhanden. Die Kriegsmaterialverwaltung modifizierte die Geräte und änderte unter anderem die Verdrahtung der Walzen sowie den Fortschaltmechanismus.[84]

81 Ebenda.

82 Rudolf J. Ritter: Das Fernmeldematerial der Schweizerischen Armee seit 1875. Wie oben.

83 Die Maschinen wurden mit einer Beschreibung geliefert. Dort findet sich auch der Hinweis auf den Lieferant, die Chiffriermaschinen-Gesellschaft Heimsoeth & Rinke. Der Name der früheren Firma Chiffriermaschinen AG ist überstempelt.

84 Rudolf J. Ritter hat die genauen Beschaffungsdaten anhand der Originalakten rekonstruiert. Er schreibt in einer früheren, nicht publizierten Version seines Aufsatzes: «Die Kriegstechnische Abteilung des Eidgenössischen Militärdepartements beschaffte im Einzelnen: Im März 1938 14 Stück bei C. Lorenz AG Berlin mit 14 schweren 1,5 kW-Sendern, geliefert 1.7.38. Im Februar 1939 65 Stück bei der Chiffriermaschinen-Gesellschaft Heimsoeth & Rinke Berlin, geliefert 1.7.39. Im Januar und Juli 196 Stück bei derselben Gesellschaft, zögerlich geliefert 5.5.40-10.7.42.«

Abbildung 6

Eine Schweizer Enigma-Chiffriermaschine samt Koffer in geschlossenem (links) und geöffnetem Zustand (rechts). Gut zu erkennen ist rechts das zusätzliche Lampenfeld, das die Bedienung durch eine zweite Person vereinfachen sollte. (Fotos D. Landwehr)

Chiffriermaschinen sind heikle Geräte. Grosse Staaten stellen solche Maschinen lieber selber her, als sie bei Dritten einzukaufen. Kleine Staaten haben selten die Ressourcen, das zu tun, und sind darum auf Drittanbieter angewiesen. Trotzdem ist es erstaunlich, dass die Schweiz damals ein derart heikles Gerät ausgerechnet in einem Land beschaffte, von dem in jenen Jahren auch für die Schweiz eine erhebliche Gefahr ausging. Rudolf J. Ritter sieht zwei Gründe, die damals für dieses Gerät sprachen: »Erstens war man von der hohen Sicherheit überzeugt, zudem boten die eigenen Modifikationen einen zusätzlichen Schutz.«

Der Zeitzeuge Paul Glur erinnert sich an die Beschaffung dieser Enigma-Maschinen:

»1939 war man in der Schweiz in Sachen Kryptografie wenig informiert. Nach dem Ersten Weltkrieg liess man dieses Gebiet einschlafen – erst 1938 fand man, man müsse sich wieder um dieses Thema kümmern. Praktisch kannten sich hier nur die Funker etwas aus. Die Funker arbeiteten damals ziemlich primitiv mit Buchstabentabellen. Damals realisierte man, dass es diese Enigma-Maschine gab, und schaffte ein paar davon zu Versuchszwecken an. Der Funkfourier der damaligen Telegrafenkompanie Hadwiger erhielt den Auftrag, diese Sache etwas genauer anzuschauen. Als der Krieg 1939 los ging, musste Hadwiger übernehmen – da brauchte es noch einen Offizier und das war dann der Kollege von Hadwiger, Prof. Alder, Ordinarius für Versicherungsmathematik. So hat das alles angefangen. Es gab einen Bundesratsbeschluss, dass dieses Büro nun Leute suchen konnte, die sich mit Kryptografie befassen würden. Hier stiess Prof. Linder und einige weitere Personen aus dem Kollegenkreis von Hadwiger zu dieser Gruppe. Ich selber war damals Student von Prof. Hadwiger.

Wir waren damals nur gerade zehn Studenten am Berner Kolleg für Mathematik und Versicherungsmathematik. Ich hatte 1937 die Rekrutenschule gemacht, 1938 die Unteroffiziersschule und absolvierte 1939 den ersten Wiederholungskurs bei diesem neuen Büro. Wir hatten eine Sonderstellung und waren sogenannte Intellektuelle. Das bescherte mir dann ziemlich viele Diensttage – ich habe über 1000 Diensttage gemacht.«[85]

Man war offenbar in Eile mit Bestellen von Chiffriermaschinen. Eine grosse Auswahl gab es nicht, aber es gab durchaus Alternativen. Dazu zählten die Maschinen des Schweden Boris Hagelin, der sich ja nach dem Krieg in der Schweiz niederliess und die Firma Crypto AG in Zug gründete.

Abbildung 7

Oskar Stürzinger – der erste Angestellte von Boris Hagelin, Gründer der Firma Crypto AG in Zug. Die Bilder entstanden anlässlich einer Präsentation der Handchiffriermaschine CD 57 aus dem Jahre 1957, an deren Entwicklung Oskar Stürzinger mitbeteiligt war. (Fotos D. Landwehr)

Sein erster Schweizer Angestellter war Oskar Stürzinger. Er kannte die Schwächen der Geräte von Boris Hagelin, auch wenn er mit dieser Beschaffung nichts zu tun hatte und als junger Ingenieur erst Mitte der 50er Jahre in Kontakt mit dem Thema Kryptografie kam.

»Die Schweizer Armee hatte keine Berufssoldaten. Man befand die Hagelin Maschine als nicht miliztauglich. Bei der Enigma waren alle Teile gleich. Man konnte das Schlüsselwort aus fünf Worten zusammensetzen. Bei der Hagelin Maschine hatte jeder Rotor eine andere Teilung – gemäss den Primzahlen. Das

85 Zu den von ihm genannten Namen: Hugo Hadwiger (1908-1981) war 1937-1977 Professor für Mathematik an der Universität Bern; Heinrich Weber (1907-1997) war Ingenieur und 1948-1973 als Professor für Mathematik an der ETH Zürich; Arthur Linder (1904-1993) Professor für mathematische Statistik, Arthur Alder, Prof. für Versicherungsmathematik (Quellen: ETH Zürich sowie Historisches Lexikon der Schweiz).

wollte man dem Milizsoldaten nicht zumuten, dass er also eine Maschine hatte, die bei gewissen Rädern kein Z und kein Y hatte. Die Italiener benutzten die Chiffriermaschinen von Hagelin und auch die Franzosen. Die Maschinen waren sicher, ausser in Stresssituationen. Da war der Mensch diesem System nicht gewachsen und hat Fehler gemacht. Diese Fragen waren bei der Auswahl für die Schweizer Armee sehr wichtig. Man darf nicht vergessen, dass ein Milizoffizier anders reagiert als ein Berufsoffizier. Diese Entscheidung war wohl richtig. Man hätte allerdings das mit etwas Ausbildung beheben können.«[86]

Sehr genau an die Beschaffung erinnert sich hingegen Paul Glur, der zum fraglichen Zeitpunkt Student war.

»Wir kriegten immer Material zum Entschlüsseln geliefert, aber wir konnten nichts damit anfangen. So beschäftigten wir uns zuerst mit den eigenen Verfahren. Uns war klar, hier muss etwas geschehen. So stiess man ziemlich schnell auf die Enigma – man bestellte nach, und die Deutschen konnten sofort liefern. Wir schauten sie an und sagten: Gut, aber wir müssen sie sofort umlöten. Im Zeughaus Bern gabs eine Funkerwerkstatt und dort begann man mit dem Umlöten.«[87]

Technisch funktionierten die Maschinen genau gleich wie die Modelle, die Deutschland verwendete. Nur fehlte ihnen das sogenannte Steckerbrett, das die Komplexität der Verschlüsselung erhöhte. Und anders als in Deutschland blieb es während des ganzen Krieges bei den drei Rotoren.

Die Modifikationen, die durch die Kriegsmaterialverwaltung angebracht wurden, waren teils kosmetischer, teils kryptografischer Natur. Die meisten Maschinen erhielten ein zweites Lampenfeld. Dadurch wurde die Bedienung durch zwei Personen erleichtert. Das zweite Lampenfeld bedingte aber die Vergrösserung des hölzernen Schutzkastens. Zur Schonung der Batterie wurde ein Transformator hinzugefügt, der bis zu vier Maschinen gleichzeitig speisen konnte. Bei den Maschinen des Heeres wurde der Fortschaltmechanismus so geändert, dass bei jedem Schritt anstelle der rechten die mittlere Walze mitgenommen wurde. Diese nahm ihrerseits nach einem vollen Umlauf die linke Walze mit und diese nach einem vollen Umlauf die Umkehrwalze. Für die Maschinen existierten zwei Sätze mit Walzen: Ein Übungssatz und ein Satz für den Kriegsfall. Die Maschinen, die anfangs 90er Jahre in den Verkauf gelangten, waren alle mit den Übungssätzen ausgerüstet. Die Kriegsrotoren wurden ver-

86 Oskar Stürzinger im Gespräch mit dem Autor am 20. Februar 2003 in Zürich.

87 Paul Glur wie oben.

nichtet, nachdem zuvor deren Verdrahtung protokolliert worden war. Dies wiederum ist bemerkenswert: Die im Krieg in der Schweiz verwendeten Schlüssel sind demnach immer noch geheim!

Nachdem bereits während des Krieges Zweifel an der Sicherheit der Maschine aufgekommen waren – und mit dem Nachfolgemodell Nema auch für Abhilfe gesorgt war, wurden die Enigma-Maschinen zu Übungszwecken weiter benutzt und ab 1958 in der Kriegsreserve gelagert.[88] Nur die Flieger- und Fliegerabwehrtruppen verwendeten die Maschinen bis 1989 in einem Notfunknetz weiter.

Beim Heer trennte man sich schon Mitte der 70er Jahre von 102 Maschinen. Sie wurden zerlegt und vernichtet. Bei der Luftwaffe geschah dasselbe nur mit der Hälfte der 163 Maschinen. 1990 waren noch 94 Enigma K Maschinen vorhanden. Der grösste Teil davon wurde an interessierte Kreise innerhalb der Schweizer Bundesverwaltung abgegeben. Zurück blieben 25 Maschinen. Rudolf J. Ritter nimmt an, dass diese ab dem 4. Mai 1994 in Meiringen zum Verkauf kamen – möglicherweise aber nicht alle auf einen Schlag.[89] Es muss davon ausgegangen werden, dass die meisten der Maschinen, die nicht vernichtet wurden, erhalten sind und sich in den Händen von Sammlern, von Bundesstellen und von Museen befinden.

Deklassifiziert wurde das Enigma-Verfahren allerdings erst 1992 – und im Mai 1994 kamen die Maschinen unter den Hammer und begannen ihr zweites Leben.

Die Neue Maschine: Nema

Auf die letzte Serie ihrer Bestellungen – es handelte sich um 180 Enigmas – musste die Schweizer Armee nicht weniger als zwei Jahre warten. Das war entschieden zuviel – man musste sich nach einem neuen Lieferanten umsehen. Nach all den Jahren im Umgang mit der Enigma-Chiffriermaschine hatte man in der Kryptografie einige Fortschritte gemacht und auch die Schwachstellen der Enigma erkannt und deshalb beschlossen, eine eigene Maschine zu bauen.

88 Rudolf J. Ritter: Das Fernmeldematerial der Schweizerischen Armee seit 1875. S. 35.

89 Schriftliche Mitteilung von Rudolf J. Ritter an den Verfasser vom 20. August 2001.

Mitte 1943 wurde der Konstruktionsauftrag an die Firma Zellweger in Uster[90] erteilt. Zellweger hatte 1936 eine eigene Abteilung für Hochfrequenz-Technik eröffnet – die Firma produzierte das erste in der Schweiz entwickelte Funkgerät. Die Entwicklung der neuen Chiffriermaschine darf auch aus heutiger Perspektive als rasch bezeichnet werden: Nach der Konstruktion von zwei Protoypen 1943 und deren erfolgreicher Erprobung im Herbst 1944 wurde eine mechanisch nochmals verbesserte Version im Frühjahr 1945 als truppentauglich erklärt. In einem einzigen Los wurden gleich anschliessend 640 Maschinen gebaut, sie erhielten die Typenbezeichnung Nema Modell 45: »Die Maschinen wurden im Frühjahr 1947 ausgeliefert und bildeten während zwei Jahrzehnten das Rückgrat der offline Chiffrierung des Eidgenössischen Politischen Departementes und des Heeres«.[91] Offline will heissen, dass die Funksprüche in die Maschine getippt und dort, genau wie bei der Enigma, zunächst wieder abgelesen und erneut aufgeschrieben werden mussten, bevor sie per Funk oder Kurier übermittelt wurden.

Abbildung 8

Die Chiffriermaschine Nema. Auf dem Bild rechts ist die vergrösserte Anzahl der Rotoren gut zu erkennen. Die Nema erhielt 9 Rotoren plus eine Umkehrwalze – die Schweizer Enigma hatte nur 3 Walzen plus eine Umkehrwalze. (Fotos D. Landwehr)

Diese Nema war nichts anderes als eine Weiterentwicklung der Enigma: Sie verfügte über mehr Walzen als ihr Vorbild, zudem war der Walzenvortrieb unregelmässiger und damit schwerer zu rekonstruieren. Sie hatte neun auswechselbare Walzen plus eine Umkehrwalze. Eine direkte Aus-

90 Zellweger AG Uster: 1880 gegründet und bis gegen Ende des 20. Jahrhunderts einer der grossen Namen im Schweizer Apparatebau und Fernmeldegeschäft.

91 Ritter. Das Fernmeldematerial der Schweizerischen Armee seit 1875. S. 38.

wirkung davon war, dass es erheblich mehr Druck brauchte, die Chiffriermaschine zu bedienen. Wohl deshalb erhielt sie auch den Namen Fingerbrecher. Wie in späteren Jahren so oft, wurde in der Schweiz nichts Neues erfunden, sondern etwas Bestehendes optimiert:

»Verglichen mit der 20 Jahre zuvor entworfenen Enigma war die Nema – als Werk eines im feinmechanischen Apparatebau hoch angesehenen Unternehmens – konstruktiv eleganter, präziser und sorgfältiger ausgeführt; insbesondere war der Kontaktapparat der Walzen – im Gegensatz zur Enigma – robust ausgeführt und praktisch störungsfrei.«[92]

Verantwortlich für das Pflichtenheft der neuen Chiffriermaschine zeichneten drei Personen: Hugo Hadwiger, damals Professor für Mathematik an der Universität Bern, der Ingenieur und nachmalige ETH-Professor Heinrich Weber und Paul Glur, Student von Professor Hadwiger.[93] Paul Glur ist der einzige dieser drei, der vom Autor 2001 noch befragt werden konnte. Wir besuchten den damals 84-Jährigen in seinem Haus im Berner Schosshaldequartier. Der etwas rundliche Mann mit den lebhaften kleinen Augen freute sich und erzählte bereitwillig aus früheren Tagen: »Als 1939 der Krieg ausbrach war die Schweiz in Sachen Kryptografie nicht sehr weit – man hatte dieses Gebiet nach dem Ersten Weltkrieg einschlafen lassen«. Die Enigma löste für die Schweiz dieses Problem fürs Erste: »Es gab nichts Anderes oder man wusste nicht davon«. Erstaunlich ist, was Paul Glur über das Umfeld erzählt. Demnach hatten codierte Nachrichten schon damals einen grossen Reiz – auch für ein weiteres Publikum: »Wir kriegten immer wieder verschlüsselte Meldungen von Leuten. ›Könnt ihr etwas damit anfangen‹, fragte man uns. Wir konnten und haben praktisch alle Meldungen, die so hereinkamen, geknackt.« Paul Glur sieht hier eine Parallele zu den Hackern von heute, die das Aufspüren von Sicherheitslücken auch fast als Sport betreiben.[94]

Das Nema-Verfahren wurde ähnlich wie das Enigma-Verfahren 1992 deklassifiziert, die ausrangierten Nema Maschinen gelangten gleichzeitig wie die Enigmas in den Verkauf.[95] Die Nema wurde bei der Armee be-

92 Ebenda S. 40.

93 Walter Schmid weist darauf hin, dass die drei ohne einen offziellen Entwicklungsauftrag arbeiteten. Nach dem Krieg beanspruchten sie vom Bund eine Entschädigung für ihre Erfindung. Nach einem längeren Hin- und Her wurde ihnen am 3. Oktober 1948 die Summe von 6000 Franken zugesprochen. Walter Schmid: Die Chiffriermaschine Nema. S. 73.

94 Paul Glur im Gespräch mit dem Autor am 1.Oktober 2001 in Bern.

95 Rudolf J. Ritter: Das Fernmeldematerial der Schweizerischen Armee seit 1875. S. 40.

reits um 1960 durch den sogenannten Krypto-Fernschreiber ersetzt, zu umständlich war ihre Bedienung, zu langsam die Übermittlung und zu fehleranfällig das ganze Prozedere. »Selbst kleinste Fehler führten dazu, dass sich die beiden Stationen nicht mehr verstehen konnten«.[96] Zudem liess sich die Maschine nicht in ein EDV-System einbinden.

Geheim - aber nur für die Schweiz!

Natürlich ist heute auch das Chiffrierverfahren der damals moderneren Nema-Chiffriermaschine obsolet und mit Computern zu knacken. Ob ihr Code auch in der Zeit ihrer aktiven Verwendung, also zwischen 1947 bis in die 80er Jahre entschlüsselt wurde, ist nicht bekannt.[97]

Anders bei der Schweizer Enigma: Ihr Code wurde während des Zweiten Weltkrieges von den Polen, den Engländern und Amerikanern und natürlich auch von den Deutschen entschlüsselt.

Dass die Enigma Schwachstellen hatte, war auch den Schweizer Kryptologen bekannt. Zu den ersten Massnahmen zählte deshalb die Neuverdrahtung der Rotoren. Diese Massnahme wurde jedoch nicht bei allen Truppengattungen mit derselben Konsequenz durchgeführt: Schon 1941 erfuhren die Behörden auf ungewöhnlichem Weg von einer Schwachstelle bei den Flieger- und Flabtruppen wie ein Dokument aus dem Armeestab zeigt:

Abbildung 8a

Verwendung der Chiffriermaschine "Enigma".

Durch die Abteilung für Nachrichten- & Sicherheitsdiens konnte festgestellt werden, dass im Ausland das schweizerische Chiffriersystem angeboten worden ist. Dabei wurde Bezug genommen auf 2 Chiffretg., die nach Ermittlung des Chiffrebureaus der Armee nur von den Fl.-& Flabtrp. stammen konnten. Bei der Abklärung des Sachverhaltes wurde festgestellt, dass die gegenwärtige Handhabung der Schlüssel der Chiffriermaschine durch die Fl.-& Flabtrp., bei einem relativ geringen Chiffrierverkehr per Funk (20-30 Tg.), die Geheimhaltung der Meldungen nicht mehr gewährleistet.

Auszug aus einer Aktennotiz vom 3. Mai 1941 des Generalstabschef der Schweizer Armee: Der Befehl stützt sich auf eine nachrichtendienstliche Quelle, die sich in den Archiven nicht rekonstruieren lässt. Quelle: Schweizer Bundesarchiv Bern. Bestände E27/19007.

96 Walter Schmid: Die Chiffriermaschine Nema. S. 57.

97 Ebenda S.56.

Der Leiter der polnischen Kryptoanalytiker-Gruppe, Marian Rejewski berichtet in seinen Erinnerungen davon, wie Schweizer Enigma-Nachrichten von seinem Team, das damals im Rahmen der Operation Cadix in Südfrankreich stationiert war, gelesen wurden; allerdings wurde das Knacken des Schweizer Codes als eher marginale Tatsache empfunden, das Hauptaugenmerk galt den deutschen Maschinen. Belegt sind Lauschangriffe zwischen Dezember 1940 bis März 1941. Die Resultate gingen sofort zum britischen Nachrichtendienst, dem die polnischen Abhörer damals zudienten. Gelesen wurde offenbar nicht nur der militärische, sondern auch der diplomatische Verkehr.[98]

Die Informationen der polnischen Abhörer wurden in England ohne Zweifel verarbeitet – denkbar wäre allerdings auch, dass der Schweizer Funkverkehr direkt in England abgehört wurde. Ein britisches Geheimdokument »Swiss Random Letter Traffic«[99], das in den National Archives der USA zu finden ist, beschreibt die Schweizer Codierung minutiös. Der Begriff »Random Letter Traffic« steht wahrscheinlich für die Tatsache, dass der Verkehr unregelmässig war und den Briten deshalb zufällig erschien:

»The Swiss random letter traffic is encyphered on a commercial-type Enigma machine with specially wired wheels, the turnover mechanism being on the tyre. The first four letters of the message are the indicator which is repeated as the last four letters of the message. The actual text begins with the fifth letter of the message.«[100]

Und weiter folgt dann die Bestätigung für die erfolgreiche Durchdringung des Codes. Zur Erinnerung: Der Begriff ›crib‹ – auch ›mot probable‹ genannt – steht für ein bereits bekanntes oder erratenes Wort im Chiffrat:

»The Swiss have no spare wheels for the machine which thus has only six possible wheel-orders. As the machine was broken on a crib we have arrived at three wheels which we call Blue, Red and Green.«[101]

98 Ausführlicher Bericht über die Abhöraktion: W. Kozaczuk. Geheimoperation Wicher. Polnische Mathematiker knacken den deutschen Funkschlüssel. Bonn 1989. Karl Müller Verlag. S. 330-333.

99 Das Papier trägt den Namen »Swiss Random Letter Traffic«. Es findet sich in den Akten des US-Nationalarchivs. NSA Historical Collection, RG 457.

100 Ebenda.

101 Ebenda.

Der nun folgende Abschnitt gibt einen wunderbaren Einblick in die aufreibende Arbeit des Entzifferns; als sogenannter »crib« diente der Name KAMM, so hiess offenbar ein Mitglied der Schweizer Botschaft in London, nur war sein Name mit nur vier Buchstaben etwas kurz um eine wirkungsvolle Hilfe beim Entschlüsseln abzugeben. Der Text entbehrt nicht einer gewissen Komik und ist deshalb im vollen Umfang wieder gegeben.

»Keys are broken chiefly by the process of guessing beginnings. The majority of messages from Berne used to begin VON HANDEL, VON SURCOMMERCE or VON TRANSPORT with similar, though less definite, beginnings for messages addressed to Berne. Recently however these openings have fallen out of use, the department concerned is now denoted by a code-word attached to the signature: the words mostly used are MERKUR, SATURN and WEGA which correspond respectively to the openings quoted. (However what little Washington traffic we have suggests that messages from Washington may be being addressed inside and out.) The decay of these openings has recently considerably increased the difficulties of the London traffic, our most profitable cribs now being VOTREX, DEKAMM, FURKAMM, FUER KAMM and POURKAMM. IHRX would be as useful as VOTRE but is naturally harder to break with. KAMM is the head of the Swiss War Food Office in London: The shortness of his name is a source of great grief to us, but you should be better served by a gentleman named WANGER who appears to organise transport business.«[102]

102 Ebenda.

Abbildung 9

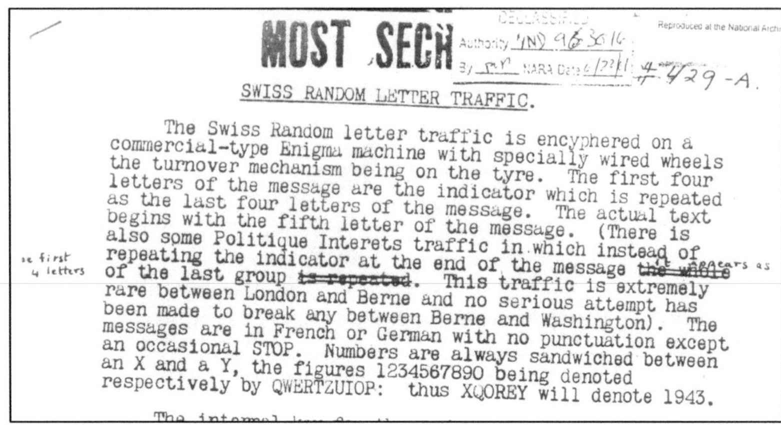

MOST SECRET

SWISS RANDOM LETTER TRAFFIC.

The Swiss Random letter traffic is encyphered on a commercial-type Enigma machine with specially wired wheels the turnover mechanism being on the tyre. The first four letters of the message are the indicator which is repeated as the last four letters of the message. The actual text begins with the fifth letter of the message. (There is also some Politique Interets traffic in which instead of repeating the indicator at the end of the message ~~the whole~~ of the last group ~~is repeated~~. This traffic is extremely rare between London and Berne and no serious attempt has been made to break any between Berne and Washington). The messages are in French or German with no punctuation except an occasional STOP. Numbers are always sandwiched between an X and a Y, the figures 1234567890 being denoted respectively by QWERTZUIOP: thus XQOREY will denote 1943.

Reproduktion aus dem britischen Abhörpapier »Swiss Random Letter Traffic« (Quelle: National Archives, Washington D.C.)

In den National Archives von Washington D.C. finden sich einige Botschaften samt ihrer Entschlüsselungen. Sie betreffen alle Massnahmen in Bezug auf die Rationierung von Lebensmitteln.

Abbildung 10

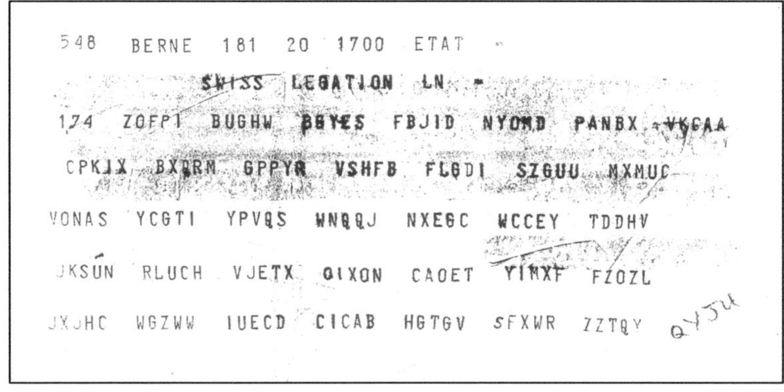

548 BERNE 181 20 1700 ETAT

SWISS LEGATION LN

174 ZOFPI BUGHW BBYES FBJID NYOMD PANBX VKGAA

CPKIX BXQRM GPPYR VSHFB FLGDI SZGUU MXMUC

VONAS YCGTI YPVQS WNQQJ NXEGC WCCEY TDDHV

JKSUN RLUCH VJETX OIXON CAOET YIMXF FZOZL

JXJHC WGZWW IUECD CICAB HGTGV SFXWR ZZTQY

Reproduktion einer mit der Schweizer Enigma verschlüsselten Nachricht. (Quelle: National Archives, Washington D.C.)

Abbildung 11

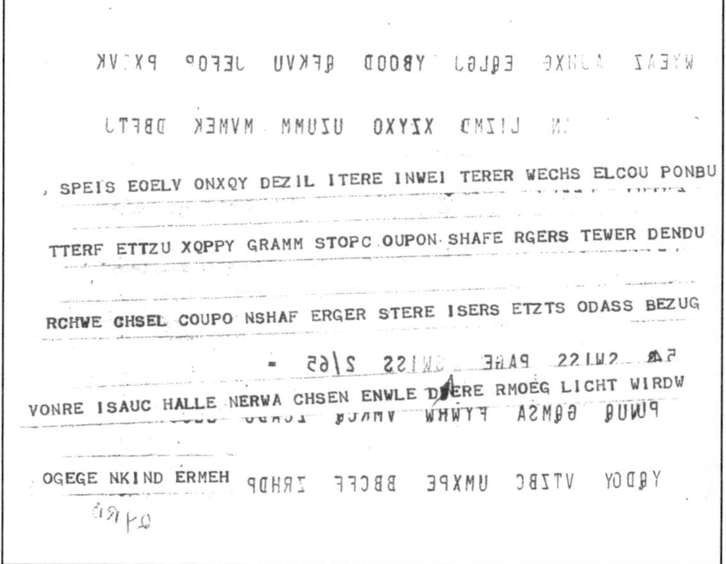

SPEIS EOELV ONXQY DEZIL ITERE INWEI TERER WECHS ELCOU PONBU
TTERF ETTZU XQPPY GRAMM STOPC OUPON SHAFE RGERS TEWER DENDU
RCHWE CHSEL COUPO NSHAF ERGER STERE ISERS ETZTS ODASS BEZUG
VONRE ISAUC HALLE NERWA CHSEN ENWLE DIERE RMOEG LICHT WIRDW
OGEGE NKIND ERMEH

Eine weitere Nachricht mit ihrer Entschlüsselung, deren Sinn allerdings auch im Klartext nicht ohne zusätzliches Wissen erschlossen werden kann. (Quelle: National Archives, Washington D.C.)

Der Text lautet folgendermassen:

»SPEIS EOELV ONXQY DEZIL ITERE INWEI TERER WECHS ELCOU PONBUTTERF ETTZU XQPPY GRAMM STOPC OUPON SHAFE RGERS TEWER DENDU RCHWE CHSEL COUPO NSHAF ERGER STERE ISERZ ETZTS ODASS BEZUG VONRE ISAUC HALLE NERWA CHSEN ENWLE DERE RMOEG LICHT WIRDW OGEGE NKIND ERMEH

SPEISEOEL VON XQX DEZILITER EIN WEITERER WECHSEL COUPON BUTTER FETT ZU XQPPY GRAMM STOP COUPONS HAFER GERSTE WERDEN DURCH WECHSEL COUPONS HAFER GERSTE REIS ERSETZT SO DASS BEZUG VON REIS AUCH ALLEN ERWACHSENEN WIEDER ERMOEGLICHT WIRD WOGEGEN KINDER MEH«

Es liegt auf der Hand, dass Grossbritannien die Erkenntnisse in Bezug auf den Schweizer Funkverkehr mit den US Dienststellen teilte. Diese Zusammenarbeit wurde im Lauf des Krieges und vor allem nach dem Besuch von Alan Turing in den USA Ende 1942 intensiviert. Dass die

Schweizer Maschine in einem US Dokument 1943 auftaucht, ist wohl so zu erklären: Das von einem Major Frank B. Rowlett gezeichnete Dokument vom 4. August 1943 zeigt die geringe Bedeutung, die man der Aufklärung des Schweizer Funkverkehrs zumass.

»In view of the comments on section 1, it is recommended that all cryptanalysis on Swiss material for intelligence purposes be stopped. It is felt desirable to continue work on Swiss Enigma as training problem in view of its relation to other systems including our own cryptographic equipment.«[103]

Immerhin wird aus einem späteren Dokument ersichtlich, dass es im US Nachrichtendienst so etwas wie eine Schweizer Sektion gegeben haben muss, die mindestens den existierenden Funkverkehr mitlas und protokollierte. Im gleichen Dokument wird eine Aufklärungsquote von 90 Prozent genannt, was bedeutet, dass bis auf einen kleinen Rest fast alles gelesen werden konnte.

Abbildung 12

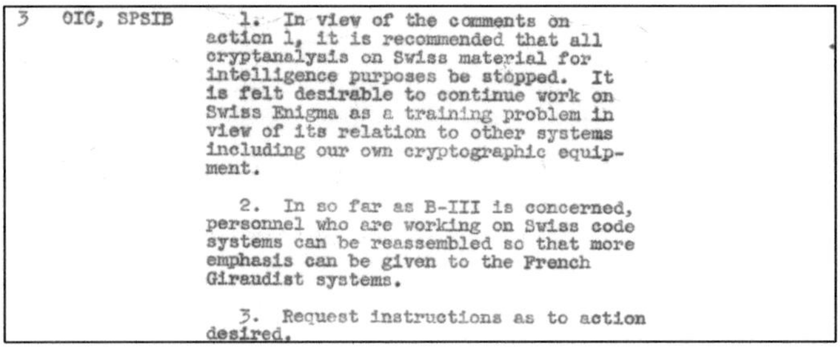

3 OIC, SPSIB

1. In view of the comments on action 1, it is recommended that all cryptanalysis on Swiss material for intelligence purposes be stopped. It is felt desirable to continue work on Swiss Enigma as a training problem in view of its relation to other systems including our own cryptographic equipment.

2. In so far as B-III is concerned, personnel who are working on Swiss code systems can be reassembled so that more emphasis can be given to the French Giraudist systems.

3. Request instructions as to action desired.

Die US-Codebrecher hatten offenbar nur ein begrenztes Interesse am abgehörten Schweizer Funkverkehr. (Quelle: National Archives, Washington D.C.)[104]

103 National Archives USA: NSA Historical Collection, RG 457. Das Dokument stammt aus einer Sammlung von Beständen aus Akten der National Security Agency NSA, die Mitte der 90er Jahre deklassifiziert und den National Archives übergeben wurden. Sie sind auch für interessierte Besucher vor Ort leicht zugänglich. Die Bestände sind seit 2006 auch im Internet beschrieben: www.archives.gov/research/holocaust/finding-aid/civilian/rg-457.html vom 16.2.2008.

104 Ebenda.

Der militärische Nutzen, der den Alliierten durch die Entzifferung des Schweizer Enigma-Verkehrs erwuchs, war offensichtlich gering, zumindest während des Krieges. In mindestens einem Fall konnte jedoch eine der beiden Mächte, nämlich die USA, nach dem Krieg einen Vorteil aus dieser Tätigkeit ziehen. Im April 1946 befand sich eine Delegation der Schweiz in Washington um über eine Abfindungszahlung zu verhandeln. Die Schweiz hatte während des Krieges als Drehscheibe für das Nazi-Raubgold gedient, und die Alliierten verlangten nach dem Krieg eine Abfindung von Seiten der Schweiz.[105] Die Verhandlungen fanden fern von der Schweiz in Washington statt, die Verhandlungsschritte wurden per Funk in die Schweiz gemeldet. Da die USA den mit der Schweizer Enigma verschlüsselten Funkverkehr mühelos mitlesen konnten, kannten sie das Schweizer Verhandlungsangebot und wussten, dass die Schweiz maximal zu einer Zahlung von 250 Millionen Franken bereit war. Die US Forderung nach einer Zahlung von 560 Millionen Franken konnte somit gut abgesichert vorgetragen werden.[106]

Dass schliesslich auch Nazi-Deutschland den Schweizer Funkverkehr mitlesen konnte, darf nicht überraschen. Erklärungsbedürftig wäre allenfalls die Tatsache, weshalb man dies in der Schweiz ignorierte. Interessant ist aber der Weg, wie diese Tatsache bekannt wurde – und einmal mehr gewissermassen eine Geschichte für sich.

Nach dem Ende des Krieges meldete sich beim Kryptografiedienst der Schweizer Armee auf dem schriftlichen Weg ein Deutscher namens Bruno Kröger. Er gab an, im Krieg bei jener Behörde gearbeitet zu haben, die mit dem Mitlesen des verschlüsselten Schweizer Funkverkehrs

105 Eine ausführliche Darstellung bei: Philipp Sarasin; Regina Wecker: Raubgbold, Réduit, Flüchtlinge. Zur Geschichte der Schweiz im Zweiten Weltkrieg. Zürich 1998. Chronos. Ausserdem: Unabhängige Expertenkommission Schweiz Zweiter Weltkrieg: Die Schweiz, der Nationalsozialismus und der Zweite Weltkrieg. Schlussbericht. Zürich 2002. Pendo. Auch: www.uek.ch/de/ vom 16.2.2008.

106 Thomas Maissen: Schatten des Zweiten Weltkrieges / Wer verriet den Amerikanern die Zahl von 250 Millionen Franken? Abhöraktionen und Intrigen an der Washingtoner Konferenz von 1946. Neue Zürcher Zeitung vom 1. April 1998. S. 17.
Maissen gibt als Quelle Dokumente aus dem Schweizer Bundesarchiv E6100 (A) 25/2326 sowie aus den National Archives der USA RG 457 (Records of the National Security Agency; Central Security Service): Intercepts concerning Allied-Swiss negotiations on the Disposition of German Assets and Looted Gold 1945-1946.

betraut war. In zwei umfangreichen Dokumenten[107] bewies er den Schweizern seine Kenntnisse und beschrieb die benutzte Methode ausführlich. Bemerkenswert dabei ist, dass er zur Auflösung des Schweizer Enigma-Codes ein sogenanntes ›Papiermodell‹ benutzte, das ohne jede mechanische Unterstützung auskommt. Allerdings ist der dazu erforderliche Zeitaufwand nicht unbeträchtlich: Der Autor rechnet vor, dass es für die Ermittlung der Walzenverdrahtung der ersten Walze fünf bis sechs Arbeitskräfte während einer bis sechs Wochen braucht.[108]

Warum tat Bruno Kröger diesen Schritt? – Über die Motive kann heute nur spekuliert werden. Möglicherweise war er tatsächlich ganz einfach auf der Suche nach Arbeit und erhoffte sich Anstellung in Bern. Sicher ein ungewöhnlicher Schritt, was ihm sehr wohl bewusst war. Seine Argumentation ist mehr als interessant:

»Sollte ein von mir empfohlenes Geheimschriftverfahren sich trotz Beachtung der Anwendungsvorschriften als von unberufener Seite entzifferbar erweisen, so bin ich bereit, mir einen solchen Irrtum als ›bewussten Verrat‹ auslegen zu lassen. Obwohl ich mir über die Tragweite einer solchen Verpflichtung klar bin, kann ich diese übernehmen, da ich über genügend Erfahrung verfüge, die Sicherheit von Geheimschriften genau zu beurteilen und nur solche als absolut sicher zu bezeichnen, bei denen die Unmöglichkeit der Entzifferung von unberufener Seite nachweisbar feststeht.«[109]

---

107 Bruno Kröger: Bericht über allgemeine Erfahrungen bei der Entzifferung von Geheimschriften im Hinblick auf die Sicherheitsanforderungen, die an Geheimschriftverfahren gestellt werden müssen. Kaufbeuren 1948. Typoskript. Nicht veröffentlicht.
Bruno Kröger: Analyse der Chiffriermaschine ENIGMA Type K. Kaufbeuren 1948. Typoskript. Nicht veröffentlicht.

108 Bruno Kröger: Analyse S. 15.

109 Bruno Kröger: Bericht S. 10.

Abbildung 13

Sollte ein von mir empfohlenes Geheimschriftverfahren sich trotz Beachtung der Anwendungsvorschriften im Gegensatz zu meiner Beurteilung als von unberufener Seite entzifferbar erweisen, so bin ich bereit, mir einen solchen Irrtum als "bewussten Verrat" auslegen zu lassen. Obwohl ich mir über die Tragweite einer solchen Verpflichtung klar bin, kann ich diese übernehmen, da ich über genügend Erfahrung verfüge, die Sicherheit von Geheimschriften genau zu beurteilen und nur solche als absolut sicher zu bezeichnen, bei denen die Unmöglichkeit der Entzifferung von unberufener Seite nachweisbar feststeht.

Ausschnitt aus dem umfangreichen Schreiben von Bruno Kröger.[110]

Das Dokument ist ausserordentlich ausführlich und beginnt bei den Anfängen der Kryptographie. Ein Hinweis, dass der Autor viel Zeit für das Verfassen des Dokuments aufgewendet hat. Es beinhaltet jedoch eine interessante Analyse des Standes der Kryptografie zur Zeit des Zweiten Weltkrieges. Die Folgerungen sind auch aus heutiger Sicht weitgehend zutreffend, gerade auch was die Einschätzung der Bestrebungen der verschiedenen Länder angeht: »Aus einem allgemeinen Überblick ergibt sich, dass vom Sicherheitsstandpunkt aus Sowjetrussland an erster Stelle steht. Es werden fast nur Handverfahren benutzt, die höchsten Sicherheitsgrad besitzen.«[111] Kröger weist auch darauf hin, dass die Kontrolle über die benutzten Verfahren in diesem Land äusserst stark sein muss.

Was die Schweizer Enigma-Maschine angeht, so weist Kröger auf die Schwächen hin: »Vom Sicherheitsstandpunkt aus muss für jedes Verfahren gefordert werden, dass es für den Unberufenen selbst dann unlös-

110 Ebenda S. 11.

111 Ebenda.

bar bleibt, wenn das Verfahren als solches bekannt ist, wenn also im vorliegenden Fall die Maschine und die Walzenschaltung als bekannt vorausgesetzt werden. Einer solchen Sicherheitsanforderung entspricht die Enigma-Chiffriermaschine Type K keineswegs, da schon ein einziges vermutetes Textwort die Lösung des Spruchs ergibt.«[112] Und weiter: »Das an und für sich gute Prinzip der Walzenverschlüsselung würde nur bei einer völligen Neukonstruktion der Maschine Ergebnisse zeitigen können, die den Sicherheitsaspekten genügen«.[113]

Die Geschichte dieses Dokuments erscheint mysteriös: Das Schweizer Papier ist nicht im Bundesarchiv zu finden, sondern wird in der Fachabteilung für Kryptographie aufbewahrt. Es wurde mir allerdings ohne Zögern ausgehändigt, nachdem ich den zuständigen Leiter darauf angesprochen hatte. Er gab mir auch zu verstehen, dass das Dokument selber keine schützenswerten Inhalte mehr aufweise. Offenbar existiert aber ein Begleitbrief, der mir nicht gezeigt wude. Dort müssen Adresse und Absender genannt sein und dieser Begleitbrief scheint geheim zu sein. Gut möglich, dass der Brief über eine weitere Institution, die auch heute noch geschützt werden muss, in die Schweiz kam.

Zu Fragen Anlass gibt auch der Ort, an dem das Dokument verfasst wurde: Kaufbeuren (Bayern). Im dortigen Stadtarchiv weiss man nichts von einem Einwohner mit Namen Bruno Kröger. Hingegen weist man mich darauf hin, dass die US Armee den nahe gelegenen Fliegerhorst benutzte. Es handelt sich mit grosser Wahrscheinlichkeit um dieselben Gebäude, die dem Reichsluft-Forschungsamt, wo auch Bruno Kröger arbeitete, nach seiner Dislokation aus Berlin ab 1943 diente.[114] Denkbar wäre auch, dass Bruno Kröger das Papier als Kriegsgefangener der Alliierten geschrieben hat und dass das Dokument auf diplomatischem Weg in die Schweiz gelangte, deshalb vielleicht auch das Bedürfnis nach Geheimhaltung.

Was hat die Schweiz mit dem Angebot Krögers gemacht? – Nichts. Man war nicht an diesen Informationen interessiert: »Unsere Fachstellen fanden, der Bittsteller beschreibe keine Erkenntnisse oder Methoden, die hier nicht schon bekannt waren. Die Sache verlief deshalb im Sande«, erklärte unser Gewährsmann Rudolf J. Ritter 2001.[115]

---

112 Ebenda S.16.

113 Ebenda.

114 David Irving: Das Reich hört mit. Der geheimste Nachrichtendienst des Dritten Reiches. Kiel 1989. Arndt Verlag. S.121.

115 Schriftliche Mitteilung an den Verfasser von Rudolf J. Ritter vom 21. Oktober 2001.

Zwischenbericht Teil 1

Nach der Darstellung der wichtigsten Fakten drängt sich nun die Frage auf: Welche Schlüsse lassen sich daraus für unsere Untersuchung ziehen?

1. Riesige Operation mit konzentrierten Ressourcen: Das Brechen des deutschen Codes durch die Alliierten war eine riesige, gut durchdachte und zudem koordinierte Operation. Der Premierminister Churchill erkannte die strategische Wichtigkeit und stellte die entsprechenden Ressourcen zur Verfügung. In dieser Operation spielten zwar einzelne Individuen – unter ihnen Alan Turing – Schlüsselrollen. Die Resultate konnten aber nur durch die Konzentration der Ressourcen erreicht werden. Hier zählte nicht nur der Geist – auch wenn das einzelne Akteure heute so darstellen – sondern im richtigen Moment auch der kluge Einsatz von militärischer Gewalt, wie etwa die Bedeutung der Schiffsüberfälle zeigt.

2. Die Lösung des Enigma-Rätsels war eine britische Leistung: Die zweite Bemerkung liefert bereits Anhaltspunkte zur diskurskritischen Beurteilung: Die überwiegende Mehrzahl der relevanten historischen Untersuchungen stammt aus der Feder von britischen Autoren. Direkt oder indirekt wird immer wieder auf die grosse intellektuelle Leistung hingewiesen – und damit auch eine intellektuelle Überlegenheit über den einstigen Feind postuliert. Und weil gerade dieser Aspekt des britischen Sieges bis Mitte der 70er Jahre nicht gefeiert werden durfte, muss er am Ende des 20.Jahrhunderts und auch darüber hinaus so stark betont werden.

3. Der Enigma-Stoff ist eine gute Geschichte mit farbigen Personen: Die Geschichte der Enigma und ihrer Entschlüsselung liefert alle Ingredienzien für eine gute Geschichte: es gibt zwei Widersacher – Nazi-Deutschland und Grossbritannien – es gibt Geheimnisse und Leute, die diese Geheimnisse knacken wollen, und es gibt offenbar einen unerschöpflichen Fundus von Details, die diesem Bild immer wieder neue Aspekte hinzufügen. Ganz wichtig: Die Enigma-Geschichte lässt sich personalisieren – und gleich noch durch eine Person, die ausserordentlich facettenreich ist, den Mathematiker Alan Matheson Turing, der nebenbei auch gleich noch zum Miterfinder des Computers avanciert. Dass Turing homosexuell war macht die Geschichte noch ein Stück interessanter. Nicht alle, die sich an diesem Stoff versucht haben, konnten das verarbeiten, wie wir im drittten Teil noch sehen werden.

Seitenblick auf den Mythos

Was bringt nun diese umfangreiche Einführung in Bezug auf das Verständnis der Enigma-Geschichte als Mythos? – Alle drei genannten Aspekte scheinen den mythischen Charakter der Geschichte zu bestärken. Ganz vereinfacht gesprochen könnte man diese noch einmal so zusammenfassen: Lange Zeit verborgen gelangen die Heldentaten der britischen Codebreaker endlich ans Licht. Sie fügen der Tatsache des militärischen Sieges eine wichtige, vielleicht entscheidende Komponente hinzu: Jene der geistigen Überlegenheit. Und sie machen damit den Sieg noch grösser, runder, perfekter. In dieser Verknappung kommen die mythologischen Elemente noch stärker zum Vorschein: Zu nennen ist die lange Latenzzeit – die Tatsache, dass diese Geschichte so lange unbekannt, verborgen war. Und zweitens die Stilisierung der Entschlüsselung als kollektive, heroische Tat. Ganz entscheidend: Die Schlüsselpersonen in diesem Drama waren keine ›gewöhnlichen Soldaten‹, sondern eigenwillige Intellektuelle vom Schlag eines Alan Turing.

Diese Geschichte lässt sich auf unterschiedliche Arten erzählen, doch es bleibt letztlich immer dieselbe Geschichte. Damit ist die Bühne bereit, die in den nächsten beiden Kapiteln bespielt wird. Wir werden dort einmal die Akteure und das andere Mal ihre Zeugnisse untersuchen.

Der Krieg und die Geburt des Computers

Die Enigma und die Geräte, die zu ihrer Dekodierung ersonnen wurden, gehören ins Umfeld der Computergeschichte. Stimmt aber Friedrich Kittlers These, dass der Zweite Weltkrieg die Geburt des Computers »aus dem Geist Turings und seiner nie gebauten Prinzipienschaltung« hervorbrachte?[116]

Die Enigma und ihre Entzifferung liegen nicht auf der Hauptachse der Computer-Entwicklung, wie dies Pierre Lévy dargestellt hat. Er zeigt, wie die Entwicklungen des deutschen Computerpioniers Konrad Zuses vom Krieg unterbrochen wurden: das Heereswaffenamt weigerte sich nämlich, sein Vorhaben zu finanzieren.

Etwas komplexer lagen die Dinge in Grossbritannien: Die Geheimhaltung hinderte die Industrie daran, die Geräte von Bletchley Park weiter zu entwickeln. Nach dem Krieg wurden praktisch alle Unterlagen und auch die berühmten Entzifferungsmaschinen Bombe und Colossus zer-

116 Friedrich Kittler: Grammophon, Film, Typewriter. Berlin 1986. Fink. S. 363.

stört.[117] Die Akteure dieser Innovationen arbeiteten allerdings weiter und für sie waren ihre Arbeiten von Bletchley Park – auch wenn sie zerstört wurden – wichtig. Die im Krieg gewonnenen Erkenntnisse halfen ihnen mit, die Entwicklung des Computers voranzutreiben. Dies gilt sowohl für Alan Turing, der sich nach dem Krieg mit der Entwicklung des Computers beschäftigte, als auch für die Erfinder von Colossus, Max Newman und Tommy Flowers.[118]

Die Technologie-Entwicklung verlief nach dem Krieg auf zwei parallelen Schienen: Einer öffentlichen und einer geheimen. Eine kleine Geschichte mag die Absurdität dieser Situation verdeutlichen. Aufgrund dieser rigiden Geheimhaltung wurde die sogenannte Public Key Kryptografie – Grundlage der modernen, asymmetrischen Chiffrierung – zweimal erfunden: Einmal Mitte der 70er Jahre von den US Mathematikern Whitfield Diffie und Martin Hellmann und dem Trio Ronald Rivest, Adi Shamir, Leonard Adleman. Ende der 60er Jahre hatten allerdings die britischen Kryptografie-Spezialisten James Ellis, Clifford Cocks und Malcolm Wiliamson dieselbe Erfindung gemacht, nur durfte sie nicht publiziert werden.[119]

Wie steht es also um Kittlers These, dass nämlich der Krieg am Anfang der Entstehungsgeschichte des Computers stand? Nun, so wie es aussieht, liegt er damit richtig, wenn das auch nicht immer und in allen Teilen klar war.

Die Enigma und der Computer als universales Medium

Welche Rolle haben die Enigma und ihre Entschlüsselung für die Computergeschichte gespielt – und noch spezieller, für die Geschichte des Computers als universalem Medium? Vor dem Versuch einer Antwort bedarf die Frage selber einiger Erklärungen und Präzisierungen. Was ist mit Computergeschichte gemeint und was mit Computer als universersalem Medium?

---

117 Pierre Lévy: Die Erfindung des Computers. In: Michel Serres: Elemente einer Geschichte der Wissenschaften. Frankfurt am Main 1994. Suhrkamp. S.907.

118 Jack Copeland: Colossus and the Rise of the Modern Computer. In: Ders.:Colossus. The Secrets of Bletchley Park's Codebreaking Computers. Oxford 2006. Oxford University Press. S. 101-115.

119 Simon Singh: Geheime Botschaften. München 2000. Hanser. S. 347.

Nur allzu oft wird die Computergeschichte als linearer, zielgerichteter und damit geradezu teleologischer Vorgang dargestellt. Das mag mit einer gewissen Bequemlichkeit zu tun haben, Dinge ex post zu erklären und zielgerichtete Prozesse zu vermuten wo in Wirklichkeit eher Chaos und Kontingenz regierten. Kaum einer hat das treffender beschrieben als der französische Historiker und Philosoph Pierre Lévy:

»Die Geschichte der Informatik lässt sich (wie vielleicht jede andere Geschichte auch) als unbestimmte Verteilung schöpferischer Momente und Orte betrachten, als eine Art löchriges, zerrissenes, unregelmässiges Meta-Netz, in dem jeder Knoten, das heisst jeder Akteur, die Topologie seines eigenen Netzes, seinen eigenen Zielen entsprechend bestimmt und alles, was von den benachbarten Knoten zu ihm gelangt, nach seiner Weise deutet. Jeder lebendige Knoten dieses Geflechts reinterpretiert die Vergangenheit, die ihm von den anderen überliefert wird, als müsste sie geradewegs auf die eigenen Entscheidungen zu laufen, und entwirft eine Zukunft, in der sich seine Optionen geradlinig fortsetzen. Doch diese Zukunft liegt, ebenso wie das Bild der Vergangenheit, wieder in der Hand der nachfolgenden Knoten, und so ad inifnitum. Nach dieser Sicht der Dinge sind die Begriffe des Vorläufers oder Begründers – versteht man sie im strengen Sinne – wenig angemessen. [...] Technische Erfindungen erweisen sich als chaotisches Gewimmel von Basteleien, Neuverwendungen, prekären Verfestigungen, operativen Anordnungen.«[120]

Georg Christoph Tholen hat für diese Ausgangslage den Begriff der »dissipativen Ursprünge und Dispositive« benutzt.[121] Der Begriff der Dissipation stammt aus der Thermodynamik und meint eine Struktur, die nur durch Aufnahme von Energie erhalten bleibt. Gemeint ist damit, dass in der Geschichte des Computers immer wieder höchst heterogene Momente und Faktoren gewirkt haben oder eben wie Lévy es oben ausdrückt eine »unbestimmte Verteilung schöpferischer Momente und Orte«.[122]

Zum Begriff des Computers als Medium: Zwar ist der Computer auch heute eine Realisation der Vision von Leibniz und dient der »Befreiung von der ermüdenden Last eintöniger, geistiger Tätigkeit«.[123] Als

120 Pierre Lévy: Die Erfindung des Computers. In: Michel Serres: Elemente einer Geschichte der Wissenschaften. S. 943.

121 So im nicht veröffentlichten Gutachten zur vorliegenden Disseration. Basel Juni 2007.

122 Pierre Lévy: Die Erfindung des Computers. S. 943.

123 Friedrich L. Bauer: Kurze Geschichte der Informatik. München 2007. Fink. S. 2.

»Leitmedium der Gegenwart«[124] ist er aber mehr als nur der brave Rechenknecht und damit nicht mehr nur Gegenstand der Informatik – eleganter Englisch Computer Science – sondern zahlreicher anderer Disziplinen, darunter wie im vorliegenden Fall auch der Medienwissenschaft.

Dass der Computer als universelles Medium dient, mag heute unmittelbar einleuchten – dafür sprechen allein schon die unzähligen und sich ständig vermehrenden Computermedien – und wir ahnen in unserem Alltag gerade noch, dass hinter der rasant steigenden Verfügbarkeit von medialen vermittelten Informationen letztlich die Digitalisierung steckt, die Tatsache nämlich, dass die Information, egal ob in Musik oder Film, Foto oder Text, Zeitung oder Buch, letztlich auf die binären Elementarteile Null und Eins rückführbar sind.

Wissenschaftsgeschichtlich und -theoretisch steht dahinter aber ein epochaler Umbruch: Das universelle Medium Computer ist nicht Ergebnis einer stetig kumulativen Entwicklung in der Rechnertechnik, sondern folgt einem Paradigmenwechsel, der sich am Ende des Zweiten Weltkrieges im Umfeld neuester Waffentechnik ereignete.[125] Der Computer zeigt sich dabei als symbolverarbeitende Maschine, die er eigentlich auch in der Vision von Alan Turing immer schon war. Daraus ergibt sich eine »epistemische Nachbarschaft zwischen der Welt der Maschinen und der Welt des Symbolischen«[126] und »ein geistes- und naturwissenschaftliches Begriffsfeld der Information und Übertragung, welches nichtrückführbar auf das der Materie oder Energie ist und den kategorialen Rahmen auch des soziologischen und anthropologischen Wissens verschiebt.«[127]

Diese Feststellungen haben weitreichende Folgen:

»1. Mit dem Prinzip der strikten Sequentialität wurde dank der von John von Neumann architektural vorgegebenen, entscheidungssicheren Funktionslogik des Computers das bis heute gültige Verfahren, in Zahlen transformierte Daten und Befehle zu speichern, einschliesslich derjenigen Befehle, die diese Opera-

124 Norbert Bolz: Computer als Medium. Einleitung. In: Norbert Bolz; Friedrich A. Kittler; Christoph Tholen (Hg.): Computer als Medium. München 1994. Fink. S. 9.

125 Wolfgang Hagen: Die verlorene Schrift. Skizzen zu einer Theorie der Computer. In: Friedrich A. Kittler; Georg Christoph Tholen (Hg.): Arsenale der Seele. Literatur und Medienanalyse seit 1870. München 1989. Fink. S. 212.

126 Friedrich A. Kittler: Die Welt des Symbolischen – eine Welt der Maschine. In: Ders.: Draculas Vermächtnis. Technische Schriften. Leipzig 1993. Reclam. S. 58.

127 Georg Christoph Tholen: Die Zäsur der Medien. Kulturphilosophische Konturen. Frankfurt 2002. Suhrkamp. S. 186.

tionen wiederum steuern, technischer Standard und dadurch auch die universelle Eigenschaft des digitalen Mediums, material wie medial unspezfische Zustände von berechenbaren Zeichenprozessen zu simulieren. [...]

2. Die Auflösung des referentiellen Bezugs auf vorgegebene Zweckbestimmungen durch die universelle symbolische Maschine verkreuzt sich mit dem, was die moderne Sprachwissenschaft mit der Überwindung der vorher als natürlich oder referentiell gedachten Eigenschaft der Zeichen denkbar wurde: Arbitrarität, Differentialität und Substituierbarkeit der verweisenden Zeichen.«[128]

Was ist damit gemeint? – Daten und Zahlen werden digital gespeichert und transformiert. Dabei wird nicht zwischen Befehlen und Arbeitsdaten unterschieden. Dieses neue digitale Medium ist in der Lage, beliebige andere Zeichenprozesse und damit jedes andere Medium zu simulieren. In dieser maschinellen Verarbeitung löst sich der referentielle Bezug der verarbeitenden Zeichen vollends auf.

Die linear-diskrete Folge der Buchstabenschrift, so Hagen, ist im Computer sistiert und aufgehoben. Der universelle Rechner, der Buchstaben wie jedes andere alphanumerische Zeichen behandelt, kennt keine Schrift: Er simuliert sie nur umso besser.[129]

Wo genau die dissipativen Ursprünge des Computers liegen kann hier nicht im Einzelnen aufgezeigt werden. Sie sind aber, wie Wolfgang Hagen klarmacht, in einem grösseren Umfeld zu suchen, als vielleicht gemeinhin angenommen wird, wie auch das folgende Beispiel zeigt: Sie (die Computer DL) exekutieren ein »steuerlogisches Wissen, das eine eher profane und abseitige Nebenlinie der klassischen Steuertechnik bis zur Unkenntlichkeit radikalisierte: Nämlich die der Walzen und Räder der automatischen Glockenspiele im 14. Jahrhundert – die ersten extern gesteuerten Maschinenwerke, die das Abendland kennt. Freilich: das durch Walzen und Stifte, Kerben und Federn in die Musik- und Figurenmaschinen der Höfe und Kirchen eingefügte Wissen wurde als solches nicht erkannt: Es war schlicht Musik und Klang...«[130]

Zurück zur Enigma-Geschichte. Einen nicht unwesentlichen Anteil an ihrer Entschlüsselung hatte der britische Mathematiker Alan M. Turing, wie Andrew Hodges in seiner Turing-Biografie und dort namentlich im Kapitel »Relais-Rennen«[131] gezeigt hat. Turing hatte bereits 1934 in

128 Ebenda.

129 Wolfgang Hagen. Die verlorene Schrift. S. 227.

130 Ebenda. S. 212.

131 Andrew Hodges: Alan Turing. Enigma. Wien, New York 1994. Springer. S. 187-280.

seinem bahnbrechenden Aufsatz »On Computable Numbers«[132] eine universelle Maschine beschrieben, die in der Lage war, jede berechenbare mathematische Aufgabe zu lösen. Die Betonung liegt auf der Eigenschaft ›berechenbar‹, es ging nur um Aufgaben, für die es prinzipiell eine Lösung gab, und das ist in der Mathematik bei weitem nicht immer der Fall. Die in seinem Aufsatz beschriebene Einrichtung war zwar noch keine Blaupause für eine Maschine. Der moderne, programmierbare Automat ist, wie Wolfgang Coy schreibt, zuerst auf dem Papier entstanden, ohne dass seine Umsetzbarkeit ersichtlich wurde. Die Turing-Maschine ist ein formallogisches Modell der berechenbaren Funktionen, Urbild des programmierbaren Automaten – und in logischer Hinsicht schon sein Abschluss.[133] Die Maschine von Alan Turing war in einem gewissen Sinn eine wenn auch sehr abstrakt und modellhaft gedachte Schreibmaschine. Tatsächlich hatte Alan Turing schon als Kind davon geträumt, Schreibmaschinen zu erfinden,[134] und diese Faszination scheint ihm auch im Erwachsenenalter geblieben zu sein. Für seinen epochalen Aufsatz erinnerte er sich offenbar wieder daran:

»Statt die vorgeschriebene Handschrift seiner Public School zu lernen, reduzierte er (Turing) Schreibmaschinen auf ihr nacktes Prinzip: erstens das Speichern oder Schreiben, zweitens das Rücken oder Übertragen, drittens das (zuvor Sekretärinnen reservierte) Ablesen oder Berechnen von diskreten Daten, also Blockbuchstaben und Zahlen.«[135]

Tatsächlich ist die Schreibmaschine, wie wir seit Kittler wissen, ein Meilenstein in der Technisierung von Information und damit alles andere als ein harmloses Gerät.[136]

Die Enigma trat bekanntlich nur kurze Zeit nach der Veröffentlichung dieses Aufsatzes im Jahr 1937 ins Leben von Alan Turing: Alan Turing diente während des Krieges in Bletchley Park und hat entschei-

132 Vollständig: »On Computable Numbers, with an Application to the Entscheidungsproblem«. Deutsch: Über berechenbare Zahlen mit einer Anwendung auf das Entscheidungsproblem. In: Turing, Alan M.: Intelligence Service. Hg. von Bernhard Dotzler und Friedrich Kittler. Berlin 1987. Brinkmann und Bose. S. 17-60.

133 Wolfgang Coy: Aus der Vorgeschichte des Mediums Computer. In: Norbert Bolz; Friedrich A.Kittler; Christoph Tholen (Hg.): Computer als Medium. München 1994. Fink. S. 23.

134 Andrew Hodges S. 114.

135 Friedrich Kittler: Grammophon, Film, Typewriter. Berlin 1986. Brinkmann und Bose. S. 364

136 Ebenda S. 4.

dende Beiträge zur Entschlüsselung der komplizierten deutschen Maschine geleistet.

Die Enigma nur als Verschlüsselungsmaschine zu bezeichnen, wäre kurzsichtig. Sie muss vielmehr in einem Kommunikations- und Medienverbund gesehen werden, deren letztes Ziel nicht die Verschlüsselung, sondern die Steuerung von taktischen Operationen war. Besonders eindrücklich und wirksam war diese Steuerung im Fall der Koordination der U-Boot Flotte von Admiral Dönitz. Ohne Übertragung von verschlüsselten Funksprüchen wäre die tödliche Koordination der U-Boote in der Wolfsrudel-Taktik nicht möglich gewesen. Und hier zeigt sich denn auch die Nähe zum Medium Radio, das ja, wie wir wissen, ein unerwünschtes Nebenprodukt einer Kriegserfindung war:

> »Sechs Jahre lang, seit den ersten Frontmusiksendungen des Schützengrabenkrieges, hatte der deutsche Generalsstab die Möglichkeit eines Unterhaltungsrundfunkes bekämpft. Denn Marconis Erfindung erfüllte zwar den Zweck, das Risiko angezapfter Telegraphenkabel zu vermeiden, geriet aber selber in den Verdacht, das Risiko bis zur weltweiten Abhörbarkeit zu steigern. Worauf der Erfinder konterte, Admirale und Generale könnten sich immer noch durch Übermittlung chiffrierter Nachrichten schützen.«[137]

Was nun die Enigma und ihre Entschlüsselung so entscheidend im Kontext des Computers als Medium machte, war die Tatsache, dass beide Prozesse, Verschlüsselung und Entschlüsselung im Grunde sprachliche Prozesse waren, die mit maschinellen und im Grund mathematischen Methoden betrieben wurden. Damit war eine Maschine auf das Feld der Schrift und damit auch der Sprache vorgerückt – und damit war ein entscheidender Schritt in Richtung universalem Medium getan, auch wenn die Bearbeitung weit von dem weg war, was in Sachen Sprache und Schrift heute möglich ist.

Die Schrift ist, so Wolfgang Coy, Urbild der ›künstlichen‹ Medien, von der Bilder und Konsonantenschrift über den wesentlichen Einschnitt der Lautschrift mit Vokalen bis zur Produktion des Textes. Text im heutigen Sinn – mit Struktur und Absätzen – entstand erst im 12. Jahrhundert. Darauf gründete der Buchdruck. Der nächste Schritt war der elektrische Funke. Elektrische Signale und elektrisches Licht bestimmen die Medien nach der Erfindung des Buchdrucks. Kalkulations- und Textverarbeitungsprogramme waren entscheidende Anwendungen, die dem Sie-

137 Friedrich Kittler und Bernhard Dotzler in: Alan Turing. Intelligence Service. Berlin 1987. Brinkmann und Bose. S. 216.

geszug des Computers den Weg ebneten und den Computer aus der Bastlerszene herausrissen. [138]

Die Schrift und damit Sprache wurden in der Enigma manipuliert.

»Anstelle der eindeutigen Zuordnung von Tastenbedienung und Outprint, über die nur Tippfehler hinwegtrösten, bescherte die Enigma alle Freuden einer diskreten, nämlich kombinatorischen Mathematik. Die 26 Buchstaben des Alphabets liefen über Elektroleitungen in ein Verteilernetz aus drei (später vier oder fünf) Walzen, das immer wieder andere Schreibmöglichkeiten durchschaltete. Bei jedem Anschlag rückten die Walzen (wie Sekunden-, Minuten- und Stundenanzeiger) um eine Sechsundzwanzigsteldrehung vor, um erst nach 267 oder 8 Milliarden Textbuchstaben zur Ausgangsstellung zurückzukehren. Ergebnis möglicher Interzeption war also reiner Buchstabensalat, den nur eine antisymmetrisch betriebene Enigma auf Radio-Empfängerseite wieder decodieren konnte.«[139]

Und die Maschine zum Verschlüsseln hat auch eine Maschine zum Entschlüsseln auf den Plan gerufen. Denn was eine Maschine verschlüsselt muss eine Maschine auch wieder entschlüsseln können: »Als Pseudo-Zufalls-Generator produzierte die Geheimschreibmaschine Unsinn nur relativ auf Systeme, deren Periode die seine unterschritt. Turings Göttin aber fand im Buchstabensalat Regularitäten.«[140]

Alan Turing nannte sie, in Anlehnung an eine ähnliche von den Polen bereits eingesetzte Maschine, Bombe oder Bomba. Sie trat in Funktion, nachdem die Entschlüsselungs-Spezialisten für einen bestimmten Funkspruch einen so genannten Crib, ein wahrscheinliches Wort identifiziert hatten. Dieser musste mit allen möglichen Stellungen geprüft werden. Die Anzahl der Stellungen war aber sehr hoch. Turing schlug vor, drei Maschinen zu verbinden. Mit einer genialen Anordnung von Rückkoppelungsschleifen gelang es ihm, die Anzahl der zu prüfenden Möglichkeiten drastisch zu verringern. Cribs, Schleifen und elektrisch gekoppelte Maschinen erbrachten zusammen eine erstaunliche kryptoanalytische Leistung. [141]

Kombinatorik, nicht Arithmetik war das Kerngeschäft der Bomba. Anders als andere frühe Rechner waren ihr Output nicht berechenbare

---

138 Wolfgang Coy S. 29.

139 Friedrich Kittler: Die künstliche Intelligenz des Weltkriegs: Alan Turing. In: Kittler, Friedrich A.; Tholen, Georg Christoph (Hg.): Arsenale der Seele. Literatur und Medienanalyse seit 1870. München 1989. Fink. S. 194.

140 Friedrich Kittler: Grammophon, Film, Typewriter. S. 369

141 Im Einzelnen beschrieben bei Andrew Hodges. Turing. S. 203.

Tabellen wie sie etwa für die Artillerie als ›Firing Tables‹ in grosser Zahl und hoher Qualität verlangt wurden; der ENIAC Rechner beispielsweise wurde für solche ballistischen Echtzeitberechnungen entwickelt. Die kombinatorischen Operationen der Enigma-Entschlüsselungs-Maschinen erinnern vielmehr an eine andere frühe Maschinengeneration, deren Ziel ebenfalls nicht die Arithmetik war: Die Rede ist von den Maschinen, die Herman Hollerith (1860-1929) entwickelte und in der amerikanischen Volkszählung von 1890 zum ersten Mal einsetzte. Sie benutzten die bereits 1725 erfundene Lochkarte und dienten einzig und allein dem maschinellen Sortieren von Daten.[142]

Am selben Ort, an dem die Enigma entschlüsselt wurde, wurde eine weitere Maschine entwickelt, die in der verzweigten Geschichte des Computers wichtig geworden ist: Die Colossus. Sie diente der Entschlüsselung einer Maschine, die völlig anders funktionierte als die Enigma: Die Rede ist von der Lorenz Schlüsselzusatzmaschine SZ42, die mit einem Fernschreiber verbunden wurde und dessen digitale Signale verschlüsselte. Aufgrund eines katastrophalen Fehlers auf deutscher Seite – ein Operator hatte eine Meldung zweimal in identischer Chiffrierung übertragen – konnte in Bletchley Park die innere Struktur der unbekannten Verschlüsselungsmaschine rekonstruiert werden. Die Ermittlung der Anfangsstellung erforderte aber Tage mühsamer Arbeit. Abhilfe könnte nur eine Maschine schaffen, die diese mühsame Arbeit übernahm. Das war die Idee des Mathematiker Max Newman (1897-1984) – auch er ein Angehöriger der Bletchley Park Truppe. Konkret ging es um das Durchprobieren von zwei langen Zahlenkolonnen, die auf zwei parallel laufenden Fernschreiberstreifen aufgezeichnet waren. Auf dem einen Streifen befand sich der verschlüsselte Text, auf dem zweiten der rekonstruierte Code, gewonnen aus der Analyse der Maschine. So konnte der fragliche Text mit jeder möglichen Anfangsposition des Codes ausprobiert werden. Ein Algorithmus ermittelte die Relation von zwei Zeichen der beiden Streifen und gab bei besonders günstigen Kombinationen eine Botschaft aus. Damit mussten die Code-Brecher mit dem ›Tunny‹ genannten Nachbau der Verschlüsselungsmaschine, nur noch ganz wenige Möglichkeiten durchprobieren. Erste Versuche mit Fernschreiber-Streifen scheiterten, erst die Idee, für die Ermittlung der Wahrscheinlichkeiten Röhrenschaltungen zu verwenden, brachte den Durchbruch. Colossus war ein Meilenstein in der Computer-Entwicklung, auch wenn seine Existenz ähnlich wie die Enigma-Entschlüsselung, bis 1974 geheim

142 Wolfgang Hagen: Die verlorene Schrift. S. 215.

gehalten wurde und bis dahin der amerikanische ENIAC als erster, digitaler Rechner galt.[143]

Ein weiterer Meilenstein in der Entwicklung des Computers als Medium vollzog sich jenseits des Atlantiks, und zwar im ebenfalls geheimen Los Alamos Projekt, der Entwicklung der ersten Atom- und Wasserstoffbombe. Die mathematische Berechnung von Wasserstoffbomben war eine Aufgabe, welche Physiker und Mathematiker an ihre äussersten Grenzen brachte. Ein maschineller Rechner sollte dabei helfen – er erhielt den Namen EDVAC. In diesem Kontext formulierte der leitende Mathematiker von Los Alamos, John von Neumann, das Konzept, das später zur Blaupause und Modell aller weiteren Computer wurde. Die entscheidenden Ideen in seinem bahnbrechenden Aufsatz stammen indes, wie wir heute wissen, nicht von ihm selber, sondern von seinen Kollegen John Mauchly (1907-1980) und J. Presper Eckley (1919-1995). Man geht heute davon aus, dass John von Neumann auch die Arbeiten von Alan Turing kannte, namentlich seinen Aufsatz »On Computable Numbers«, der ja schon 1937 publiziert worden war, schliesslich waren sich die beiden ja während des Aufenthalts von Turing in Princeton in den Jahren 1937/38 begegnet.[144]

Zwischen der Entschlüsselungs-Operation von Bletchley Park und der Entwicklung der Atombombe gibt es einige weitere, bemerkenswerte Parallelen: Beide Male handelte es sich um wissenschaftliche Unternehmungen in riesigem, um nicht zu sagen, industriellen Ausmass. Beide

---

143 Jack Copeland: Colossus and the Rise of the Modern Computer. In: Ders.: Colossus. The Secrets of Bletchley Park's Codebreaking Computers. Oxford 2006. Oxford University Press. S. 101-115.
Dominik Landwehr: 10 000 Menschen und 1500 Elektronenröhren knackten die Nazi-Codes. In: Neue Zürcher Zeitung vom 2.3.2007. S. 63. Langversion unter: www.peshawar.ch/tech/docus/colossus.pdf vom 16.2.2008.

144 Andres Hodges: Turing S. 169.
Der Atomphysiker Stanley Frankel, der in Los Alamos Seite an Seite mit John von Neumann arbeitete, äusserte sich diesbezüglich offensichtlich sehr klar: »I know that in or about 1943 or 44 von Neumann was well aware of the fundamental importance of Turing's paper of 1936 ›On Computable Numbers‹ [...] Von Neumann introduced me to that paper and at his urging I studied it with care. Many people have acclaimed von Neumann as the ›father of the computer‹ (in a modern sense of the term) but I am sure that he would never have made that mistake himself. He might well be called the midwife, perhaps, but he firmly emphasized to me, and to others I am sure, that the fundamental conception is owing to Turing [...] « Zitiert nach Jack Copeland: Colossus. S. 114.

Unternehmungen – Los Alamos und Bletchley Park – waren von Regierungen ausgelöst und überwacht. Beides waren Geheimunternehmungen bei denen auch die Beteiligten möglichst wenig wissen sollten[145] und beide Unternehmungen sind mit der Geschichte des Computers verbunden. Der Leiter der Los Alamos Operation, Vannevar Bush schliesslich machte nach dem Krieg nicht nur durch seine Erinnerungen an das Manhattan-Projekt von sich reden sondern auch durch eine zunächst harmlos anmutende Ideenskizze, die er 1945 unter dem Titel »As We May Think« veröffentlichte. Er entwarf darin eine Art von multimedialem Schreibtisch, dem er den Namen ›Memex‹ für ›Memory Extender gab‹. In seinem Aufsatz nahm der amerikanische Ingenieur die mediale Entwicklung des Computers voraus.[146]

John von Neumann formulierte in seinem Aufsatz »First Draft of a Report on the EDVAC«zwei entscheidende Prinzipien: Erstens die absolute Sequentialität aller Prozesse im Computer. Was auch immer im Innern der Maschine passiert, es hatte in streng geregelter Abfolge zu passieren. Das zweite ebenso entscheidende Prinzip war die Forderung, dass auch Daten und Programme gleich zu behandeln sind und beide am gleichen Ort zu speichern seien. Erst dadurch konnten laufende Prozesse das Programm verändern.[147] Nun waren die Grundlagen da:

---

145 Im Fall von Los Alamos war dies aber nur schwer durchzusetzen. Robert Jungk berichtet in seinem Buch »Heller als tausend Sonnen« über die Schwierigkeiten, die so genannte ›compartmentalization‹ aufrecht zu erhalten: Sie verärgerte die beteiligten Wissenschafter, die sie mit aller Kraft zu umgehen suchten. Im Fall des Rechenzentrums von Los Alamos musste diese Politik offenbar sogar aufgegeben werden, weil die beteiligten Wissenschafter, ohne das Ziel ihrer Aufgaben zu kennen, kaum für die schwierigen mathematischen Aufgaben zu motivieren waren. Robert Jungk: Heller als tausend Sonnen. Das Schicksal der Atomforscher. München 1990. Heyne. S.138-146.

146 Vannevar Bush: As We May Think. In: The Atlantic Monthly. 176 (1) (1945) S.101-108. www.theatlantic.com/doc/194507/bush vom 16.2.2008 Auch in:Noa Wardrip-Fruin und Nick Montfort: The New Media Reader. Cambridge (MA), London, 2003 MIT Press. S. 35-48.

147 John von Neumann: First Draft of a Report on the EDVAC. In: Brian Randell: The Origins of Digital Computers. Selected Papers. Third Edition. Berlin, Heidelberg, New York 1982. Springer. S. 383-392.
»Selten ist ein handschriftlicher Konzept-Entwurf, unvollendet, fehlerhaft abgeschrieben und schlecht hektografiert, so berühmt und einflussreich geworden wie dieser. Denn von Neumanns ›First draft of a Report on the EDVAC‹ ist nichts anderes als der Architekturgrundriss aller unserer heutigen Computer und damit auch die Inauguration aller Maschinen-

»1945 waren die Prinzipien der Neumannschen Logik je für sich nicht neu, wohl aber in der paradigmatisch radikalen Kombination. Jetzt erst konnte die Maschine, durch Befehle gesteuert, dem Speicher Zahlen (oder Befehle) entnehmen, sie (wie Zahlen) verarbeiten und in gleiche oder andere Speicherzellen an den Speicher zurückgeben, d.h. sie kann den Inhalt des Speichers verändern, insbesonders auch die im Speicher gespeicherten Befehle, einschliesslich der Befehle, die ihren Operationslauf steuern. Den Inversionen und Rekursionen von Befehlen und Befehlsfolgen, die 1945 noch niemand hinreichend formulieren konnte, werden von nun an keine Grenzen gesetzt sein.«[148]

Tatsächlich spielte der Krieg eine entscheidende Rolle für die Entwicklung des Computers, wie wir ihn heute kennen. Beim genaueren Hinsehen überrascht die Tatsache, wie gut sich die einzelnen Exponenten kannten und wie sich deren Wege auch gelegentlich kreuzten: So lehrte John von Neumann in den 30er Jahren in Princeton in engster Nachbarschaft zu Alan Turing.[149]

Ein weiterer Name muss in diesem Kontext genannt werden: Norbert Wiener (1891-1964): Er versuchte im Zweiten Weltkrieg einen Rechner zu entwickeln, der die Position eines Flugzeugs im Voraus berechnen konnte, den so genannten Anti-Aircraft-Predictor.[150] Dem Versuch war

---

sprachen, die uns seither umgeben. So verständlich, dass jeder Verweis auf einen real existierenden ENIAC fehlt, so klar muß der Historiker festhalten: Es gibt buchstäblich kein Detail in dieser von Neumannschen Architektur, das nicht im ENIAC-Team, insbesondere also von Mauchly und Eckert, entwickelt worden wäre. Das hat nach dem Krieg zu bitterstem Blut und in der Folge auch zu einem Patent-Prozess geführt, der bis in die Mitte der siebziger Jahre andauerte.« In: Wolfgang Hagen: Das ›Los Alamos Problem‹. Zur Entstehung des Computers aus der Kalkulation der Bombe. Ursprüngliche Langfassung des Katalogtextes zu »7 Hügel. Wissen«. Berlin 2000. Publiziert unter: www.whagen.de vom 16.2.2008.

148 John von Neumann zitiert nach Wolfgang Hagen: Die verlorene Schrift. S. 219.

149 Ebenda S. 214 sowie Andrew Hodges: Turing. S. 112.

150 Norbert Wiener schrieb dazu: »Der entscheidende Faktor für diesen neuen Schritt war der Krieg.[…] Bei Kriegsbeginn richteten das deutsche Luftwaffenpotential und die defensive Lage Englands die Aufmerksamkeit vieler Wissenschaftler auf die Entwicklung der Flugabwehrartillerie. Schon vor dem Krieg war es klar geworden, dass die Geschwindigkeit des Flugzeugs alle klassischen Methoden der Feuerleitung überwunden hatte und dass es nötig war, alle notwendigen Rechnungen in die Regelungsapparatur selbst einzubauen. Diese waren sehr schwierig geartet

kein Erfolg beschieden, aber die Arbeiten Wieners führten zur einer ganz bestimmten Sichtweise von zunächst kriegsrelevanten Operationen, die später verallgemeinert wurden: der Kybernetik. Sie gründet auf der Idee, Flugzeug und Beobachter zusammen als System zu betrachten. Wiener führte den Begriff der Rückkoppelung in die Informationstheorie ein.[151]

Die Enigma und ihre Entschlüsselung nehmen einen genauen Platz in der Wissenschaftsgeschichte und in der Geschichte des Computers als Medium ein: Hier wurden keine Daten sortiert und keine Geschütztabellen berechnet, hier wurde mit den Mitteln der Kombinatorik in Schrift geronnene Sprache rekonstruiert. Hier wurden, wenn auch nur in ihren ersten Ansätzen, Sprache ›gerechnet‹; dass spätere Computer perfekte Medienmaschinen sein würden, die mit Schrift und Sprache, Bild und Ton ebenso souverän umgehen würde wie mit Zahlen, konnte damals noch niemand ahnen.

durch die Tatsache, dass nicht zu vergleichen mit allen vorher betrachteten Zielen – ein Flugzeug eine Geschwindigkeit hat, die ein sehr ansehnlicher Bruchteil der Geschwindigkeit des Geschosses ist, das zum Beschuss verwendet wird. Demgemäss ist es außerordentlich wichtig, das Geschoss nicht auf das Ziel abzuschießen, sondern so, dass Geschoß und Ziel im Raum zu einem späteren Zeitpunkt zusammentreffen. Wir mussten deshalb eine Methode finden, die zukünftige Position des Flugzeugs vorherzusagen.« Zitiert nach Friedrich Kittler: Grammophon. Film. Typewriter. S.374.

151 Peter Galison: Die Ontologie des Feindes. Norbert Wiener und die Vision der Kybernetik. In: Michael Hagner (Hg.): Ansicht der Wissenschaftsgeschichte. S. 430-487. Frankfurt 2001. Fischer.

Teil 2: Zeitzeugen, Wissenschafter, Sammler

Im Zentrum des zweiten Teiles dieser Studie stehen Personen und Gruppen, die sich mit der Enigma beschäftigen. Es geht also um Meinungen von einzelnen Personen und um ihre Interaktionen. Die Fragen, die hier geklärt werden sollen, sind im Grund ganz einfach: Wer spricht wie über die Enigma, warum tut er oder sie dies und welche sozialen Interaktionen sind damit verbunden?

Allgemeine Überlegungen

Die Hypothese, die dieser Untersuchungsanlage zu Grunde liegt, ist die folgende: Der Mythos der Enigma konstituiert und konstruiert sich im sozialen und diskursiven Umfeld. Oder anders gesagt: Personen, die sich mit der Enigma befassen, ihre Interaktionen und ihre Äusserungen erschaffen den Mythos erst. Wie und warum dies geschieht sind zwei unserer Leitfragen.[1]

Es mag an dieser Stelle angemessen sein, den eigenen Zugang zum Untersuchungsgegenstand erneut zu thematisieren: Meine Beschäftigung mit dem Thema geht auf einen Artikel zurück, den ich im Jahre 2001 publiziert habe. Mein damaliger Zugang war ein journalistischer und orientierte sich zunächst an den historischen Fakten. Im Mittelpunkt stand die überraschende Feststellung, dass diese Maschine nicht nur in Deutschland, sondern auch in der Schweiz verwendet wurde. Diese Tatsache bildete Angelpunkt und Legitimation meiner Recherchen.[2]

---

1 Dominik Landwehr: Das Rätsel der Neuen Maschine. In: Neue Zürcher Zeitung vom 30. 11. 2001. S. 81/82.

2 Der journalistische und der ethnografische Zugriff sind verwandt: So pflegte etwa der Schweizer Volkskundler Arnold Niederer (1914-1998) seine Wissenschaft als »gehobenen Journalismus« zu bezeichnen. Niederer war 1964-1980 Professor für Volkskunde an der Universität Zürich. Auch in der gegenwärtigen sozialwissenschaftlichen Diskussion wird

Dementsprechend ist auch das von mir selber erhobene Forschungsmaterial heterogen: Standen im Rahmen der journalistischen Beschäftigung mit dem Thema Fragen nach nachprüfbaren Fakten im Vordergrund, so kamen im Lauf der kultur- und medienwissenschaftlichen Beschäftigung Fragen nach sehr persönlichen, subjektiven Erfahrungen und Erinnerungen, auch nach Phantasien dazu.

So entstand im Lauf der Zeit ein eigentlicher Fragenkatalog, den man in sozialwissenschaftlicher Tradition auch als Leitfaden bezeichnen könnte. Verschriftlicht und reflektiert wurde er erst im Lauf des Prozesses. Die Fragen dienten allerdings nur in einem sehr groben Sinn als Orientierung. Jedes Gespräch lebt von der Dynamik der unterschiedlichen Bedürfnisse zwischen Befragendem und Befragten. Das bedeutet konkret, dass es oft weder möglich noch sinnvoll ist, die Fragen ›abzuarbeiten‹. Stattdessen muss der Fragende bereit sein, sich auf die Geschichten einzulassen, die ihm präsentiert werden – ohne dabei aber das eigene Erkenntnisinteresse und auch die eigene Position aus den Augen zu lassen. Zustimmung oder Ablehnung ist in diesem Kontext nicht gefragt, viel wichtiger aber Empathie für das, was der Erzähler berichten möchte. Dies wiederum schliesst aber kritisches Nachfragen nicht aus. Das war auch in diesem Projekt nicht einfach und gelang nicht immer: In einigen Fällen konnten Gesprächspartner mehrfach befragt werden, in anderen Fällen war dies aus geografischen und zeitlichen Gründen nicht möglich, in einem Fall verstarb der Gesprächspartner, bevor ein zweites Gespräch geführt werden konnte. Die Angst, dies könnte geschehen, gehört zu dieser Art von Forschung, eine Art ›Memento Mori‹, die diese Arbeit unentwegt begleitet.

Hin und wieder blitzte in den Gesprächen und im Prozess des Nachdenkens darüber auch etwas auf, was die Psychoanalytiker »das dritte Ohr« nennen. Ein Prozess, in dem mitfühlend aufgespürt wird, wo der Interviewte etwas anklingen lässt, das im Gespräch vertieft werden kann. Und dies können auch Informationen sein, die der Befragte nur ungern preisgeben will.

Neben den naheliegenden Fragen wie jenen nach biografischen Daten, nach Aktivitäten im Kontext mit Kryptografie und Enigma sind fol-

---

diese Nähe durchaus anerkannt. So heisst es etwa in einem einschlägigen sozialwissenschaftlichen Handbuch im Artikel zum Thema der Beobachtung: »Vieles erinnert dabei an journalistische Techniken, so dass nachvollziehbar wird, dass vor allem in der amerikanischen Diskussion das Verhältnis von Ethnographie und ›New Journalism‹ wiederholt zum Thema gemacht wurde«. Christian Lüders: Beobachten im Feld und Ethnographie. In: Uwe Flick; Ernst von Kardorff; Ines Steinke: Qualitative Forschung. Ein Handbuch. Hamburg 2003. Rowohlt. S. 394.

gende Fragen wichtig und rückten im Verlauf der Untersuchung zunehmend ins Zentrum:

- **Die Motive**: Warum widmet sich der Befragte diesem Thema? – Worin besteht genau der Reiz, welche Gratifikation erfährt er oder sie durch diese Tätigkeit?
- **Erlebnisse und Erfahrungen:** Was tut und tat er oder sie genau? – An welche realen Erlebnisse kann er oder sie sich erinnern?
- Welche **Phantasien**, also imaginierte Erlebnisse und Erfahrungen, gibt der oder die Befragte preis?
- **Interaktion und Kommunikation:** Fragen zur sozialen und kommunikativen Dimension: Welche sozialen und kommunikativen Praktiken gehören in den Enigma-Kontext? – Das können eigene Praktiken, aber auch Beobachtungen anderer Praktiken sein. Wie sieht das Referenzsystem des Befragten aus? – Besondere Beachtung gebührt dabei den medialen Repräsentationen, die zu diesem Referenzsystem gehören.
- **Mythos Enigma:** Welche Einstellung hat der Befragte zur These, dass die Enigma einen modernen Mythos darstellt – und wie erklärt er oder sie dies?

Der Fragenkatalog würde aber etwas ganz Wesentliches verpassen, wenn das Gespräch nicht die Rolle des Geheimen und die Einstellung des Befragten dazu thematisieren würde.

Exkurs über das Geheimnis

Gibt es bei diesen Gesprächen, diesen zunächst mündlichen Diskursen, so etwas wie eine Kategorie, die jenseits von diesen Fragen liegt? – Bereits nach einigen oberflächlichen Gesprächen wird klar, dass das Geheimnis eine solche Kategorie sein könnte. Es ist deshalb sinnvoll, diesen alltäglichen Begriff näher anzuschauen.

Inspiration dazu findet sich bei einem Klassiker der Soziologie, nämlich bei Georg Simmel und seinem 1908 erstmals publizierten Werk »Das Geheimnis und die geheime Gesellschaft«.[3]

3 Georg Simmel: Soziologie. Das Geheimnis und die geheime Gesellschaft. In: Ders.: Untersuchungen über die Formen der Vergesellschaftung. Berlin 1908. Duncker & Humblot Verlag. S. 256-304. Ausführlich zudem auch: Eva Horn: Der geheime Krieg. Verrat, Spionage und

Simmel begreift den Umgang mit dem Geheimnis als prägende soziale Kategorie und formuliert geradezu axiomatisch: »Alle Beziehungen von Menschen untereinander ruhen selbstverständlich darauf, dass sie etwas voneinander wissen«.[4] Das wiederum impliziert, dass sie auch etwas nicht wissen:

»Welche Masse von Wissen und Nichtwissen sich mischen müssen, um die einzelne, auf das Vertrauen gebaute praktische Entscheidung zu ermöglichen, das unterscheidet die Zeitalter, die Interessengebiete, die Individuen. Jene Objektivierung der Kultur hat die zum Vertrauen erforderlichen Wissens- und Nichtwissensquanta entschieden differenziert. Aber in feineren und weniger eindeutigen Formen, in fragmentarischen Ansätzen und Unausgesprochenheiten ruht der ganze Verkehr der Menschen darauf, dass jeder vom anderen etwas mehr weiss, als dieser ihm willentlich offenbart, und vielfach solches, dessen Erkanntwerden durch den anderen, wenn jener es wüsste, ihm unerwünscht wäre.«[5]

Es ist die Gesellschaft, die Gruppe, die zu allen Zeiten auf verschiedene Weise bestimmt hat, was öffentlich und was geheim ist. Beim genauen Hinschauen entdeckt Simmel dann aber ein Phänomen, das uns nur allzu bekannt ist: Jeder möchte vom anderen etwas mehr wissen, als dieser bereit ist preiszugeben.

Simmel bringt nun auch historische Überlegungen ins Spiel: »Es scheint, als ob mit wachsender kultureller Zweckmäßigkeit die Angelegenheiten der Allgemeinheit immer öffentlicher, die der Individuen immer sekreter würden.«[6] Diese Bemerkung aus dem Jahr 1908 erscheint aus heutiger Sicht geradezu prophetisch. Die Forderung nach dem Schutz der Privatsphäre heute ist vor einer immer grösser und unübersichtlicher werdenden allgemeinen Öffentlichkeit zu verstehen. Das Geheimnis ist also keine Invarianz der Kulturgeschichte sondern einem steten Wandel unterworfen!

Tatsächlich spielt das Geheime als Kategorie bei allen Befragten eine Rolle: Beim Sammler, der seine Schätze hütet und nur ungern darüber spricht, genau so wie beim Wissenschafter, der auf seine intellektuelle Freiheit verweist, die ihm Aktivitäten gestattet, die früher Geheimdiensten vorbehalten waren. Schon jetzt muss aber auf eine eigenartige Ambivalenz zwischen Verhüllen und Enthüllen verwiesen werden. Jene, die

moderne Fiktion. Frankfurt am Main 2007. Fischer. Darin v.a. das Kapitel »Verrat und Geheimnis in der Moderne« S. 79-155.

4 Ebenda S. 256.

5 Ebenda S. 264/65.

6 Ebenda S. 276.

etwas verbergen, wollen dies einerseits aktiv bekräftigen – andererseits sind sie aber unter bestimmten Bedingungen bereit, einzelne Teile ihres Geheimnisses preiszugeben. Es darf vermutet werden, dass diese Mechanik Teil der inhärenten Dynamik ist, denn das Geheime braucht ja geradezu die Selbstdeklaration von sich als Geheimes, um überhaupt existieren zu können. Oder banaler ausgedrückt: Ein Geheimnis ist irrelevant, solange es nicht als solches erkannt wird. Und erkannt heisst in diesem Fall noch keineswegs enthüllt, respektive entschlüsselt.

Die Definition dessen, was geheim zu gelten hat, ist kulturell wandelbar. Diesen Gedanken nehmen wir mit zusammen mit der Beobachtung, dass die Angelegenheiten der Allgemeinheit immer öffentlicher, jene der Individuen immer geheimer werden. Wir wissen ja, dass in einer vernetzten Gesellschaft die öffentliche Sphäre grösser geworden ist und die private Sphäre der Individuen zunehmend nach grösserem Schutz verlangt.

Gibt es eine ›Enigma-Community‹?

Die Kontakte dieser Untersuchung erscheinen zunächst unsystematisch, ja zufällig, und Zufälligkeit ist einer wissenschaftlichen Beschäftigung abträglich. Beim näheren Hinsehen gilt diese Zufälligkeit allerdings primär für die allerersten Begegnungen. Sehr bald ergab sich ein Netz von Beziehungen, die wechselseitig aufeinander verwiesen und anhand derer sich Hypothesen falsifizieren oder verifizieren liessen.

Damit ist unterstellt, dass es innerhalb der Gruppe von Personen, die sich mit diesem Thema beschäftigen, so etwas wie gemeinsame Bezugspunkte und Werte gibt, die es im Lauf der Beschäftigung zu entdecken gilt!

Es existiert hier also etwas wie eine innere Ordnung. Möglich wäre, rein methodologisch, dass der Schreibende von dieser inneren Ordnung ausgeht und – bewusst oder unbewusst – nur mit Personen redet, die seine Hypothese, die in diesem Fall ein Vorurteil ist, bestätigen.

Wie lässt sich das vermeiden? – Unter anderem durch die Vielfalt der gewählten Referenz- und Auskunftspersonen. Einige, wenn auch nicht alle, kommunizieren in einem wissenschaftlichen Kontext und publizieren die Resultate ihrer Arbeiten und setzen sie damit einer öffentlichen Kritik aus. Damit ergibt sich mindestens zum Teil eine gewisse Transparenz und Nachvollziehbarkeit.

Gibt es also so etwas wie eine ›Enigma-Community‹? – Einzelne Auskunftspersonen haben das vehement bestritten: »There is no such thing as an Enigma community«,[7] schrieb mir etwa ein amerikanischer Sammler. Ich glaube, dass es dennoch sinnvoll ist, einen solchen Begriff zu verwenden: Innerhalb der Gruppe von Personen, die mir im Lauf der Untersuchung begegnet sind, gibt es tatsächlich eine Gruppe von Leuten, die sich alle kennen – sei es persönlich, sei es nur vom Namen her. Sie bilden eine Gruppe, die schon dadurch definiert ist, dass sich die einzelnen Individuen darin für ein bestimmtes Thema interessieren. Es scheint mir deshalb gerechtfertigt zu sein, den Begriff ›Community‹ auf sie anzuwenden.

Methodologische Fragen

Die Methoden, die in diesem Teil der Studie angewandt werden, gehören zur Sozialwissenschaft, genauer zur qualitativen Forschung. Die theoretischen Grundlagen entstammen der Theorie des Konstruktivismus. Diese Theorie rückt den Text in den Mittelpunkt. Kognitive Prozesse finden hier über die Ebene des Diskurses statt, dies gilt sowohl für die Herstellung von Interviews als textueller Grundlage dieser Studie als auch für den Akt des Auswertens selber.[8]

»Dabei rückt die faktische Ebene zunehmend in den Hintergrund: Inwieweit das Leben und die Erfahrungen in der berichteten Form tatsächlich stattgefunden haben, ist dabei nicht nachprüfbar. Jedoch lässt sich feststellen, welche Konstruktion das erzählende Subjekt von beidem präsentiert und auch welche Version in der Forschungssituation entsteht Spätestens in der Darstellung der Ergebnisse dieser Rekonstruktion sollen diese Erfahrungen und die Welt, in der sie gemacht worden sind, in einer bestimmten Weise präsentiert und gesehen werden – etwa in der Form einer neuen Theorie mit Geltungsansprüchen.«[9]

Ganz nahe bei dieser konstruktivistischen Argumentation liegt auch die diskursanalytische in der Tradition[10] von Michel Foucault:

»Die Wissensordnung wird dabei nicht länger als Abbildung von Wirklichkeit verstanden oder in alter idealistischer Tradition dem ›Geist‹ zugeschrieben, sondern der Materialität der Diskurse selber, also den Aussagen und Zeichen-

7 Schriftliche Mitteilung des Sammlers B an den Autor.

8 Uwe Flick: Konstruktivismus. In: Qualitative Forschung. Ein Handbuch. S. 157.

9 Ebenda. S. 162.

10 Michel Foucault: Die Ordnung des Diskurses. München 1974. (Franz. Erstausgabe 1972.)

sequenzen, die in diskursiver Praxis entstehen und durch deren Wiederholung die Wirklichkeit der Welt konstituiert wird.«[11]

Als hilfreich zeigten sich auch die Überlegungen von Siegfried Jäger:

»Es geht bei der Diskursanalyse [...] nicht nur um Deutungen von etwas bereits Vorhandenem, also nicht nur um die Analyse einer Bedeutungszuweisung post festum, sondern um die Analyse der Produktion von Wirklichkeit, die durch den Diskurs – vermittelt über die tätigen Menschen – geleistet wird.«[12]

Jäger betont den überindividuellen Charakter der Diskurse – ein wichtiger Gedanke, der aber mit Vorsicht zu geniessen ist:

»Das Individuum macht den Diskurs nicht, eher ist das Umgekehrte der Fall. Der Diskurs ist überindividuell. Alle Menschen stricken zwar am Diskurs mit, aber kein einzelner und keine einzelne Gruppe bestimmt den Diskurs oder hat genau das gewollt, was letztlich dabei herauskommt. In der Regel haben sich Diskurse als Resultate historischer Prozesse herausgebildet und verselbständigt. Sie transportieren ein Mehr an Wissen, als den einzelnen Subjekten bewusst ist.«[13]

Der diskursanalytische Prozess ist für Jäger ein endlicher Prozess. Ein für den Verfasser dieser Studie ein durchaus trostreicher Gedanke, der hier kurz erläutert werden soll: Vollständigkeit der Analyse ist nach Jäger dann erreicht, wenn die Analyse keine inhaltlich und formal neuen Erkenntnisse zu Tage fördert. Diese Vollständigkeit ergibt sich, anders als in der quantitativen Sozialforschung, meist erstaunlich bald, denn der Diskursanalyse geht es um die Erfassung jeweiliger Sagbarkeitsfelder. Die Argumente und Inhalte, die zu einer bestimmten Zeit an einem bestimmten sozialen Ort etwa zum Thema Einwanderung zu lesen oder zu hören sind, sind erstaunlich beschränkt (meist im doppelten Sinne dieses Wortes).[14]

Der Schreibende beschäftigt sich seit dem Jahre 2002 ohne Unterbrechung, wenn auch nicht immer in gleicher Intensität mit dem Thema. Phasen von Distanz und Nähe wechselten sich dabei ab. Eine kleine Be-

11 Reiner Keller et al.: Zur Aktualität sozialwissenschaftlicher Diskursanalyse. Eine Einführung. In: Ders.: Handbuch Sozialwissenschaftliche Diskursanalyse. Opladen 2001. Leske und Buderich. S. 12.

12 Siegfried Jäger: Diskurs und Wissen. Theoretische und methodische Aspekte einer Kritischen Diskurs- und Dispositivanalyse. In: Handbuch Sozialwissenschaftliche Diskursanalyse. S.86. Vgl. Anm. oben.

13 Ebenda S. 86.

14 Ebenda S. 101.

gebenheit mag dies verdeutlichen: Einer meiner Gesprächspartner – ein Mann in vorgerücktem Alter – schenkte mir einmal ein kostbares Chiffriergerät[15] (keine Enigma!) und liess mir Jahre später ein zweites zukommen. Mit ihm hat sich im Lauf der Jahre eine rege Korrespondenz entwickelt. Es erscheint als angemessen, auch den Begriff der teilnehmenden Beobachtung, respektive der ethnographischen Beobachtung ins Feld zu führen, »als flexible, methodenplurale, kontextbezogene Strategie, die ganz unterschiedliche Verfahren beinhalten kann.«[16] Auch die Forderung nach »längerer Dauer«[17] kann ohne weiteres eingelöst werden: Mit mehr als der Hälfte der Informanten stand der Schreibende während Jahren in Kontakt und verschiedene Interviews wurden im Lauf der Jahre fortgesetzt und vertieft. Es blieb nicht beim Austausch von Korrespondenz, Gespräche wurden in der Regel in einem klaren Setting mit Aufnahmegerät geführt.[18]

Die Subsummierung von qualitativen Interviews unter den Begriff der Teilnehmenden Beobachtung, respektive der Ethnographie scheint

15 Die genaue Typen- und Herstellerbezeichnung unterbleibt mit voller Absicht, denn anhand dieser Angaben könnte der Informant sehr leicht identifiziert werden.

16 Gemäss Christian Lüders hat sich unter dem Einfluss der amerikanischen und englischen Diskussion in jüngerer Zeit der Terminus ›Ethnographie‹ gegenüber dem im deutschen Sprachraum lange üblichen Begriff der ›Teilnehmenden Beobachtung‹ durchgesetzt. Vgl.:Christian Lüders: Beobachten im Feld der Ethnographie. In: Uwe Flick; Ernst von Kardorff; Ines Steinke: Qualitative Forschung. Ein Handbuch. Hamburg 2003. Rowohlt Verlag. S. 385.
Die Aktualität der ethnographischen Methode verdeutlicht folgendes Zitat: »Vor dem Hingergrund einer hochgradig ausdifferenzierten und pluralisierten Gesellschaft, in der die eigene Existenzform zunehmend nur noch als eine Option von unzähligen anderen erscheint, in der Fremdheitserlebnisse in vielfältiger Form zur alltäglichen, nicht nur medial vermittelten Erfahrung geworden sind, wächst nicht nur die Neugierde, manchmal auch als das voyeuristische Interesse an anderen, scheinbar abseitigen und abstrusen Existenzformen, sondern auch die Nachfrage nach seriöser Beschreibung und Analyse des gar nicht mehr so Selbstverständlichen und des Neuen. Ethnographie der eigenen Kulturen wird so zu einem Medium der gesellschaftlichen Selbstbeobachtung.« Ebenda S. 390.

17 Ebenda S. 391.

18 Dabei handelt es sich vor allem zu Beginn um ein diskretes Tonband. Später kam bei einzelnen Gesprächen eine kleine Videokamera dazu. Einzelne Bilder aus diesen Videoaufnahmen sind in diesem Kapitel zu sehen.

auf den ersten Blick ein Widerspruch zu sein, zeichnet sich doch die Situation im Feld der Ethnographie gerade dadurch aus, dass zwar Fragen gestellt, zunächst aber keine Interviews geführt, sondern dass eben nur ›teilnehmend beobachtet‹ wird – in einer Jugendgruppe, in einem Bergdorf oder in einer anderweitig definierten sozialen Gruppe.[19]

Zu den Besonderheiten unseres Untersuchungsgegenstandes gehört wohl die Tatsache, dass im Zusammenhang mit der Enigma die Beobachtung von sozialen Interaktionen in einer Live-Situation, wenn überhaupt, dann nur als absolute Ausnahme möglich ist. Der Grund ist einfach: Die angesprochenen Personen treffen sich nie oder fast nie im realen Raum. Eine Ausnahme, die der Schreibende glücklicherweise beobachten konnte, war eine Jahresversammlung der American Cryptogram Association im Jahr 2003 in Bletchley Park. Die Vereinigung hat sich übrigens nicht der Kryptographie per se verschrieben, sondern dem Lösen von kryptografischen Rätseln. Es handelt sich dabei um eine amerikanische Gruppierung, die jedoch sehr offen für Teilnehmende aus anderen Ländern ist. Ein grosser Teil der Mitglieder der American Cryptogram Association befindet sich im Pensionsalter. Die Mitglieder haben teilweise früher Berufe im Umfeld von Nachrichtendienst, Informatik und Kryptographie ausgeübt und sind entsprechend unzugänglich gegenüber neugierigen Fragen. Beim ›Cryptogram Contest‹ anlässlich der erwähnten Jahresversammlung zeigten sich übrigens die Frauen mit Abstand als besser und schneller im Auflösen von kryptografischen Rätseln.

»There is no such thing as an enigma community«– mit dieser bereits einmal erwähnten Feststellung reagierte einer der Informanten auf die entsprechende Frage des Schreibenden und löste damit eine interessante und fruchtbare Denkbewegung aus: Tatsächlich existiert diese ›Enigma Community‹ möglicherweise nur als theoretisches Konzept oder als Postulat, während sich die Menschen, die diese Community bilden oder bilden sollen, in Wirklichkeit gar nie begegnen und auch nicht in Kontakt miteinander stehen. Trotzdem ist die Enigma ein Dreh- und Angelpunkt von verschiedenen Menschen mit ganz verschiedenen Interessen. Dieser Tatsache kommt das Konzept der ›Boundary Objects‹, wie es im Aufsatz von Leigh Star und Griesemer 1989 zum ersten Mal formuliert wurde, möglicherweise näher: »In natural history work, boundary objects are produced when sponsors, theorists and amateurs collaborate to produce representation of nature.«[20] Die Enigma könnte ein solches

19 Ebenda.

20 Susan Leigh Star; James R. Griesemer: Institutional Ecology, ›Translations‹ and Boundary Objects: Amateurs and Professionals in Berkeley's Museum of Vertebrate Zoology, 1907-1939. In: Social Studies of

›Boundary Object‹ sein, ein Objekt also, an dem ganz verschiedene Personen und Gruppen ein Interesse bekunden und bei dessen Erforschung Ergebnisse von höchst heterogenen Bemühungen zusammenkommen.

Damit stellt sich nun die Frage nach den verschiedenen Individuen und ihrer jeweiligen Gruppenzugehörigkeit. Eine solche Einteilung scheint auf den ersten Blick naheliegend, auf den zweiten Blick ist sie jedoch arbiträr. Der Verdacht drängt sich auf, dass sie möglicherweise ein Fabrikat des Schreibenden sei. Der Verdacht lässt sich nicht auf den ersten Blick entkräften und es mag sinnvoll erscheinen, die Frage nach der Einordnung in eine dieser Gruppen in den Interview-Leitfaden aufzunehmen. Gewiss ist aber auch, dass sich damit diese Typologisierung im Lauf der Recherche verschieben wird.

Im Lauf der Zeit hat sich für diese Untersuchung folgende Typologie herausgebildet.[21]

- Zeitzeugen: Mitarbeiter von Bletchley Park, Angehörige der Wehrmacht, weitere Zeitzeugen
- Forscher: Wissenschafter, Historiker, Informatiker, Mathematiker
- Vermittler: Museums-Kuratoren, Journalisten, Autoren
- Sammler

Die beiden mittleren Gruppen – Forscher und Vermittler – wurden im Lauf der Untersuchung zu einer einzigen Gruppe zusammengefasst.

Wir bemühen uns im Folgenden also, den Mythos der Chiffriermaschine im sozialen und im diskursiven, sprachlichen Kontext zu verstehen. Dabei sind wir rasch mit der Vermutung konfrontiert, dass der Mythos im sozialen und sprachlichen Umfeld nicht oder nicht nur abgebildet, sondern erschaffen wird. Als wichtige Kategorie für die Untersuchung könnte sich der Begriff des Geheimen oder der Umgang mit Geheimnis und Geheimem herausstellen.

Science and International Review of Research in the Social Dimensions of Science and Technology. London 1989. Sage Publications. S. 387-420.

21 Diese Typologie hat sich tatsächlich im Lauf der Recherche herausgebildet und ist eine Hypothese des Forschenden. Sie entstand allerdings nicht aus purer Intuition, sondern ergab sich aus den Aussagen der Interviews und entspricht damit dem Selbstbild der Befragten. Interessant daran ist die Tatsache, dass diese Einschätzungen und Abgrenzungen eine gewisse Konsistenz haben, dass sie also von einer Mehrheit der Befragten geteilt werden.

Über den Umgang mit dem Geheimnis

Das Geheimnis 1: Die Zeitzeugen

Wie die Schichten einer Zwiebel überlagern sich Geheimnisse rund um die Chiffriermaschine Enigma, angefangen mit ihrem Gebrauch während des Krieges bis zu ihrer Bedeutung in der Gegenwart. Oft ist es nicht einfach, die verschiedenen Schichten auseinander zu halten. Das ist aber nötig, will man dem Mythos dieser Maschine auf die Spur kommen.

Geheimhaltung umgab zunächst einmal die Maschine während ihres Einsatzes. Selbstverständlich bestanden genaue Regeln darüber, wie die Maschine im Feld zu behandeln und wie sie und vor allem die dazugehörigen Codebücher und Rotoren zu schützen seien.

Geheimhaltung war auch das A und O der britischen Entschlüsselungsoperation Ultra. Die Mitarbeiterinnen und Mitarbeiter wurden offenbar mit drastischen Methoden darauf hingewiesen: Tony Sale, Mitgründer[22] des Bletchley Park Museums, berichtet von einer Szene, welche die Neuankömmlinge – zur überwiegenden Mehrzahl jüngere Frauen – nachhaltig beeindruckt hat:

»Es gab ein grosses Pult mit einem Mann und die Leute, das meiste Mädchen, mussten unterschreiben, dass sie nie darüber reden würden. Auf dem Tisch hat-

22 Tony Sale ist eine Schlüsselfigur im Kontext der Enigma: Er gehört zu den Initianten des erst 1991 gegründeten Bletchley Park Museums, hat sich aber gegen Ende der 90er Jahre mit der operativen Leitung des Museums überworfen, so dass er während Jahren nur noch beschränkten Zugang zum Gelände hatte. Das ist gerade auch deshalb bedenklich, weil er sich nicht nur für Bletchley Park und die Enigma engagierte, sondern in über 14jähriger Arbeit die Colossus-Maschine rekonstruierte. Colossus war der erste, röhrenbetriebene Digitalrechner und ein wichtiger Meilenstein in der Computergeschichte.
Tony Sale gehört zwar nicht zu den unmittelbaren Zeitzeugen, kennt aber als ehemaliger Angehöriger des britischen Inlandnachrichtendienstes MI5 die Welt des Geheimen von innen. Sale hat nach eigenen Angaben 1956-1963 an der Seite des Agenten und nachmaligen Buchautors Peter Wright (›Spycatcher‹) gearbeitet und dort bei einer später publizistisch ausgewerteten Aktion durch beharrliche und systematische Überwachungs- und Peiltätigkeit dazu beigetragen, dass etliche in Grossbritannien aktive sowjetische Spione enttarnt werden konnten. Tony Sale betreibt eine umfangreiche Website mit Informationen rund um die Enigma und Colossus: www.codesandciphers.org.uk vom 17.3.2008.

te er einen Revolver und er sagte: Wenn du je darüber sprichst, dann wirst du erschossen. Nun, auf ein 18 oder 19jähriges Mädchen machte das natürlich einen gehörigen Eindruck. Es war klar: Wenn ich etwas erzähle, wird vielleicht mein Bruder, der auf einem Konvoi ist, in Gefahr kommen und das Leben verlieren.«[23]

Ob sich das wirklich so zugetragen hat, bleibe hier einmal dahin gestellt... Die Geheimhaltung auf dem Gelände von Bletchley Park war nach übereinstimmenden Berichten so gross, dass die einzelnen Gruppen ausserhalb ihrer Arbeit in den Baracken nicht über ihre Tätigkeit reden durften. Das führte zum Beispiel dazu, dass einzelne Angehörige von Bletchley Park, die an anderen Projekten als der Enigma-Entschlüsselung arbeiteten, bis zum Erscheinen des Buches von Frederick Winterbotham im Jahr 1974 nichts von Enigma wussten. Tony Sale berichtete im Gespräch von Paaren, die sich während des Krieges in Bletchley Park kennen gelernt hatten und einander nie über ihre Tätigkeit erzählten!

Abbildung 14

Der britische Ingenieur und Historiker Tony Sale. Er gehört zu den Gründern des Museums von Bletchley Park und hat in den letzten Jahren vor allem mit der Rekonstruktion der Colossus Rechenmaschine von sich reden gemacht. (Videostills D. Landwehr)

Es gibt auch Äusserungen von Zeitzeugen, die heute noch bedauern, dass Winterbotham das Schweigen gebrochen hatte.[24] Auch der heute in der Schweiz lebende Zeitzeuge C.R.B.Joyce zeigte sich wenig glücklich über die Enthüllungen von 1974:

»Ich habe mich an die Abmachungen gehalten. Da war es noch nicht 50 Jahre her. Wir wurden ermahnt – aber wohl nicht schriftlich – 50 Jahre zu schweigen.

23 Tony Sale im Gespräch mit dem Autor am 8. April 2006 in Bletchley Park.

24 So etwa im bereits erwähnten Film »Station X«, in dem zahlreiche Zeitzeugen und ehemalige Mitarbeiterinnen von Bletchley Park zur Sprache kommen.

Ich habe mich daran gehalten – aber dieser grosse Junge nicht. Ich habe nicht einmal den Kindern erzählt, was ich dort getan habe.«[25]

Mit dem »grossen Jungen« meinte er Frederick Winterbotham, dessen Veröffentlichung gerade bei den Mitarbeitern von Bletchley Park als Tabubruch erlebt wurde. Tony Sale hat ein gewisses Verständnis für diese Haltung:

»Wenn Sie mit einem Geheimnis während 40 Jahren gelebt haben, dann fühlen Sie eine Verpflichtung. Aber sachlich ist das nicht mehr zu rechtfertigen. Ich habe allerdings auch Leute getroffen, die auch heute noch nicht mit mir darüber reden wollen, was sie gemacht haben.«[26]

Abbildung 15

Der in Basel lebende Zeitzeuge C.R.B. Joyce. Er diente während des Krieges in Bletchley Park, befasste sich allerdings nicht mit dem Enigma-Code, sondern mit japanischen Verschlüsselungen. (Fotos D. Landwehr)

Es gibt auch die andere Seite: Gerade bei den Intellektuellen unter den Bletchley Park Angehörigen gibt es auch rückblickend Kritik, ja sogar eine gewisse Verbitterung über die exzessive Geheimhaltung, die dieses Projekt vor allem nach dem Krieg umgab.

Peter Hilton, ein Mathematiker, der zunächst bei der Enigma-Entschlüsselung und später im Projekt Colossus eingesetzt war, schreibt in einem erst 2006 erschienen Aufsatz sehr kritisch über die Geheimhaltung:

»Nobody denies the necessity of maintaining secrecy about the work of the code breakers during the actual course of the war, but it is difficult to understand, let alone justify, the blanket embargo on all mention of our activities for years after the end of the war. It is also difficult to justify the failure to reward

25 Der in Basel lebende C.R.B.Joyce im Gespräch mit dem Autor am 20. Januar 2006.

26 Tony Sale, wie oben.

the people who did so much to help win the war. I have especially in mind Tommy Flowers, who had to endure so many years in which his pioneering work designing and building Colossus went unrecognized, and who had to listen in silence as others got the credit for creating the electronic computer. It cannot have helped his frame of mind or relieved his bitter taste to know that Churchill had given instructions at the end of the war to destroy most of the Colossi.«[27]

Es geht hier also um zweierlei: Erstens um die Aufrechterhaltung eines Geheimnisses – nach dem Krieg legte ja die britische Regierung den Mantel des Stillschweigens über die ganze Operation. Und zweitens um den Verlust der Anerkennung für das Geleistete. Peter Hilton setzt sich für den begabten Konstrukteur Tommy Flowers ein. Dieser schaffte es, die Ideen des Mathematikers Max Newman zur Entschlüsselung von Fernschreibernachrichten mit einer elektronischen Schaltung umzusetzen. Zu diesem Zweck konstruierte er den ersten programmgesteuerten, digitalen Röhrenrechner. Der 1905 geborene Tommy Flowers verstarb 1998. Er hat in der umfangreichen Literatur zu Colossus, die ebenfalls nach 1974 entstand, eine späte Anerkennung für seine Arbeit gefunden.[28] Es gibt allerdings noch ein viel drastischeres Beispiel für den Vorwurf von Peter Hilton: Auch die Leistungen von Alan Turing konnten aufgrund der exzessiven Geheimhaltung nicht anerkannt werden. Wäre sein Schicksal ein anderes gewesen? – Der Homosexuelle Turing nahm sich nach einer chemischen Zwangskastration im Jahr 1955 das Leben.

Tommy Flowers, Alan Turing, Max Newman und andere – Forscher, die auch nach dem Krieg wichtig waren. Es gilt, bei aller Sympathie für die Anliegen der betreffenden Autoren, die Distanz nicht zu verlieren. Die Rede ist von einzelnen herausragenden Figuren, viel weniger von den Tausenden »Crypto-Clerks«, übrigens fast ausnahmslos Frauen.

Eine überraschende Feststellung bleibt: Sogar unter den Zeitzeugen gibt es eine gewisse Ambivalenz gegenüber dem Geheimnis. Finden die einen, das Geheimnis hätte die versprochenen 50 Jahre oder sogar länger gewahrt bleiben müssen, so stehen andere dieser Geheimniskrämerei nach dem Krieg skeptisch gegenüber. Könnte es sein, dass diese Haltung vor allem Wissenschafter teilen? – Wir lassen die Frage offen, nehmen sie aber mit in die nächsten Betrachtungen.

---

27 Peter Hilton: Living with Fish: Breaking Tunny in the Newmanry and the Testery. In: Jack Copeland: Colossus. The Secrets of Bletchley Park's Codebreaking Computers. Oxford 2006. Oxford University Press. S. 202/203.

28 Das unten erwähnte Buch von Jack Copeland ist dem 1998 verstorbenen Colossus-Konstrukteur Tommy Flowers gewidmet.

Das Geheimnis 2: Die Wissenschafter

Als Beispiel für diese Gruppe mag der Mathematiker Friedrich L. Bauer dienen: Geboren 1924, hat er sich sein Leben lang mit Kryptografie beschäftigt und mit dem Buch »Entzifferte Geheimnisse. Methoden und Maximen der Kryptografie«[29] ein Standardwerk für die Geschichte der Kryptografie verfasst. Er hat die Preisgabe der Geheimnisse rund um die Enigma selber Schritt für Schritt miterlebt. Die Gründe für die zahlreichen Auflagen seines Buches sind nicht nur in der Weiterentwicklung von mathematischen Methoden zu finden, sondern auch in der Entwicklung des Wissens über die Weltkriegs-Geschichte der Kryptografie. Und was hier mit der Enigma passierte, darf geradezu als paradigmatisch betrachtet werden:

»Die Enigma war schon eines der faszinierendsten Kapitel. Gerade weil es so langsam lief [...] wenn man das alles aufs Mal erfahren würde [...] dann wäre das anders. Aber das Wissen um die Vorgänge entwickelte sich sehr langsam und man wartete immer wieder auf die nächste Publikation.«[30]

Von dieser Entwicklung wird im dritten Kapitel noch die Rede sein. Der Mathematiker Bauer hat fasziniert zugeschaut, wie sich die einstigen Geheimnisse im Lauf der Zeit enthüllt haben.

Als Mathematiker hatte Bauer eine spezielle Affinität zur Kryptografie. Sie interessierte ihn, was er ganz generell mit seiner intellektuellen Neugierde erklärt. Aber er legte sich in Sachen Publikationen und Vorlesungstätigkeit eine gewisse Zurückhaltung auf, zumal die Thematik für ihn nicht im Zentrum seiner wissenschaftlichen Tätigkeit stand. Bauer erwähnt im Gespräch noch etwas Anderes:

»Ein weiterer Grund dafür, dass ich lange nichts publizierte, war auch die Tatsache, dass ich als Mathematiker immer wieder in die Sowjetunion eingeladen wurde und gar keine Lust hatte vom KGB kassiert zu werden Es gab ja entsprechende Vorfälle, vor allem in der damaligen DDR. Ich wollte nicht in kompro-

29 Friedrich L. Bauer: Entzifferte Geheimnisse. Methoden und Maximen der Kryptografie. Berlin 2000. Springer Verlag. (Erstauflage 1993) Ders.: Decrypted Secrets. Berlin 2006. Springer Verlag. Das Buch wurde zwischen 1993 und 2006 insgesamt achtmal überarbeitet und neu aufgelegt: fünfmal in deutscher und dreimal in englischer Sprache.

30 Friedrich L. Bauer im Gespräch mit dem Autor am 8. Dezember 2005. Ob dies dem damaligen Zeitgeist entsprach, ist allerdings nicht gewiss: Wolfgang Coy, der teilweise an ähnlichen Kongressen in der ehemaligen Sowjetunion teilgenommen hatte, stellt dies jedenfalls in Abrede.

mittierende Situationen gebracht werden. Das einfach zur Klärung, warum ich mich nicht früher geäussert hatte. Ende der 60er Jahre begann die Kryptografie aus ihrem verborgenen Dasein zu erwachen. Ich befürchtete, dass dies Nachteile für die kommerzielle und wissenschaftliche Entwicklung haben würde und dass die amtlichen Dienste in einer Vorteilsposition waren, die sie auch ausnützen würden.«[31]

Bauer hatte auch politische, genauer aufklärerische Motive mit seiner Publikationstätigkeit verbunden:

»Ich begann im Wintersemester 1977/78 mit meiner Vorlesungstätigkeit zum Thema Kryptografie und gab ihr einen harmlosen Titel: ›Spezielle Probleme der Informationstheorie‹. Das war ein Versuch. 1981, drei Jahre später, kündigte ich sie wieder an – damals existierte die Sowjetunion noch, aber eine erste Öffnung hatte sich abgezeichnet. Ich wählte den offenen Titel ›Kryptologie‹. In Deutschland hatte ich damals keine Probleme und auch die ›alten Kameraden‹ hatten mir nie Vorwürfe gemacht. Ich kriegte dann auch Besuch vom Bundesnachrichtendienst BND aus Pullach, den ich in meinem Buch auch beschrieben habe. Ich hatte meinen Studenten im Scherz schon gesagt, wenn da mal zwei mittelalterliche, korrekt gekleidete Herren kämen, dann wären sie aus Pullach. Das geschah dann tatsächlich, allerdings erst im Jahr 1986. Sie kamen sogar zehn Minuten zu spät, setzten sich rein und entsprachen genau meiner Vorahnung. Mich hat der Teufel geritten. Ich sprach sie an: ›Grüss Gott die Herren – kommen Sie aus Pullach?‹ – Sie liefen rot an. Sie haben sich wohl überzeugt, dass das harmlos war, was ich zu erzählen hatte.«[32]

Als Wissenschafter nähert sich Bauer dem Geheimen auf eine andere Art und Weise: Er teilt zwar die Faszination, will aber seine Erkenntnisse durch Veröffentlichungen mit anderen teilen. Darin zeigt sich sein aufklärerischer Gestus.

Das Geheimnis 3: Liebhaber und Sammler

In scharfem Kontrast zu diesem rationalistischen, wissenschaftlichen Diskurs steht der Diskurs der Sammler und Liebhaber. Ihre Realitäts-Konstruktion ist anders. Im Gegensatz zu den Wissenschaftern müssen sie ihre Anschauungen nicht einem Realitätstest aussetzen und können viel stärker ihre vielleicht unbewussten Motive ausleben. Das darf aber

31 Friedrich L. Bauer: Entzifferte Geheimnisse. S. 26.

32 Die gleiche Anekdote ist auch im Buch »Entziffertee Geheimnisse« S. VI wiedergegeben.

nicht wertend verstanden werden. Denn alle Gruppen konstruieren ihre Realität – sie tun es nur mit unterschiedlichen Methoden.

Es geht mir nicht zuletzt um diese unbewussten Motive. Durch sie formieren sich weit mehr als nur individuelle, persönliche Ansichten. Es werden mindestens potentiell Aussagen und Meinungen gebildet, die weit über das Persönliche und vielleicht auch Zufällige hinausgehen.

»Geheimhaltung an sich übt eine Faszination aus – etwas zu schreiben, das nicht jeder lesen kann. Dass man so Informationen gezielt verbreiten kann. Schon als Bub hatte ich eine eigene Geheimschrift. Das spielt wohl im Hintergrund auch noch eine Rolle. Diese Geheimschrift habe ich auch noch irgendwo aufbewahrt.«[33]

Hier kommt nun aber erstmals eine biografische Komponente hinzu, ein Element, das sich auch bei anderen, wenn auch nicht bei allen befragten Sammlern findet. Besonders schön scheint dieses lebensgeschichtliche Motiv aber im folgenden Gespräch auf:

»Meine erste Maschine war eine Schweizer Nema. Ich bezahlte dafür 800 Pfund. Ich war so zufrieden und glücklich. Es ist eine so tolle Maschine, so stark gebaut wie ein Kriegsschiff. Ich mag den Geruch des Metalls und des Öls. Es ist nicht wirklich ein Fetisch – aber ich mag das einfach. Den Geruch von späteren elektronischen Maschinen mag ich nicht. Mein Vater war ja Ingenieur – er kam oft heim und roch nach Schmiermittel und Öl. Vielleicht ist das der Grund für meine Faszination.«[34]

Fassen wir die Motivationslagen der drei Gruppen noch einmal zusammen:

Zeitzeugen: Bei den Angehörigen der Bletchley Park Operation ist eine Ambivalenz auszumachen. Die Loyalität gegenüber dem einmal gegebenen Versprechen ist sehr stark. Auf der anderen Seite ist aber ganz klar auch das Bedürfnis da, über die Tätigkeiten während des Krieges zu reden.

Wissenschafter: Sie spüren die Faszination einer Geschichte, die erst 25 Jahre nach Kriegsende beginnt sich zu entfalten. Sie sind vom Geheimnisvollen fasziniert und durch eine aufklärerische Haltung motiviert.

Sammler und Liebhaber: Auch sie teilen die Faszination – anders als die Wissenschafter müssen sie diese Faszination jedoch nicht rationalisieren, etwa im Sinn des aufklärerischen Gestus, sondern haben die

33 Sammler A im Gespräch mit dem Autor am 5. Januar 2001.
34 John Alexander im Gespräch mit dem Autor am 14. September 2003.

Möglichkeit, ihre ganz eigenen Pfade zu legen und ihren Neigungen nachzugehen.

Im folgenden Teil sollen nun die Motive, Welten und Aktivitäten dieser drei Gruppen im Hinblick auf unser Thema untersucht werden.

Die Welt der Zeitzeugen

Bisher war vor allem von den britischen Zeitzeugen die Rede. Das darf nicht überraschen: Grossbritannien hatte im Zweiten Weltkrieg in Sachen Entschlüsselung die spektakulärsten Erfolge vorzuweisen. Dass auch die Deutschen Erfolge beim Entschlüsseln von maschinell chiffrierten Botschaften erzielten, ist weniger bekannt. Nach neueren Erkenntnissen konnten beispielsweise Nachrichten, die mit der amerikanischen M-209 Maschine verschlüsselt waren, gelesen werden. Solche Erkenntnisse dürfen allerdings nicht darüber hinwegtäuschen, dass die Bemühungen Deutschlands weit hinter den britischen zurücklagen. Dies zeigt auch die Tatsache, dass die Stelle zur Überprüfung der eigenen Schlüsselverfahren nur gerade vier Mitarbeiter hatte.[35]

Neuere Erkenntnisse zu diesen Fragen sind unter anderem dem deutschen Informatiker und Publizisten Klaus Schmeh zu verdanken, der in seinem 2004 publizierten Buch[36] einen entsprechenden Aufruf beifügte und so eine Reihe von deutschen Zeitzeugen ausfindig machen konnte.

Zu den Personen, die so gefunden und befragt werden konnten, zählte auch der 1920 geborene Reinhold Weber. Seine ausgezeichneten Englischkenntnisse verhalfen ihm mitten im Krieg zunächst zu einer militärischen Dolmetscherausbildung, mit viel Glück konnte er sich dann zum

35 Klaus Schmeh hält in seinem für das Online-Magazin Telepolis geschriebenen Portrait von Gisbert Hasenjäger fest: »Es gilt heute als großer Fehler des Nazi-Regimes, dass es das Know-how in Verschlüsselungsfragen auf derart viele Einrichtungen verteilte, die in der Regel nicht miteinander kooperierten. Als Konsequenz daraus wurden später die kryptologischen Aktivitäten der Bundesrepublik Deutschland in einer Behörde – der Zentralstelle für das Chiffrierwesen, aus dem später das Bundesamt für Sicherheit in der Informationstechnik hervorging – konzentriert.« In: Klaus Schmeh: Enigma Schwachstellen auf der Spur. Portrait von Gisbert Hasenjäger. Enigma Zeitzeugen berichten. Teil 3. Telepolis vom 29.8.2005. www.heise.de/tp/r4/artikel/20/20750/1.html vom 16.2.2008

36 Klaus Schmeh: Die Welt der geheimen Zeichen. Die faszinierende Geschichte der Verschlüsselung. Herdecke 2004.W3L-Verlag.

Chiffrier-Spezialisten ausbilden lassen. Er erwarb sich in der Folge Verdienste beim Entschlüsseln amerikanischer Funksprüche und entwickelte sogar eine Maschine zum Dechiffrieren der M-209 Meldungen. Auch er wollte nach dem Krieg nicht über seine Tätigkeit reden. Allerdings hinderte ihn kein Treue-Eid daran, sondern eine ganz pragmatische Überlegung:

»Im März 1945 gab die Dechiffrier-Einheit schließlich ihre Stellung in Salzburg auf, woraufhin sich Weber in die Berge absetzte. Dort verbrachte er einige Zeit bei einer Bauernfamilie. Ein falscher amerikanischer Entlassungsschein bewahrte ihn vor der Gefangenschaft, die für ihn hätte gefährlich werden können. Denn hätte ein Kriegsgegner herausbekommen, dass er als Dechiffrierer für Maschinenschlüssel aktiv gewesen war, wäre er möglicherweise zu Zwangsdiensten in die USA verpflichtet oder gar in die Sowjetunion verschleppt worden. Seine Kenntnisse hätten im Kalten Krieg vor allem für den sowjetischen Geheimdienst ausgesprochen interessant sein können. Ihre Vergangenheit als Entzifferer behielten offensichtlich auch alle anderen Mitglieder dieser Einheiten für sich, und so gab es bis zur Veröffentlichung dieses Artikels in der gesamten Literatur zur Verschlüsselungsgeschichte keinen einzigen Augenzeugenbericht darüber.«[37]

Tatsächlich suchten die Alliierten nach dem Krieg unter den Angehörigen des Nazi-Apparates nicht nur nach Kriegsverbrechern, sondern auch nach Spezialisten. Gesucht waren – neben den Raketen-Ingenieuren um Wernher von Braun – auch Kryptografie-Experten. Diese unter dem Namen TICOM bekannte Aktion verfehlte ihre Wirkung nicht. Insbesondere gelangte der ehemalige Leiter der Chiffrierabteilung beim Oberkommando der Wehrmacht, Erich Hüttenhain, in diesem Zusammenhang nach Großbritannien, wo er von dortigen Spezialisten vernommen wurde.[38]

Der Name TICOM steht für »TARGET Intelligence Committee« und bezeichnet eine Arbeitsgruppe der britischen und amerikanischen Streitkräfte, die unmittelbar nach dem Krieg in Deutschland ganz gezielt nach kryptografischem Material suchte: Dazu zählten Akten, Geräte und natürlich auch Personen. Viele der Verhörprotokolle dieser Aktion sind bis auf den heutigen Tag klassifiziert und gehören auch nicht zu den 1997

37 Klaus Schmeh: Als deutscher Code-Knacker im Zweiten Weltkrieg. In: Telepolis vom 23.09.2004: www.heise.de/tp/r4/artikel/18/18371/1.html vom 16.2.2008.

38 Klaus Schmeh: Enigma-Schwachstellen auf der Spur. Wie oben.

durch die National Security Agency (NSA) freigegebenen und im National Archive zugänglich gemachten Akten.[39]

Zu den Schlüsselfiguren der deutschen Weltkriegs-Kryptografie zählt neben Erich Hüttenhain der 1919 geborene Gisbert Hasenjäger. Ihm soll die Entschlüsselung einer zivilen Enigma-Maschine gelungen sein – als Version mit drei Rotoren und ohne Steckerbrett, wie sie auch in der Schweiz verwendet wurde. Hasenjäger gelangte zwar in amerikanische Kriegsgefangenschaft, wurde aber nicht von den TICOM Agenten verhört. Hasenjäger machte sich nach dem Krieg als Mathematiker einen Namen, er lehrte als Professor an der Universität Bonn bis zum Jahre 1984.

Auch Hasenjäger erfuhr erst Mitte der 70er Jahre, dass die Briten im Zweiten Weltkrieg die Enigma geknackt hatten. Ihn beeindruckte vor allem, dass Alan Turing, einer der größten Mathematiker des 20. Jahrhunderts, bei diesem Unternehmen eine führende Rolle gespielt hatte. Alan Turing war also, wie sich herausstellte, einer von Hasenjägers Gegenspielern gewesen. Dass die Deutschen die Schwächen der Enigma unterschätzten, sieht Gisbert Hasenjäger heute positiv: »Wäre es nicht so gewesen, dann hätte der Krieg vermutlich länger gedauert und die erste Atombombe wäre nicht auf Japan, sondern auf Deutschland gefallen.«[40]

Eine kleine Geschichte mag die Betrachtung über die deutschen Zeitzeugen abrunden: Nach der Publikation meines ersten Artikels zum Thema Enigma im Jahr 2001 meldete sich ein Mann namens Franz Fick. Er gab sich als Ingenieur und ehemaliger Wehrmachts-Angehöriger zu erkennen, der an der Enigma ausgebildet worden war. Fick hatte eine Turing-Bombe simuliert. Er schickte mir die kleine Software, mit dem ich nicht viel anzufangen wusste. Im gleichen Jahr konnte ich den ehemaligen Ingenieur in Hamburg treffen.

Das Interview mit ihm erwies sich als schwierig – unsere Interessen waren offensichtlich verschieden: Der Ingenieur wollte mir seine Simulation vorführen, ich wollte mehr über seine Zeit als Wehrmacht-Soldat und Enigma-Operator erfahren. Im Lauf des Gesprächs fragte ich ihn, wie er 1974 auf die Nachricht reagierte, dass die Enigma geknackt worden war. Dies habe ihn nicht weiter erstaunt, entgegnete er mir: »Ich kannte ja die Schwachstellen der Maschine und wusste beispielsweise um die Tatsache, dass beim Chiffrieren ein Buchstabe nie in sich selber übergeführt werden konnte.«[41] Diese Reaktion erschien mir nachvollziehbar, vor allem als er zu einer weiteren Anekdote ausholte:

39 Ausführliche Angaben zu diesen Akten finden sich im Anhang.
40 Ebenda.
41 Franz Fick im Gespräch mit dem Autor am 25. Juni 2005.

»Wir diskutierten das auch im Kreis der Kieler Marinefunker, unter denen auch etliche Weltkriegsveteranen waren: ›Das kann nicht sein‹, war dort zu hören. ›Die Enigma war nicht zu knacken‹ und wenn die Engländer es trotzdem geschafft haben, dann nur, weil wir verraten wurden.«[42]

Das Gespräch mit Franz Fick konnte nicht mehr fortgesetzt werden, weil er in der Zwischenzeit verstorben ist.

Die Ausführungen über die deutschen Zeitzeugen im Umfeld der Enigma sind etwas ausführlicher ausgefallen. Denn über sie ist, anders als über die britischen Zeitzeugen, nur wenig bekannt, sie spielen in der Literatur keine grosse Rolle.

Zum Mythos geworden ist ja nicht primär die Maschine, sondern deren Entschlüsselung. Deshalb spielen die britischen Zeitzeugen die wichtigste Rolle. Ein Hinweis auf die Art und Weise, wie ihr Status konstruiert wird, zeigte sich im Interview mit dem britischen Sammler John Alexander:

»Wenn Sie den Leuten zuhören, die dort waren, dann merken Sie, dass diese Leute ein wahnsinnig starkes Zusammengehörigkeitsgefühl haben. Was sie zusammenhält, war dieses Geheimnis. Sie haben Enigma und andere Systeme geknackt. Ich kann da nie dazugehören, ich bin ein Aussenseiter, Zuschauer. Aber jetzt habe ich eine Verbindung, wenn auch nur eine kleine. Jetzt sind sie freundlicher, offener. Aber ich gehöre immer noch nicht dazu. Es gibt verschiedene Levels: Ich hörte schon Leute sagen ›Die Person xy ist eine gute Führerin, aber sie war nur einige Wochen während des Zweiten Weltkriegs hier, darum ist sie nur eine Randfigur‹. Es gibt wohl noch eine andere Hierarchie. Leute wie Stripp oder Hinsley, wenn er leben würde, ganz zu schweigen von Turing, sie würden an der Spitze dieser Hierarchie stehen. Vor ihnen muss man sich verbeugen. Diese Leute waren so begabt.«[43]

Interessant an dieser Aussage ist zweierlei: Zum einen beschreibt der Sprechende seine eigene Rolle und definiert sich als Aussenseiter. Zum anderen weist er aber auf eine Differenzierung innerhalb der Gruppe der Zeitzeugen hin und beschreibt eine informelle Hierarchie.

Zurück zu unserer groben Einteilung: Es gibt eine Kerngruppe, die vor allem von den britischen Zeitzeugen gebildet wird – rund herum befinden sich gewissermassen in konzentrischen Kreisen jene Personen, die in der einen oder anderen Form an dieser Geschichte teilhaben. Dazu gehören Wissenschafter ebenso wie Sammler. Zwischen den einzelnen Gruppen gibt es Überschneidungen: So war beispielsweise der Historiker

42 Ebenda.

43 John Alexander im Gespräch mit dem Autor am 14. September 2003.

Francis H. Hinsley auch ein Zeitzeuge. In der Regel halten aber die Gruppen von sich aus eine Distanz zu einander.

Die Welt der Wissenschafter

Die Haltung der Wissenschafter gegenüber dem Geheimnis wurde eingangs als aufklärerisch bezeichnet. Diese Haltung zeigte sich bei allen befragten Wissenschaftern: Dem Mathematiker Friedrich L. Bauer aus München, dem Museumsdirektor Norbert Ryska vom Heinz Nixdorf Museumsforum in Paderborn und dem Mathematiker und Turing Biografen Andrew Hodges. Sie sind vom Thema fasziniert und gehen ihrer intellektuellen Neugierde nach. Gerade bei Friedrich L. Bauer finden sich aber auch die Ängste, die später bei den Liebhabern eine grosse Rolle spielen werden. Anders als ein Sammler stellt er aber seine Befürchtung gewissermassen auf die Probe. Darin erweist sie sich als gegenstandslos. Seine Vorlesungen finden statt, wenn auch zunächst zu unattraktiven Zeiten und unter wenig informativem Namen.

Friedrich L. Bauer erlebte die Entwicklung der Kryptografie nach dem Zweiten Weltkrieg Schritt für Schritt selber mit. Zum Thema Kryptografie war zunächst kaum Literatur vorhanden. Als Standardwerk galt das »Manuale de Crittografia« von Luigi Sacco, das 1925 zum ersten Mal erschien.[44] Eindrücklich, wie Bauer in dieser Situation von den bahnbrechenden Arbeiten des amerikanischen Mathematikers und Informationstheoretikers Claude E. Shannon erfuhr.

»Nach meinem Studienabschluss 1950 in München wurde ich Assistent bei einem Physiker. Und der hat mich immer etwas bemuttert. Einmal sagte er: ›Es ist mir eben was auf den Tisch gekommen von einem gewissen Shannon.‹ Shannons Texte waren ja nicht einfach so erhältlich. Das war natürlich gegenüber Sacco eine Offenbarung. Hier wurde ausgesprochen, was Sacco bestenfalls ahnte. Andererseits hatte ich ja anderes zu tun. Ich musste ja studieren. Promovierte 1952, musste mich in der Wissenschaft zurecht finden und habe das immer so als eine Art Hobby betrachtet. Aber immer mit offenen Augen und Ohren. Ich habe begonnen meine Kollegen zu mustern und mich zu fragen: Vielleicht warst du ja auch dabei [...] manchmal haben die dann ganz unabsichtlich irgendwelche Hinweise gegeben.«[45]

---

44 Luigi Sacco: Mannuel de Cryptografie. Paris 1951. Payot.
Luigi Sacco: Manual of Cryptography. Laguna Hills 1977. Aegean Park Press.

45 Friedrich L. Bauer im Gespräch mit dem Autor in München am 8. Dezember 2005.

Der kurze Gesprächsausschnitt ist sehr aufschlussreich: Die theoretischen Betrachtungen von Claude Shannon brachten den jungen Mathematiker Bauer einen grossen Schritt weiter. Die Klage über fehlende Fachliteratur findet sich auch bei anderen Wissenschaftern. Schon im ersten Kapitel dieser Untersuchung wurde darauf hingewiesen, dass viel Forschung zu diesem Thema im geschützten Rahmen von gewissen Regierungsstellen stattfand und ihre Erkenntnisse nicht veröffentlicht wurden.

Zu den Mathematikern, die nicht oder nicht mehr in der abgeschirmten Welt der Nachrichtendienste arbeiten mussten, gehörte nach dem Krieg auch Alan Turing, dem Bauer einmal begegnet ist. Wie wirkte der Brite auf ihn?

»Mein Gott: Bisschen komisch, schwer zugänglich, überspannt. Anderseits hoch intelligent. Ich hatte keinen sehr intensiven Kontakt, war ihm einfach ein paar Mal begegnet und hatte natürlich keine Ahnung von seiner Tätigkeit während des Krieges und wohl nicht zuletzt deshalb den Kontakt auch nicht vertieft.«[46]

Die rationale Begeisterung, die Bauer für Kryptografie und besonders die Enigma empfindet, scheint im Gespräch immer wieder durch. Sie zeigt sich etwa in der Akribie, mit der er die seit 1974 laufende Diskussion um die Enigma-Enthüllung im Buch von Frederick W. Winterbotham verfolgte:

»Die Publikation von Winterbotham war voller Fehler. Er war ja nicht wirklich dabei bei der Operation, sondern irgendwo am Rand beteiligt. Da gab es zuerst ganz viele Richtigstellungen. Aber dass das im Kern stimmte, wurde nicht mehr angezweifelt. Das Buch wurde schon ernst genommen. Dann kam 1982 das Buch ›The Hut Six Story‹ von Gordon Welchman, das mich sehr beeindruckt hat. Er zeigte die Vielfältigkeit des Angriffs, wie das alles aufeinander abgestimmt war. Das war nicht selbstverständlich.«[47]

Friedrich L. Bauer hat sein Standardwerk zur Kryptografie sorgfältig nachgeführt. Dabei ist ihm nicht entgangen, dass die Leute, die sein Buch kauften, dies oft nicht der mathematischen Beschreibungen wegen taten. Gekränkt hat ihn dies indes nicht.

Hat Bauer nie den Wunsch verspürt, selber eine derartige Maschine zu besitzen? – Bauer verneint. Als Berater des Deutschen Museums in München hätte er ja jederzeit Gelegenheit gehabt, sich eine solche Ma-

46 Ebenda.

47 Ebenda. Angesprochen ist folgender Titel: Gordon Welchman: The Hut Six Story. Breaking the Enigma Code. New York 1982. McGraw-Hill.

schine »zu Studienzwecken« auszuleihen. Aber das interessierte ihn nicht:

»Es gibt Leute, für die ist Besitzen wichtiger als Verstehen. Die meinen, dass sie etwas verstehen, indem sie es besitzen. Sie drücken damit einen Defekt im Verständnis aus. Was man versteht, braucht man nicht zu besitzen. Man hat Gewalt darüber.«[48]

Diese Aussage definiert das Selbstverständnis des Mathematikers. Selbstverständlich gibt es gute Gründe eine solche Maschine besitzen zu wollen – ein Ingenieur würde wohl anders reden, auch wenn er kein Sammler ist. Der Mathematiker interessiert sich für die in der Maschine implementierten Algorithmen, nicht für die mechanische Umsetzung.[49]

Sehr aufmerksam hat Bauer auch das jüngste Kapitel der Entwicklung der Kryptografie verfolgt: Die Entdeckung des sogenannten asymmetrischen Verfahrens, das eine Chiffrierung ohne den vorgängigen Austausch eines Schlüssels ermöglicht:

»Da ist es geradezu Pflicht, dass man darüber arbeitet und Vorlesungen hält […] und auf die Falltüren hinweist. Wer seine Privatsphäre und seine Dokumente mit diesen Verfahren schützen will, soll wissen, wo die Probleme sind, und nicht dem Dienst ausgeliefert sein«.[50]

Mit Dienst ist einmal mehr der Nachrichtendienst gemeint. Bauer spielt auf die Diskussion um die Verbreitung des von Phil Zimmermann entwickelten Verschlüsselungs-Algorithmus »Pretty Good Privacy (PGP) « an. Dieses relativ einfache System ist sehr wirkungsvoll, denn sonst hätte die US Regierung nicht jahrelang den Export dieser Software erschwert. Erst Ende der 90er Jahre fielen die Restriktionen.

---

48 Ebenda.

49 Eine ganz ähnliche Aussage machte der Mathematiker und Turing Biograf Andrew Hodges in einem Gespräch, bei dem es um den Stellenwert der Rekonstruktion des Colossus Rechners ging: »Die Rekonstruktion betont die Leistung der Ingenieure. Die Rolle der innovativen Mathematik kann man nicht sehen. Dazu gehört zum Beispiel die Gewichtung von statistischen Informationen durch einen Algorithmus. Was man sieht, sind die Bänder, die Lampen, die Röhren und die Schreibmaschine, die am Ende die Resultate zu Papier bringt. Den Algorithmus, der benutzt wurde, sieht man nicht. Insofern ist es auch ein Beispiel, das zeigt, wie schwierig es ist, Mathematik richtig wahrzunehmen.« Andrew Hodges im Gespräch mit dem Autor am 7. April 2006.

50 Friedrich L. Bauer, wie oben.

Der Begriff des Dienstes im Sinn von Nachrichtendienst taucht bei Bauer auch in einem anderen Kontext noch einmal auf. Anders als andere hat er sich nie für die Sache der Nachrichtendienste einspannen lassen, was er nicht ohne Stolz vermerkt.

»Es gibt eine Gruppe von Professoren, die in einem Dienst waren, im Oberkommando der Wehrmacht OKW, im Auswärtigen Amt oder im Göring Forschungsamt. Die rückten damit gar nicht gerne raus, das war etwas »ohu«, das heisst, es hat gestunken. Die hatten aber sehr interessante Dinge entwickelt, unter anderem auch eine Echtzeit- Sprachverschlüsselung, und konnten diese auch knacken. Das ist vom taktischen Standpunkt her erheblich besser, weil schneller. Ein Enigma Funkspruch brauchte 20 Minuten, bis er abgesetzt war. Die Sprachverschlüsselung war erfunden. Nur Görings Forschungsamt hatte solche Sprüche geknackt.«[51]

Als zweite Gewährsperson, die hier zu den Wissenschaftern gezählt wird, soll Norbert Ryska vom Heinz Nixdorf Museumsforum in Paderborn genannt werden. Das Museumsforum beherbergt wohl die grösste öffentlich zugängliche Sammlung zur Geschichte des Computers in Europa und wurde 1994 eröffnet. Kryptografie nimmt im Museum keinen grossen, dafür aber einen wichtigen Platz ein und wird vom Direktor persönlich betreut. Warum wird Kryptografie in diesem Kontext überhaupt dargestellt?

»Wir können es uns leicht machen: Wir zeigen auch die Vorgeschichte der Computergeschichte. Es ist eine spezielle Rechenmaschine. Geheimkommunikation ist ein Teil der Kommunikation˙«[52]

Die meisten Exponate zur Kryptografie wurden erst im Lauf der 90er Jahre angeschafft. Norbert Ryska erklärt im Gespräch, dass er selber eine lebensgeschichtlich motivierte Verbindung zur Kryptografie hat. Sie stammt allerdings nicht aus der Zeit des Zweiten Weltkrieges, sondern aus seiner Dienstzeit bei der Bundeswehr in den späten 60er Jahren:

»Wir hatten auch von Hand verschlüsselt. Ich war in der Bundeswehr, als die Russen in Prag einmarschierten. Die Nato erfuhr das sehr spät – das darf man heute sagen – da wurden Luftwaffen- und Artillerieeinheiten der Nato an die

51 Ebenda.

52 Norbert Ryska im Gespräch mit dem Autor am 15. November 2005 in Paderborn.

tschechische Grenze verlegt. Damals erhielten wir Handverschlüsselungsgeräte mit Walze. Das System hiess Cosmic Tape. Das war also 1968.«[53]

Anders als der befragte Mathematiker Bauer war Ryska mit der Aufgabe konfrontiert, historische Chiffriermaschinen zu beschaffen. Ihm kommt im Rahmen dieser Arbeit deshalb auch eine Art Scharnierfunktion zur Welt der Sammler zu. Die Beschaffung von solchen Maschinen ist eine sehr anspruchsvolle Aufgabe, vor allem wenn man nicht bereit ist, jeden Preis zu zahlen. Auktionshäuser sind nicht die einzige Quelle[54] für solche Geräte, Angebote gibt es auch von Privaten, und so kam auch Norbert Ryska in Berührung mit dieser Gruppe:

»Ja die Leute neigen schon zur Geheimnistuerei. Man vermutet auch einen Geheimdienst-Hintergrund. Warum verkaufen sie solche Sachen? – Bei einigen weiss ich, woher die Geräte kommen, bei vielen weiss ich es nicht. Das ist schon ein Charakteristikum. Wir sind ja als Haus sehr offen. Es werden uns häufig auch Maschinen über Dritte angeboten. Das wird dann künstlich verkompliziert. Gerade bei der Enigma gibt es ja auch so eine Sammlerszene. Die sammeln zum Beispiel Radargeräte und wollten Wehrmacht-Technik hochhalten. Das ist ›eingefärbt‹. Ich sag mal im Klartext: Das sind einige Oldies, die sich an solchen Dingen aufgeilen. Nicht an Nazi-Ideologie [...] sondern an Erfindungen. Das sind ja erstklassige Erfindungen [...] ich denke auch an die V2. Da ist ein Stolz. Es gibt eine Tendenz bei diesen Leuten, die denken: ‹Wir dürfen nicht alles niedermachen. Es gab auch wirklich grossartige Leistungen.‹ Das ist ein kleiner Kreis von Leuten, 20-30 Personen, die sich gegenseitig besuchen und in Erinnerungen schwelgen. Ich will das nicht überziehen...das sind schon Kultstätten...Vor allem Radartechnik, dann die Steuerungen für die V2, da gibt es Leute, die das intensiv sammeln, andere Memorabilia. Ich hab da nicht so viele besucht. Es ist auch möglich, dass die mir gar nicht alles zeigen.«[55]

Als Museumsdirektor ist Ryska einem rationalen Diskurs verpflichtet. Dazu zählt auch eine gewisse Abgrenzung gegenüber den Sammlern von Wehrmacht-Memorabilia.

Interessant ist bei Ryska seine Offenheit auch gegenüber weniger rationalen Motiven. Im Gespräch fragte ich ihn zum Schluss zusammenfassend nach den Gründen für die Faszination der Enigma.

---

53 Ebenda.

54 Das Internet spielt eine zunehmende Rolle für den Handel von solchen Maschinen. Laut Aussagen von Sammlern gibt es dort aber viele betrügerische Angebote.

55 Ebenda.

»Zunächst einmal die Konstrukteursleistung, die bewundernswert ist – die aber im Gegenzug Tausende von Menschen Monate und Jahre gebunden hat. Das hat es zuvor nicht gegeben, dass sich so viele Menschen so lange nur mit einer Maschine beschäftigt haben. Dann sicher: ›Britain's best kept secret‹. Dass diese Sache so geheim gehalten werden konnte. Diese Disziplin. Dass eine Maschine einen solchen Effort auslöst – die ganze Organisation zur Entschlüsselung in Bletchley Park, wenn ständig die Schlüssel änderten. Der Riesenaufwand für eine kleine Maschine. Dann gibt's den Zusammenhang zum U-Boot Krieg. Wenn die Enigma nur im Landkrieg benutzt worden wäre, wäre das viel harmloser gewesen. Dann die Funksprüche: Die mussten gesendet werden. Die Leistungen der Funker, die das gesendet und abgehört hatten. Der gesamte Funkverkehr musste ja zunächst einmal rund um die Uhr beobachtet und abgehört werden. Auch der Name trägt zur Mystifizierung bei, in jüngerer Zeit hat die filmische Umsetzung des Thrillers von Robert Harris eine grosse Rolle gespielt. Dann kommt aber etwas Irrationales. Es gibt einen Anteil, den man nicht erklären kann. Nehmen Sie Mata Hari. Man könnte auch sagen: Das war eine billige Prostituierte aus Nordholland, die sich in den Kriegsnationen den Offiziellen an den Hals geworfen hat. Die hat auch nicht wirkliche Geheimnisse enthüllt [...] sie hat Nackttänze oder Entschleierungs-Tänze in Separées gemacht, für die Leute aus der Schickeria, die ja auch etwas primitiv waren. Dieser Tanzstil war gefragt, einige Jahre. Sie hat dann auch als Edelnutte gearbeitet, Regierungsmitglieder und Militärs gehörten zu ihren Kontakten. Der Mythos entstand erst sechs Jahre nach ihrem Tod. Nach der Verfilmung mit Greta Garbo. Man kann das gar nicht so recht begreifen. Was sie wirklich getan hat, das reicht als Erklärung nicht aus.«[56]

Gerade der letzte Punkt ist sehr wichtig: Neben dem Erklärbaren des Mythos bleibt ein unerklärbarer Rest. Erstaunlich, dass der Befragte selber die Verbindung zur Erotik macht. Verschlüsseln und Entschlüsseln könnte man ja tatsächlich auch als Verhüllen und Enthüllen im erotischen Sinn begreifen, wie es hier auch vorgeschlagen wird.

Der Zusammenhang zwischen Wissenschaft und Erotik spielt auch für einen weiteren Forscher eine wichtige Rolle: Der Mathematiker und Turing Biograf Andrew Hodges beschäftigt sich über die Person Alan Turings mit dem Enigma-Mythos.

»Bis in die 70er war alles geheim. Alan Turing war eine ikonische Figur, ein Mythos [...] Ich war sehr fasziniert – vom Mythos und auch von den Fakten. Er war seiner Zeit weit voraus und hat Dinge getan, die bis in die 50er und 60er Jahre nicht üblich waren. Dann war diese überraschende Tatsache, dass jemand, der in so abstrakten Bereichen arbeitete, auch in so konkreten Projekten wie dem Entschlüsseln der Enigma führend sein konnte. Es gibt sehr wenige Leute,

56 Ebenda.

die in beiden Bereichen, Theorie und Praxis so gut sind. Und dann war die Tatsache, dass er als bekennender Homosexueller seiner Zeit voraus war.«[57]

Abbildung 16

Andrew Hodges – Mathematiker aus Oxford und Verfasser einer umfangreichen Biografie von Alan Turing. (Videostills D. Landwehr)

Als Andrew Hodges in den späten 70er Jahren im Gespräch einfliessen liess, er würde bei seiner biografischen Recherche über Turing auch dessen Homosexualität thematisieren, stiess er damit nach eigenem Bekunden vielerorts auf stille Empörung. Zum Zeitpunkt der Publikation im Jahr 1984 war dies bereits anders, die Einstellungen hatten sich auch im konservativen England geändert:

»Ich war sicher auch von den Ideen von Foucault beeinflusst. Geschichte ist nicht nur Geschichte von grossen Persönlichkeiten und Schlachten, sondern auch Geschichte der kleinen Leute. Die Haltung war: Wir haben kein Vertrauen in offizielle Meinungen. Du willst eine eigene Wahrheit finden, eine Wahrheit, die vielleicht bisher verborgen war. Mir war schon damals klar, dass die Erinnerung auch eine Art von Zensur betreibt. Es gab bei Turing zwei Geheimnisse: Codebreaking und Sexualität. Was man damals zu diesen Themen lesen konnte, war nicht das, was wirklich passiert war. Historiker haben die Tendenz Texten zu trauen, als ob sie die wahre Geschichte repräsentieren… Ich war der Ansicht, man dürfe solchen Zeugnissen nicht trauen und müsse auch dahinter schauen.«[58]

57 Andrew Hodges im Gespräch mit dem Autor am 17. April 2006 in Oxford.

58 Ebenda.

Die Welt der Liebhaber und Sammler

Die Sammler, die Liebhaber von Chiffriergeräten, bilden in unserer Untersuchung eine eigene Gruppe. Ihr Zugang zum Thema ist ein materieller, sie möchten die Geräte, allen voran die Enigma, besitzen. Was sind dies für Leute? - Zunächst einmal sind es alles Männer. Mir ist in der ganzen Zeit meiner Recherche keine einzige Frau begegnet, die zu diesem Kreis zählt. Viele, wenn auch nicht alle, sind älter als 50 Jahre. Ein Schweizer Sammler beschreibt diese Leute so:

»Es gibt etliche, die kommen aus der Radio-Szene. Dann gibt es andere, die haben nur wenige Maschinen; meist Leute, die sie im Militärdienst kennen gelernt haben und die glücklich sind, wenn sie eine oder zwei solche Maschinen besitzen. Dann gibt‹s einige, die sind vergiftet und sammeln nur Chiffriermaschinen. Im Schnitt sind das eher ältere Leute, die meist noch einen Bezug zum manuellen Chiffrieren haben. Sie haben oft bei den Übermittlungstruppen Dienst geleistet. Die moderne Chiffrierung ist nur noch mit Software gesteuert und nicht mehr interessant zum Sammeln. Diese Maschinen haben keine Aura mehr und bestehen nur noch aus ein paar Lämpchen und Elektronik.«[59]

Die Sammler teilen als Motivation, wie wir gesehen haben, alle die Faszination des Geheimen. Diese Faszination hat teilweise lebensgeschichtliche Gründe. Eine andere Motivation ist der Wunsch, etwas Einzigartiges, Seltenes zu besitzen. Ein amerikanischer Sammler beschreibt, wie dieser Wunsch in ihm entstanden ist:

»Das war in den späten 70er und anfangs der 80er Jahre. Ich reiste durch Osteuropa, nach Prag, Krakau, Budapest. Ich besuchte technische Museen und fand es auch interessant, die Kriegsmuseen zu sehen. In Warschau sah ich dieses merkwürdige Gerät namens Enigma in einem Museum. Das war bevor die Geschichte mit der geknackten Enigma allgemein bekannt wurde. Es gab auch einige andere Museen in Osteuropa. Im Imperial War Museum in London war zu dieser Zeit noch nichts zu sehen. Der zuständige Kurator erzählt mir aber, sie hätten eine solche Maschine. Ich durfte sie sehen und fotografieren. Dann fragte ich, woher sie diese Maschine hätten; sie wollten mir keine Auskunft geben und baten mich, eine offizielle Anfrage zu starten. Ich tat dies und erhielt dann eine Antwort des Sammlers, der mir sagte, es gäbe keine Möglichkeit eine solche Maschine zu kaufen. Später, Mitte 80er Jahre schrieb er mir dann und offerierte mir eine solche Maschine für 2000 USD. Heute kann man für diesen Preis keine einzelne Walze mehr kaufen. So kam ich Mitte der 80er Jahre zu meiner ersten Enigma. Ich lernte, dass es verschiedene Versionen gab. Ich sah

59 Sammler A im Gespräch mit dem Autor am 5. Januar 2001 in Zürich.

in der Enigma etwas sehr Interessantes: Die Verbindung von Geschichte mit der Geschichte der Kryptografie. Man sagt ja, dass die Enigma den Krieg um zwölf bis 18 Monate verkürzte.«[60]

Strebte keiner der befragten Wissenschafter danach, eine solche Maschine zu besitzen, so steht der persönliche Besitz im Zentrum der Bestrebungen eines Liebhabers und löst entsprechende Glücksgefühle aus.

»Das war sehr ungewöhnlich, es war ein gutes Gefühl, etwas ganz Wichtiges erreicht zu haben. Die Leute konnten das nicht glauben, so ungewöhnlich war es. Aber ich fühlte auch andere Gefühle und fürchtete, die Maschine könnte gestohlen werden. Ich war sehr zurückhaltend und zeigte sie nur Freunden und Leuten, die mit Kryptografie zu tun haben. Das machte ich dann zu meiner Politik. Es gibt keinen Internet Eintrag zu meiner Sammlung. Ich wollte nicht ein Museum eröffnen. Das wird wohl nicht ewig so bleiben. Denn wenn ich nicht mehr da bin, sollten mehr Leute davon profitieren, meine Sammlung sollte irgendwie öffentlich werden, via Stiftung, Museum usf.«[61]

Wiederum ein interessantes Motiv: Heute ist die Sammlung geheim, aber nach dem Tod des Sammlers soll sie vielleicht öffentlich werden.

Abbildung 17

Der Ingenieur Günter Hütter besitzt nicht nur eine umfangreiche Sammlung von Chriffriergeräten und weiterem Übermittlungsmaterial aus dem Zweiten Weltkrieg, er versteht sich auch in der Kunst der Restauration. Das Enigma-Typenschild beispielsweise ist eine exakte Nachbildung. Im Bild rechts zeigt Hütter eine deutsche Fliegerfunk-Bodenstation. Die im Text erwähnte sorgfältige Bearbeitung ist dabei erkennbar. (Bilder D. Landwehr)

Die alten Maschinen üben durch ihre Materialität eine Faszination aus, die alle angesprochenen Sammler in der einen oder anderen Form aus-

60 Sammler B im Gespräch mit dem Autor am 21. Juni 2004 in Zürich.

61 Ebenda.

drückten. Günter Hütter, Sammler und Restaurator aus Vorarlberg, erklärt dies auf eine ganz besondere Art:

»Die alten Geräte wurden mit viel Aufwand, Liebe und mit viel Zeit gefertigt. Heute zählt nur noch die Zeit. Ein Auto ist in zehn Stunden hergestellt. Das ist nicht mehr schön. Bei der alten Technik dauerte es Tage und Wochen bis ein Morseschreiber händisch gefertigt war. Jedes Teil strichpolieren, zaponieren [62] und dann mit gebläuten Schrauben zusammenschrauben. Da hat das Auge Freude daran. Wenn ich ein Radio für fünf Euro heute anschaue, da gibt es nichts mehr für das Auge. Je älter die Geräte, desto schöner. Nehmen wir die Deutschen mit ihrer Funktechnik. Da war jedes Funkgerät ein Laborgerät. Auch wenn es draussen im Schützengraben lag. Da wurde mit viel Liebe jeder Draht um den rechten Winkel herum gebogen, da wurden Kabelbäume gemacht, jedes Teil schön nummeriert, händisch gezeichnet, es gab eine Stücklistennummer. Für was eigentlich? Es wurde draussen nur herumgeworfen. Auch im Krieg haben die Deutschen das durchgezogen, auch wenn ihre Flugzeuge, kaum waren sie in der Luft, schon wieder heruntergefallen sind. Die Amerikaner waren da anders. Die haben zweckmässige Geräte gemacht. Ihre Funkgeräte sind putzhässlich. Aber sie haben ihren Zweck erfüllt; da wurden Blechwinkel gebogen, mit Nieten festgemacht, die Drähte kreuz und quer, wozu braucht es einen Kabelbaum, das Ganze mit wasserfestem Lack abgespritzt... Es sah hässlich aus, aber es hat den Zweck erfüllt und war billig. Deshalb ist es nicht so lustig amerikanische Geräte zu sammeln. Ein deutsches Gerät hat Tausende von Mark gekostet, ein amerikanisches ein paar hundert.«[63]

Hier spricht ein Spezialist. Tatsächlich ist Günter Hütter ein versierter Handwerker. Er sammelt nicht nur, sondern versteht es auch, defekte Geräte zu restaurieren. Dies verläuft bei ihm in drei Stufen: Zunächst stellt er die Funktionalität der Geräte wieder her. Dabei kommt ihm ein Lager mit Originalersatzteilen zu Hilfe, das er im Lauf der Jahre angelegt hat. In einem zweiten Schritt stellt er auch das Äussere des Gerätes wieder her. Dazu gehört zum Beispiel die minutiöse Nachbildung von Typenschildern, die er mit einem Zeichenprogramm auf seinem PC rekonstruiert und danach auf Blechteile überträgt und ätzt. Tatsächlich sind die Nachbildungen für das ungeübte Auge nicht mehr vom Original zu unterscheiden. Schliesslich reproduziert er auch die Handbücher – wofür er beispielsweise extra holzhaltiges, alt wirkendes Papier verwendet. Günter Hütter beschreibt den Restaurationsprozess so:

---

62 Strichpolieren: eine besondere Art der Oberflächenbehandlung, auch Hochglanzpolieren genannt; Zaponieren: Behandlung von Oberflächen mit einem säureneutralen Lack zum Schutz gegen Oxidation. Das Verfahren wird vor allem bei Messing und Silber angewandt.

63 Günter Hütter im Gespräch mit dem Autor am 21. November 2005.

»Wenn ich restauriere, dann so, dass man es nicht merkt. Also im alten Look. Viele Geräte soll man so lassen, wie sie sind. Andere sind halt nicht mehr so schön, wenn man sie aus dem feuchten Keller holt. Das Gehäuse kann abblättern, meist Panzerholz, kaschiertes Sperrholz mit Alublech drauf, später war es Eisenblech, wenn es feucht wird, dann beult es aus. Da muss man neue Wände einnieten, dann kommt die Farbe wieder drauf, man muss dieselbe Grundierung nehmen, die Farbe mit dem alten Touch, dann dürfen die Farben nicht zu stark glänzen. Die Frontplatte ist oft verbohrt, verkratzt, aus Angst wurden Typenschilder mit dem Schraubenzieher weg gehebelt, da muss man die Typenschilder neu machen...genau im Farbton grün oder grau...es müssen geätzte nicht gravierte Schilder sein, sonst sieht man das. Bei meinen Schildern sieht man nicht mehr, dass sie nachgemacht sind. Das ist eine Prozedur, das muss man können. Auch die Schrauben müssen original sein, wo gibt's noch alte Schrauben, also muss man sie drehen [...] die meisten Schrauben von damals sind gedreht, heute gibt's nur noch gepresste mit Köpfen, die nicht mehr schön aussehen, die eiern [...] Ich habe mal vor einigen Jahren die Bestände einer alten Fabrik aufkaufen können...die grösseren mach ich selber. Auch bei den Holzschrauben...da bin ich versorgt, das hat sonst keiner mehr. Die Mechanik dieser Geräte ist oft sehr schwierig, man kommt da nicht ran, die Geräte sind verschachtelt gebaut, man muss sie zerlegen in Module. Es ist oft mühselig. Ich habe Geräte, die gibt's nur einmal. Ich habe zum Beispiel ein Gerät hier, da fehlen mir alle Schilder [...] und es gibt keine Literatur und ich kenne keinen Sammler, der das noch kennt. Das tut weh, das Gerät ist fixfertig, und keiner kann mir helfen.«[64]

Die Geräte erhalten allein durch ihre physische Präsenz eine Bedeutung. Geschieht diese Restaurationstätigkeit im Rahmen eines Museums, so wird sie ganz anders bewertet, als wenn dies eine private Aktivität ist.[65]

Was passiert mit den Geräten, sind sie einmal erworben und allenfalls restauriert? Befinden sie sich in einem Museum, so werden sie ausgestellt. Sind sie in einem Privathaushalt, ist dies anders. Ein Sammler aus der Schweiz, der sowohl Enigma als auch Nema Maschinen sammelt:

»Es gibt Sammler, die schreiben sich gegenseitig Briefe. Das geht mir zu weit. Ich hab das nur gemacht zum Üben. Abgesehen davon braucht es dafür keine Maschine, dafür gibt es Simulationen auf dem Internet. Ich habe Freude zu sehen, dass die Maschinen funktionieren. Es braucht bei der Nema bis zu acht Stunden Arbeit bis sie läuft. Aber dann hat man eine Maschine, die man wieder einsetzen kann. Dafür hat man eine wunderbare Maschine, die läuft und die

64 Ebenda.

65 In den letzten 15 Jahren wurde neben Colossus eine ganze Reihe von historischen Rechnern rekonstruiert. Vgl. dazu: IEEE Annals of Computer History. Vol 3/2005.

keine Kontaktprobleme hat wie die Enigma. Überhaupt ist die Enigma mechanisch schlechter als die Nema.«[66]

Und ein amerikanischer Sammler beschreibt dies so:

»Ich studierte sie, suche andere Leute, die eine Maschine haben. So gelang es mir einen anderen Sammler in Holland zu finden. Damals gab es sehr wenige Leute, die sich für so was interessierten, das war sehr ungewöhnlich. Ich tat nichts damit. Bedient habe ich sie nur ein bisschen. Normalerweise will man das nicht. Die Enigma wurde nicht gebaut, damit sie 50 Jahre hielt [...] Die Maschine ist nun 60 oder 70 Jahre alt. Man benutzte Gussaluminium, Gummi und so weiter und diese Materialien sind heute alt und brüchig. Man muss die Enigma als ein sehr wertvolles Buch oder ein Ding wie die Gutenberg Bibel anschauen, man könnte sie beschädigen, wenn man sie berührt. Schauen Sie, hier ist eine Replika-Walze, also ein Nachbau. Es ist extrem schwierig so etwas herzustellen. Man braucht Bakelit,[67] man braucht Maschinen, und so weiter. Wenn man hier die Ringstellung verstellt – dann kann man sie beschädigen. Und auch gegossenes Aluminium geht schnell kaputt.«[68]

Die Tätigkeit der Sammler und Liebhaber hat eine starke soziale Komponente: Die eine ist der Erwerb der Geräte, die zweite der Austausch. Beide Komponenten werden bei dieser Gruppe gepflegt und lassen sofort an eine Community denken. Der bereits mehrfach zitierte amerikanische Sammler beschreibt seine Sammeltätigkeit und Sammelstrategie folgendermassen:

»Glück, Verbindungen, Internet, Ebay führen zu Kontakten und manchmal zu einem Kauf. Früher ging das nur über persönliche Kontakte. Ich musste sehr geduldig sein und manchmal fünf oder sechs Jahre warten. […] Im Fall eines französischen Propaganda-Plakats aus dem Zweiten Weltkrieg musste ich mehr als 20 Jahre warten, bis ich es haben konnte. Es ist ein Zeugnis der Vichy Regierung, das die Franzosen nicht so mögen. Oft führt das eine zum anderen – wichtig ist, dass man es schafft, ins Gespräch mit den Leuten zu kommen. Man gewinnt immer mehr Kontakte im Lauf der Jahre. Ja, man muss hartnäckig, geduldig sein und die Sache auch über Jahre verfolgen. Man muss auch klar machen, dass man wirklich ernsthaft interessiert ist. Es gibt im Bereich Chiffriermaschinen eine lockere Gemeinschaft. Ich weiss nicht, ob es unterschiedliche

66 Sammler A im Gespräch mit dem Autor am 5. Oktober 2003.

67 Bakelit war der erste, industriell hergestellte, wärmebeständige Kunststoff und wurde 1909 erfunden. Bakelit wurde für Haushaltgegenstände, elektrische Geräte, aber auch für Schmuck verwendet.

68 Sammler B im Gespräch mit dem Autor am 21. Juni 2004.

Gruppen gibt. Dazu zählen Sammler, ehemalige Profis, Historiker und viele Überschneidungen.«[69]

Interessant zum Thema der Community sind die Ausführungen des britischen Sammlers John Alexander:

»Als ich zuerst begann an den kleinen Meetings der Kryptogeräte-Sammler teilzunehmen, da war ich ein Niemand. Oft hatte ich einfach keinen Anschluss – man muss eingeführt werden, braucht einen Anknüpfungspunkt, den hatte ich einfach nicht. Aber mit der Zeit begannen Leute zu merken, dass ich einfach einige sehr schöne Maschinen besass. Sogar Leute, die früher nicht mit mir sprachen, begannen sich für mich zu interessieren. Es gibt ein ganz grosses Gefühl, zu einer Gruppe zu gehören. Es ist einfach toll, zu einer Gruppe zu gehören, die an einer so grossen Sache dabei war. Eine Maschine zu kaufen, ist wie ein Ticket, um zu einer Gruppe zu gehören. Es ist möglich, dabei zu sein. Wenn man mehr akzeptiert ist, wird man auch mehr angesprochen, zum Beispiel bei einem Meeting und dann wird im Flüsterton irgendeine Geschichte von früher erzählt. Und dann gibt mir einer, der dabei war, ein kleines Schnippchen Information. Es ist nicht wirklich wichtig, aber ein Zeichen, dass man jetzt dazu gehört.«[70]

Abbildung 18

Der britische Sammler John Alexander arbeitet sehr eng mit dem Museum von Bletchley Park zusammen und stellt dort immer wieder Teile seiner Sammlung aus. Das Bild rechts aussen zeigt ihn zusammen mit dem Autor. (Fotos D. Landwehr)

Das Sammeln von Chiffriergeräten ist alles andere als eine einsame Tätigkeit:

»Früher erhielt ich ein interessantes Mail pro Jahr. Heute könnte ich vier Stunden pro Tag mit Mail verbringen, und es wäre nie langweilig... Manchmal sind

---

69 Ebenda.

70 Der britische Sammler John Alexander im Gespräch mit dem Autor am 14. September 2003 in Bletchley Park.

es kleine Probleme, manchmal Infos über Maschinen, die eben auf den Markt kommen.«[71]

Zu den Gefühlen und Vorstellungen, welche die Gruppe der Sammler eint, gehört die Angst vor dem Verlust der Geräte. Dies führt bei den einen oder anderen zu einer starken, oft schon obsessiven Vorsicht. Die Angst hat aber mehrere Dimensionen, wie sich in dieser Aussage eines Schweizer Sammlers zeigt:

»Natürlich hat jeder Angst vor einem Diebstahl. Dagegen kann man sich schützen, indem man die Sammelstücke auslagert bei Freunden und Bekannten. Vor allem in den USA haben Sammler Bedenken und Angst gegenüber den Behörden, vor allem gegenüber der National Security Agency (NSA). Sie sind vorsichtig und publizieren das nicht gerne. Das tönt einerseits etwas absurd, wenn man an das Alter der Maschinen denkt. Aber diese Leute haben Angst vor dem Übereifer dieser Dienste, die einfach etwas beschlagnahmen könnten, weil sie davon nichts verstehen. Das kann natürlich die Sammlertätigkeit schon lähmen. Auf der anderen Seite kann ich mir schon vorstellen, dass diese Dienste alte Telegramme entziffern möchten.«[72]

Der amerikanische Sammler führt diese Ängste in seinem Gespräch noch weiter aus:

»Ich möchte nicht, dass mein Name hier erscheint. Nennen Sie mich Sammler X. Es gibt drei Gründe für meine Zurückhaltung: Erstens ich habe einige extrem rare Stücke, das sind übrigens keine Chiffriermaschinen. Es gibt einfach Leute, die das wollen. Lage, Ausmass, Inhalt usw. ist für mich tabu. Das ist ›klassifizierte Information‹. Ich habe auch Kontakt mit NSA und CIA. Sie können immer noch kommen und sagen, das gehört uns. Natürlich wissen die von meinen Sammlungen, aber ich möchte trotzdem nicht mit der Fahne winken. Es reicht heute, in einem komischen Artikel erwähnt zu werden. Es gibt Leute, die extrem neidisch sind und alles daran setzen, um jemandem zu schaden, seine Deals zu sabotieren. Ja, ich bin etwas paranoid und komme aus einem Gebiet in den USA, wo man etwas paranoid ist.«[73]

Das Motiv der zweigeteilten Angst scheint bei vielen Befragten durch. So auch beim befragten britischen Sammler.

»Oh ja. Ich habe eine Sorge – nicht wirklich Angst – dass ich die Autoritäten gegen mich aufbringen könnte. Ich bin sehr glücklich, dass ich einen Kontakt in

71 Ebenda.

72 Sammler A im Gespräch mit dem Autor am 25. Oktober 2003.

73 Sammler B im Gespräch mit dem Autor am 21. Juni 2004.

der Regierung habe. Ich kann dort anrufen und fragen, ob sie irgendwelche Probleme mit einer neuen Maschine haben, die ich kaufe oder kaufen will. Ich sage zum Beispiel: Ich suche ein bestimmtes Modell. Könnt Ihr das akzeptieren? – Dann fragen sie: Wer verkauft das? – Ich antworte: Man kann sie in Deutschland, in Frankreich kaufen...wenn sie kein Problem damit haben, dann werde ich sie kaufen und legal einführen. Die Antwort in diesem Fall war: Kein Problem, sie können sie kaufen. Aber das ist nicht immer so. Ich habe schon eine Maschine gekauft, hatte keine Zeit zum Fragen – habt ihr Probleme, wenn ich sie behalte? Das war so mit dem KW-7 Kauf [74] – okay, weil es eine demilitarisierte Version war. Aber sie haben das auch mit dem NSA in den USA gecheckt. Und dann kam das grüne Licht.«[75]

Müsste man mit einigen Begriffen die Welt der Sammler charakterisieren, so wäre die Bedeutung des physischen Besitzes an erster Stelle, gleichzeitig aber auch die Angst vor Verlust. Bei einigen, nicht bei allen, kommen ausgedehnte Phantasien über tatsächliche oder vermeintliche Hintergründe zu diesem Besitz dazu. Ebenso taucht bei einigen Sammlern der Wunsch auf, durch ihren Besitz und ihre Tätigkeit Mitglied einer bestimmten sozialen Gruppe zu werden.

Exkurs über das Sammeln

Die Liebhaber und Sammler der Enigma – und anderer Kryptografie-Maschinen – eint eine Reihe von Motiven, die weit über die Faszination für das einstmals Geheime hinaus geht. Ein wichtiges Motiv ist ohne Zweifel das Interesse für ein scheinbar durchschaubares Räderwerk. Eine mechanische Maschine vermittelt den Eindruck, dass ihre Funktionsweise verständlich ist. Vom Wunsch, diese Maschine zu besitzen, wird noch die Rede sein. Wichtig scheint mir auch die soziale Komponente, die von mehreren Sammlern angesprochen wurde: Der Besitz einer Maschine als Eintrittskarte zu einer exklusiven Gruppe von Menschen

Es darf nicht überraschen, dass sich die Sammler von Chiffriermaschinen im Prinzip nicht unterscheiden von anderen Sammlern – und es mag deshalb angebracht sein, einen Blick auf die Theorie des Sammelns zur werfen.

---

74 Beim KW-7 handelt es sich um ein amerikanisches Sende- und Empfangsgerät zum Verschlüsseln von Fernschreiber-Botschaften. Es war zwischen 1940 und 1980 in verschiedenen Ländern im Einsatz.

75 John Alexander im Gespräch mit dem Autor am 14. September 2003.

»Sammeln gehört zu jenen Eigenarten des menschlichen Verhaltens, die uns auf den ersten Blick überhaupt nicht ungewöhnlich oder rätselhaft vorkommen. Bei näherer Betrachtung sehen wir, dass sie durchaus verwunderlich und nicht leicht zu verstehen sind. Das Sammeln gehört dazu.«[76]

Der amerikanische Sammler und Psychologe Werner Muensterberger entwirft in diesem Buch ein detailliertes Psychogramm des Sammlers – ohne die Kryptografiegeräte-Sammler zu kennen. Er trifft mit seinen Beschreibungen viele Eigenschaften, die mir in meinen Begegnungen mit Sammlern aufgefallen sind. Er beschreibt den Wunsch zu besitzen – ein Wunsch, der offenbar auch durch den Akt des Erwerbens nur schwer zu stillen ist:

»Beobachtet man Sammler, dann entdeckt man rasch ein nicht nachlassendes Bedürfnis, sogar Hunger, nach Neuanschaffungen. Ein fortwährendes Suchen ist ein Kernelement ihrer Persönlichkeit.«[77]

Sammler verbinden ihre Persönlichkeit in einer ausserordentlich intensiven Weise mit den Gegenständen, die sie sammeln:

»Hier liegt einer der Gründe, weshalb man unter Neureichen nicht selten Sammler findet; die Objekte tragen zum Identitätsgefühl bei und fungieren als eine Quelle der Selbstdefinition. Sie scheinen ein Gefühl des Stolzes, ja sogar das Gefühl einer gewissen Überlegenheit zu rechtfertigen.«[78]

Muensterberger unterstellt den Sammlern eine klar festgelegte Persönlichkeitsstruktur und betrachtet Sammeln als ein Abwehrmittel gegen Unsicherheit, das eine Art narzisstischen Schutzschild darstellt. Die Bewunderung, welche die Objekte des Sammlers hervorrufen, gilt eigentlich ihm. Muensterberger sieht hier Parallelen zu einer Puppe, welche die Ängste des Kindes vorübergehend zum Verschwinden bringen kann.

»Die Objekte in einer Sammlung sind, wie wir sahen, als Ersatz für menschliche Berührung gedacht, die nicht verfügbar war, als das Kleinkind ihrer bedurfte. Hört man Sammlern zu, wenn sie von ihrer Gewohnheit erzählen, merkt man die Kraft der ursächlichen Umstände, die nach Befriedigung verlangen. Dieses oder jenes Objekt zu bekommen ist Voraussetzung dafür, die, wie eine Dame es nannte, ›unerträgliche Unruhe‹ loszuwerden. Es ist mehr als eine plötzliche Eingebung. Ich sehe darin eher ein seinem Wesen nach defensives

76 Werner Muensterberger: Sammeln, eine unbändige Leidenschaft. Psychologische Perspektiven. Frankfurt 1999. Suhrkamp. S.19.

77 Ebenda.

78 Ebenda S.23.

Handeln, das ursprünglich das Ziel verfolgt, Enttäuschung und Hilflosigkeit in ein anregendes und zielbewusstes Unternehmen zu verwandeln. Bleibt das Sammeln innerhalb dieser Grenzen, dann ist es keineswegs eine ungesunde Ich-Abwehr. Es ist ein Mittel, Frustrationen auszuhalten, und eine Möglichkeit, aus einem Gefühl passiver Irritation, wenn nicht gar Wut, eine Herausforderung zu machen und etwas zustande zu bringen.«[79]

Die Erklärung von Werner Muensterberger – er gehört zu den im Kontext der Theorie des Sammelns am häufigsten zitierten Autoren – leuchtet ein, überzeugt aber nur teilweise. Das mag an ihrer psychoanalytischen und in einer bestimmten Lesart auch psychopathologischen Ausrichtung liegen.

Eine umfassendere Theorie des Sammelns müsste wohl nicht nur die innerpsychischen Motive analysieren, sondern auch kulturelle oder philosophische Fragen erklären: Unser Leben ist nicht nur durchdrungen von inneren Wünschen, Zielen, Gedanken, von sozialen Beziehungen und Netzen, mithin vom anderen Menschen, vom Du, sondern auch von Dingen, von Sachen. Ihre Bedeutung ist alles andere als ephemer, sondern ein zentraler Bestandteil unseres Lebens, unserer Kultur, wie etwa Erik Porath in seinem Essay zum Thema »Die Vernunft des Sammelns und der Irrsinn des Wegwerfens« schreibt.

»Das Greifen und Loslassen erweist sich, im Ausgang von der leiblichen Verfassung des Subjekts, nicht nur als notwendiges Element zur Realisierung des Sammelns und Wegwerfens, sondern darüber hinaus als konstitutiv für Subjektivität überhaupt: Mit der Kontaktfläche Hand nimmt man Tuchfühlung mit den Gegenständen auf oder wehrt sie ab, formt sie um oder lässt sich von ihrer Präsenz berühren. Essbare Dinge werden einverleibt, den Schmutz wäscht die Hand vom Körper ab. Wir sind umgeben von lebenswichtigen Dingen, wir leben mit ihnen und in ihnen. Denn das Subjekt steht dem Gegenstand nicht nur gegenüber oder entgegen, sondern hat das Objekt allererst dorthin-, vor sich (hin) geworfen.«[80]

Neben der stabilisierenden Funktion der Wiederholung im Handeln, so schreibt Porath weiter, bilden Gegenstände jene relativen Fixpunkte in der Veränderlichkeit der Lebenswelt.[81] Sammeln ist demnach nichts anderes als eine spezialisierte Reaktion im Umgang mit der uns umgeben-

---

79 Ebenda S.364.

80 Erik Porath. Die Vernunft des Sammelns und der Irrsinn des Wegwerfens. In: e-Journal. Philosophie der Psychologie. September 2005. S.1/2. www.jp.philo.at/index3.htm vom 16.2.2008.

81 Ebenda.

den Sachwelt. Und gleichzeitig ist es auch – kulturhistorisch betrachtet – ein Anfang der Wissenschaft in der frühen Neuzeit. Davon wird im dritten Kapitel im Kontext der Enigma im Museum noch einmal die Rede sein.

Sammeln kann auch als Therapie gegen die Angst vor dem Chaos verstanden werden. Systematische Sammlungen entstanden aber erst spät: In der frühen Neuzeit wurden zunächst exotische Gegenstände, Tiere und Pflanzen gesammelt. Philipp Blom beschreibt in seinem selber als Sammelstück präsentierten bibliophilen Buch »Sammelwunder, Sammelwahn: Szenen aus der Geschichte einer Leidenschaft«, wie mit dem Entstehen moderner Nationalstaaten ehemals private Sammlungen öffentlich wurden.[82] Und natürlich fehlt es darin nicht an unterhaltsamen Absonderlichkeiten: Man denkt etwa an die Präsentation von Napoleons Gemächt in einer privaten Reliquiensammlung oder eine systematische Sammlung aller erotischen Bilder, Gegenstände und Skulpturen in der geheimnisvollen ›camera secreta‹ des archäologischen Nationalmuseums von Neapel.

Damit sind wir aber wieder bei der skurrilen Seite des Sammelns – diese Tätigkeit bewegt sich offensichtlich im Spannungsfeld zwischen alltäglicher Verrichtung, wissenschaftlicher Tätigkeit und persönlicher Neigung.

Zwischenbericht Teil 2

Zeitzeugen, Wissenschafter, Liebhaber. Was wurde nun im Hinblick auf unsere Fragestellung durch die fragmentarische Beobachtung und Beschreibung dieser drei Gruppen gewonnen? – Zur Erinnerung noch einmal die eingangs beschriebene Fragestellung:

Der Mythos der Enigma konstituiert und konstruiert sich im sozialen und diskursiven Umfeld. Oder anders gesagt: Menschen, die sich mit der Enigma befassen, ihre Interaktionen und ihre mündlichen und schriftlichen Texte erschaffen den Mythos erst.

Stimmt dies wirklich? – Und falls ja, wie geschieht dies? – Lassen wir dazu noch einmal die verschiedenen Gruppen Revue passieren:

Die Zeitzeugen: Für die Ehemaligen von Bletchley Park ist die Teilnahme an der Operation zum Entschlüsseln des Enigma-Codes sehr wichtig. Viele von ihnen haben nach dem Ende des Schweigebanns auch

82 Philipp Blom: Sammelwunder, Sammelwahn. Szenen aus der Geschichte einer Leidenschaft. Frankfurt 2004. Eichborn Verlag.

ausführlich über die Zeit dort berichtet, einige allerdings nur mit Zögern. Die Erinnerung leistet – nicht nur im Fall der Enigma – mehr als nur einen unverzerrten Rückblick; sie konstruiert einen Sachverhalt oft neu, und darin konstruiert sich auch das Subjekt, seine Identität. Diese Beobachtung gilt im Allgemeinen, sie gilt aber in hohem Mass für die Zeitzeugen der Enigma-Operation. Der Schweigebann potenziert dabei das Gefühl, einen wichtigen Beitrag geleistet zu haben.

Die Zeitzeugen erfüllen eine wichtige Funktion und bilden gewissermassen einen Anker zur Realität. Ihre Existenz vermittelt das Gefühl, dass die Geschichten rund um die Enigma und ihre Entschlüsselung jederzeit nachgeprüft werden könnten. Die mediale Vermittlung ihrer Aussagen ist jedoch zentral, denn nur so erhalten die Zeitzeugen Präsenz.

Diese Funktion gilt in erster Linie für die britischen und amerikanischen Zeitzeugen und in einem sehr viel geringeren Masse für die deutschen Zeitzeugen – für sie ist die Enigma einfach eine Maschine unter vielen. Die von Friedrich L. Bauer[83] erwähnten technologischen Leistungen (Sprachverschlüsselung) der deutschen Aufklärung sind in der Literatur kein Thema. Wieder bestätigt sich der Befund, dass die Mythenbildung vor allem von britischer Seite betrieben wird. Eine Hypothese, die sich im dritten Teil noch einmal anhand von medialen Zeugnissen überprüfen lässt.

Es leuchtet zwar unmittelbar ein, dass das Entschlüsseln eine attraktivere Operation ist als das Verschlüsseln – vor allem wenn dies ohne Kenntnis des Schlüssels betrieben wird. Trotzdem überrascht die Einseitigkeit. Verschiedene befragte Experten stufen die Enigma nach damaligen Kriterien nicht als eine unsichere Chiffriermaschine ein: Wären auf deutscher Seite nicht so viele Fehler und Nachlässigkeiten begangen worden, wäre den Fragen der eigenen Sicherheit beim Verschlüsseln mehr Aufmerksamkeit gezollt worden, so hätte sich die Enigma nicht entschlüsseln lassen. Liegen keine zusätzlichen Hinweise vor, so lassen sich chiffrierte Enigma-Nachrichten auch noch heute nur mit erheblichem Aufwand entschlüsseln, wie ein Experiment im Jahr 2006 gezeigt hat.[84]

83 Friedrich L. Bauer im Gespräch mit dem Autor am 8. Dezember 2005.

84 Die Rede ist vom sogenannten ›M4 Message Breaking Project‹, das im Januar und Februar 2006 durchgeführt wurde. Die Initianten versuchten dabei drei Enigma Nachrichten aus dem Jahre 1942 zu brechen. Sie benutzten dabei keinerlei Hinweise aus dem Kontext (›Cribs‹) sondern setzten auf reine Rechenkraft. Die Nachrichten konnten innerhalb einiger Tage entschüsselt werden. Die anfallende Rechenarbeit wurde aber mit dem Internet auf eine grosse Anzahl von Computern verteilt. Zeitweise waren

Die Wissenschafter: Auch sie sind vom Reiz des Geheimen angezogen. Ihr Umgang damit ist aber ein rationaler.

Die Enthüllung des Geheimnisses von Bletchley Park Mitte der 70er Jahre fällt in eine ganz bestimmte historische Epoche. Die Erkenntnisse über die Operation Ultra und ihre Bedeutung stellten sich ja nicht schlagartig ein, sondern erfolgten schrittweise, wobei der Prozess auch heute nicht abgeschlossen ist, wie etwa ein Blick auf die Diskussion über den Rechner Colossus zeigt.[85] Das Ende des Kalten Krieges stand bevor und hat sich ab Mitte der 80er Jahre in Gorbatschows Perestroika auch angekündigt, gleichzeitig hat die Literatur zur Enigma und zur Kryptografie im Allgemeinen zugenommen.

In die gleiche Zeit fällt der Aufstieg der Computertechnologie, symbolisiert durch den Durchbruch des PC in den 80er Jahren. Technologie zur Verschlüsselung von Informationen wurde mehr und mehr Voraussetzung für Geschäftsprozesse. Ein Wissenschafter wie Prof. Bauer hat diese Zusammenhänge sehr bewusst wahrgenommen. Es war, als ob er spürte, wann die Zeit für seine Vorträge und Publikationen reif war. Als Wissenschafter hat er es aber nicht bei seinen Vermutungen bewenden lassen, sondern hat die Probe aufs Exempel gemacht und ist dabei auf keinerlei Widerstände gestossen. Dies zeugt von einem hochgradig rationalen Vorgehen.

Die Enigma, ihre Funktionsweise und ihre Entschlüsselung spielt nicht nur in den Lehrbüchern von Friedrich L. Bauer eine wichtige Rolle, sondern findet sich in praktisch jedem Werk zur Kryptografie. Die Vermutung liegt nahe, dass die Diskussion von grundlegenden kryptografischen Fragen an einem historisch ›aufgeladenen‹ Beispiel attraktiver und didaktisch erfolgversprechender ist, und je mehr dies gemacht wird, desto stärker festigt sich auch der Mythos. Wissenschafter und Pädagogen sind hier in einem gewissen Sinn ›Trittbrettfahrer‹. Vom gleichen Mechanismus profitiert natürlich auch das Museum.

Wir sind hier auf einen eigentümlichen Mechanismus gestossen: Mythenbildung ist offenbar auch ein Kommunikationsprozess: Akteure wie hier beispielsweise Wissenschafter gestalten Botschaften und geben diese weiter. Dies setzt aber voraus, dass es ein empfangsbereites Publikum für solche Botschaften gibt.

---

beim Projekt bis zu 2500 Computer im Einsatz:www.bytereef.org/m4_project.html vom 16.2.2008.

85 Jack Copeland: Colossus. The Secrets of Bletchley Parks Codebreaking Computers. Oxford 2006. Oxford University Press.

Die Liebhaber und Sammler: Ist ein Objekt erst einmal so aufgeladen, so bietet es sich als Sammelobjekt an. Liebhaber und Sammler leben von der Tatsache, dass die Enigma auch in der Gegenwart immer wieder Thema ist, nur wenige haben mit Sammeln vor den 90er oder 80er Jahren angefangen. Jede mediale Thematisierung, jede Erwähnung bestätigt die Wichtigkeit des Gegenstandes und führt, metaphorisch gesprochen, zu einer Erneuerung der ›Aufladung‹. Dass die Sammler im Umgang teilweise spezielle Verhaltensformen zeigen und die geheimnisvolle Aura ihres Gegenstandes in ihrem Verhalten mimetisch nachbilden, kann dann nicht mehr erstaunen. Anders als die Wissenschafter schulden sie niemandem Rechenschaft als sich selber. Zwar wurde die Enigma auch gesammelt, bevor ihre wirkliche Bedeutung bekannt war – aber sie war einfach eine Maschine unter anderen. Der Verkaufswert der Maschinen in Sammlerkreisen stieg vor allem in den 80er und 90er Jahren – parallel zum wachsenden medialen Interesse.

Ist die Enigma ein ›Boundary Object‹? – Zur Erinnerung: »boundary objects are produced when sponsors, theorists and amateurs collaborate.«[86] Ohne Zweifel ist dies so, auch wenn die Gruppen in unserem Fall andere Namen haben: Sie arbeiten zwar nicht physisch zusammen, aber sie beschäftigen sich mit dem gleichen Gegenstand. Ihre Beschäftigung produziert jeweils Resultate – materielle und nicht materielle – und diese Resultate werden von den interessierten Kreisen – in diesem Fall der Enigma-Community – zur Kenntnis genommen: Im Zentrum dieser Community stehen Zeitzeugen, nicht ohne Grund werden sie vom zitierten britischen Sammler fast schon kultisch überhöht. Was sie taten, war wichtig und geheim. Sie sind ein Fixpunkt für alle anderen Gruppen. Die Wissenschafter strukturieren das Wissen rund um die Enigma, nicht zuletzt mit Hilfe der Zeitzeugen. Die Liebhaber und Sammler nehmen an diesem derartig aufbereiteten Wissen teil, und zwar alles andere als parasitär: Sie liefern gewissermassen die Hardware. Das darf durchaus wörtlich verstanden werden. Selbstverständlich kennen Museums-Kuratoren und Sammler sich gegenseitig. Dem Schreibenden ist sogar eine grössere Transaktion bekannt, die von beiden Seiten übereinstimmend bestätigt wird, hier aber aus Gründen der Diskretion nicht im Einzelnen beschrieben wird.

86 Susan Leigh Star; James R. Griesemer: Institutional Ecology, ›Translations‹ and Boundary Objects: Amateurs and Professionals in Berkeley's Museum of Vertebrate Zoology, 1907-1939. In: Social Studies of Science. An International Review of Research in the Social Dimensions of Science and Technology. London 1989. Sage Publications. S. 387-420.

Die Angehörigen der drei Gruppen grenzen sich im Gespräch immer wieder gegeneinander ab, profitieren aber in jedem Fall von der Tätigkeit der jeweils anderen. Es gibt also eine Schnittmenge, die alle drei zusammenführt: Zu dieser Schnittmenge gehören die medialen Repräsentationen des Themas Enigma. Diese sind, wie schon mehrfach postuliert, ein wichtiger Faktor im Prozess der Mythenbildung. Im nächsten Kapitel soll deshalb ausführlicher von den medialen Zeugnissen und ihren Funktionen die Rede sein.

Gedächtnis und Erinnerung

Zwar fokussiert die vorliegende Untersuchung nicht auf die autobiografischen Berichte der Zeitzeugen. Fragen zum Thema Gedächtnis und Erinnerung waren gerade in den letzten Jahren vermehrt Gegenstand intensiver Diskussionen und sollen hier kurz eingeführt werden.

»Die Vergangenheit, von der wir uns zeitlich immer weiter entfernen, geht nicht vollends in die Obhut professioneller Historiker über, sie drückt in Gestalt von rivalisierenden Ansprüchen und Verpflichtungen auch weiterhin auf die Gegenwart. Es gibt eine Vielfalt von Zugängen. Gedächtnis ist ein Phänomen, auf das keine Disziplin ihr Monopol anmelden kann.«[87]

Erinnerung ist, wie vielleicht niemals zuvor, zu einem Faktor in der öffentlichen Diskussion geworden.[88] Dies gilt ganz besonders für die Zeit des Zweiten Weltkrieges. Die Auseinandersetzung um diese Zeit scheint mit jeder Dekade intensiver zu werden, die Fragestellungen verfeinern und verändern sich dabei.

Diese Erinnerungskultur bleibt nicht ohne Auswirkungen auf das Erzählte und Erinnerte: Weder das öffentliche noch das persönliche, private Gedächtnis sind fixe, invariable Grössen. Harald Welzer und andere Autoren haben in den letzten Jahren gezeigt, wie fragil, unbeständig, aber auch formbar das Gedächtnis ist, und dafür auch einen eigenen Begriff geprägt. Welzer spricht in diesem Zusammenhang vom kommunikativen Gedächtnis. Das Gedächtnis, so die Vorstellung von Harald Welzer, tauscht sich aus, kommuniziert mit seiner Umgebung und das ist in vielen Fällen die Erinnerungen anderer, vermittelt in medialer Form.

87 Aleida Assmann: Erinnerungsräume. Formen und Wandlungen des kulturellen Gedächtnisses. München 2006. C.H.Beck. S. 15.

88 Ebenda.

»Dadurch, dass die Bilder zu Nationalsozialismus und Holocaust in den vergangenen zwei Jahrzehnten im deutschen Fernsehen immer präsenter geworden sind und das Kino schon von Beginn an gerade das Genre des Kriegsfilms pflegt, schiebt sich ein riesiges Inventar von Bildmaterial vor die Deutungen jener Geschichten, die Kinder und Enkel von ihren Eltern und Grosseltern erzählt bekommen.«[89]

Medien spielen für die Aufbewahrung und Weitergabe der Erinnerung eine zentrale Rolle. Das »Wissen und die Deutungsmuster über den Zweiten Weltkrieg und Holocaust werden heute massgeblich von Filmen und Büchern geprägt, die als Medien einer globalisierten, zumindest aber europäisierten Erinnerung bezeichnet werden können.«[90] Nicht nur die Erinnerung wird strukturiert durch die medial vorgegebenen Strukturen. Die Strukturierung setzt viel früher an, nämlich bei der Wahrnehmung selber.

»Wodurch auch immer die lebensgeschichtlichen Berichte vom Krieg gespeist wurden, festzuhalten bleibt, dass schon die Wahrnehmung des Geschehens, von dem dann später berichtet wird, durch mediale Vorlagen strukturiert wird. Die biografische Erzählung von Zeitzeugen ist sowohl in der Erlebnis- wie in der Berichtssituation nach verfügbaren Modellen geformt, die die Erfahrung dann lediglich mit einem so oder so nuancierten Inhalt variiert, um sie für den Erzähler selber wie für den Zuhörer zu einer ›wahren‹, d.h. selbst erlebten und authentisch berichteten Geschichte zu machen. In diesem Sinn erfinden wohl mehr Geschichten ihre Erzähler als Erzähler ihre Geschichten.«[91]

Der Kulturwissenschafter und vor allem der selber im Felde tätige Forscher hätte gerne ein Werkzeug in der Hand, um solche medialen Fabrikate erkennen zu können. Diese Hoffnung erfüllt sich nicht und möglicherweise ist – nach dem vorab zum Thema Wahrnehmung Gesagtem – auch die zugrunde liegende Vorstellung eine falsche.

»Es gibt kein systematisches Verfahren, mit dem man Erzählelemente mit dem Gesamtbestand kursierender Narrative abgleichen könnte, um die Quelle zu finden, aus der der Erzähler geschöpft hat. Der Umstand aber, dass einem vieles

---

89 Harald Welzer: Das kommunikative Gedächtnis. Eine Theorie der Erinnerung. München 2005. Beck. S. 188/189.

90 Harald Welzer: Der Krieg der Erinnerung. Holocaust, Kollaboration und Widerstand im europäischen Gedächtnis. Frankfurt 2007. Fischer.

91 Harald Welzer: Das kommunikative Gedächtnis. S.188/189.

doch bekannt vorkommt und manches sehr dicht zuzuordnen ist, ist selbst ein Beleg für die Kommunikativität des Gedächtnisses. «[92]

Welzer postuliert einen zyklischen Bezugsrahmen: Denn auch die heute erkennbaren Wahrnehmungsmuster haben sich einmal gebildet und verfestigt.

Was heisst dies nun für den Umgang mit den Enigma-Zeitzeugen und der entsprechenden Literatur? – Eine kritische Wachsamkeit ist angezeigt und eine vertiefende Arbeit mit Enigma-Zeitzeugen wäre bestimmt gut beraten, sich diesen Fragestellungen vertieft zuzuwenden.

Im Rahmen dieser Untersuchung müssen einige skizzenartige Bemerkungen genügen: Es fällt auf, dass die Medialisierung des Themas in Gesprächen und auch in der Zeitzeugenliteratur kaum thematisiert wird. Dem Schreibenden sind in der gesamten Zeitzeugen-Literatur zum Thema Enigma keine (selbst)kritischen Bemerkungen aufgefallen, wie sie etwa Robert Jungk im Kontext seiner berühmt gewordenen Darstellung zur Geschichte der Atombombe »Heller als Tausend Sonnen« aus dem Jahre 1956 macht:

»Der später die Welt überraschende Erfolg des amerikanischen Atomprojekts im Krieg hat auf die meisten Schilderungen dieses Themas abgefärbt. Was aus der Rückschau als ein zwar schwieriger, aber doch geradeaus auf ein Ziel zusteuernder Weg angesehen wurde, war in Wirklichkeit ein Labyrinth verschlungener Wege und Sackgassen. Eduard Teller (verantwortlich für die Entwicklung der Wasserstoff-Bombe, DL) kritisiert einen dieser allzu rosig klingenden Berichte über die Frühgeschichte der amerikanischen Atombombe mit folgenden Worten: ›Die erfolglosen Versuche der Forscher im Jahre 1939, das Interesse der Militärbehörde zu erregen, bleiben unerwähnt. Der Leser erfährt nichts von dem Unbehagen der Wissenschaftler, die sich mit der Notwendigkeit einer planmässigen, disziplinierten Forschung befreunden mussten, er findet nichts über die Empörung der Ingenieure, von denen man verlangte, an reine Theorie zu glauben und auf einer so luftigen Grundlage Fabriken zu bauen.‹ «[93]

Dass die Enigma-Erzählung in den angelsächsischen Ländern und vor allem in Grossbritannien eine besondere Rolle spielt, wurde bereits gesagt. Hier würde sich gerade im Kontext der vergleichenden Erinnerungsforschung ein interessanter Ansatzpunkt ergeben.

---

92 Ebenda S. 201.

93 Robert Jungk: Heller als tausend Sonnen. Das Schicksal der Atomforscher. München 1990. Heyne. S. 134. (Erstausgabe 1956.)

»Nach wie vor kommt dem Zweiten Weltkrieg bzw. der deutschen Besatzung in den meisten europäischen Ländern eine herausragende Bedeutung zu, wenn es darum geht, die eigene Identität und den daran gebundenen Wertekonsens zu bestimmen. Die Hervorbringung, Aufrechterhaltung, Fortschreibung, aber auch Veränderung von Lesarten der Vergangenheit wird zum einen durch Institutionen des kulturellen Gedächtnisses bestimmt, findet anderseits aber auch in der kommunikativen Praxis des Alltags statt.«[94]

Eine spezielle Situation ergibt sich zudem in unserem Bereich, der Forschung zum Thema Enigma: Alle Zeitzeugen – ausnahmslos alle – hielten sich an die von den Behörden verordnete Schweigepflicht. Was passiert aber mit einer Erinnerung, die während 30 Jahren nie zum Thema wird, zum Thema werden darf? – Sie verändert sich. Aber auf welche Art und Weise? – Und einer Veränderung ist nicht nur die Erinnerung selber unterworfen, sondern auch das erinnernde Subjekt, das seine Erinnerungen im Lauf des Lebens immer neuen Interpretationen unterzieht.[95]

94 Harald Welzer: Der Krieg der Erinnerung. S.8.

95 Harald Welzer: Das kommunikative Gedächtnis. S. 207.

TEIL 3
DIE ENIGMA ALS OBJEKT DER MEDIEN

An medialen Repräsentationen zum Thema Enigma herrscht kein Mangel. Und wer sich einmal auf die Enigma-Entdeckungsreise gemacht hat, findet mit jeder Suche mehr. Fast scheint es, als würde im Untergrund ein Generator sitzen, der ständig neue Geschichten produziert.

Einige aktuelle ›Fundstücke‹ mögen diese Behauptung untermauern: BBC News meldet am 2. März 2006 unter dem Titel »Online amateurs crack Nazi codes« wie mit Hilfe von Tausenden miteinander verbundenen Computern eine unentschlüsselte Enigma-Botschaft geknackt wurde:

»The latest attempt to crack the codes was kick-started by Stefan Krah, a German-born violinist with an interest in cryptography and open-source software. Mr. Krah told the BBC News website that ›basic human curiosity‹ had motivated him to crack the codes, but stressed the debt he owed to veteran codebreaking enthusiasts who have spent years researching Enigma. He wrote a code-breaking program and publicized his project on internet newsgroups, attracting the interest of about 45 users, who all allowed their machines to be used for the project. Mr. Krah named the project M4, in honor of the M4 Enigma machine that originally encoded the ciphers. There are now some 2,500 separate terminals contributing to the project, Mr. Krah said. ›The most amazing thing about the project is the exponential growth of participants. All I did myself was to announce it in two news- groups and on one mailing list‹.«[1]

Auch aus dem Bereich der wissenschaftlichen Literatur gibt es Zuwachs: Anfang 2006 erscheinen in Oxford und London unter fast identischen Titeln gleich zwei dicke Werke, die sich mit der Geschichte des ersten digitalen elektronischen Rechners Colossus beschäftigen – er wurde 1943 in Bletchley Park gebaut, um einen bis dahin unbekannten deutschen Fernschreiber-Code zu knacken. Die Enigma spielt in diesen bei-

1 BBC News 2.3.2006. »Online amateurs crack Nazi codes«: http://news.bbc.co.uk/1/hi/technology/4763854.stm vom 16.2.2008.

den Publikationen zwar nicht mehr die Hauptrolle, aber ist dennoch auf Dutzenden von Seiten präsent.[2]

Die mediale Beschäftigung mit der Enigma-Maschine wird aus naheliegenden Gründen von angelsächsischen Institutionen und Autoren dominiert, aber es gibt auch deutsche Stimmen. Zu den jüngeren Autoren, die sich mit dem Thema beschäftigen, gehört der Informatiker Klaus Schmeh. In seinem 2004 erschienenen Buch »Die Welt der geheimen Zeichen«[3] spielt die Enigma wiederum eine wichtige Rolle. Im gleichen Jahr publiziert er im Online-Magazin Telepolis eine Serie von Interviews mit deutschen Zeitzeugen, darunter dem 1919 geborenen Gisbert Hasenjäger, der sich ab 1942 beim Oberkommando der Wehrmacht (OKW/ Chi) mit der Sicherheit der von Deutschland eingesetzten Schlüsselverfahren befasste.[4] Zu nennen wären schliesslich zwei Dissertationen aus dem deutschsprachigen Raum von Michael Pröse (2004) und Heinz Ulbricht (2005).[5]

Auswahl und Methodik

Drei Fragen drängen sich aus methodologischer Sicht sofort auf: Welche Auswahl soll aus dieser offensichtlich riesigen Vielfalt getroffen werden? – Welche Kategorien sollen dabei gebildet oder angenommen werden? – Und schliesslich: Welche Fragen sollen an die Zeugnisse gestellt werden im Hinblick auf die Kernfrage nach dem Mythos Enigma?

Texte oder Zeugnisse? Tatsächlich geht es ja nicht nur um Texte im engeren Sinn, sondern um mediale Repräsentationen, Zeugnisse im wei-

---

2 Jack Copeland: Colossus. The Secrets of Bletchley Parks Codebreaking Computers. Oxford 2006. Oxford University Press.
Paul Gannon: Colossus. Bletchley Park's Greatest Secret. London 2006. Atlantic Books.

3 Klaus Schmeh: Die Welt der geheimen Zeichen. Die faszinierende Geschichte der Verschlüsselung. Herdecke und Dortmund 2004. Verlag W3L.

4 Ders.: Enigma Schwachstellen auf der Spur. Telepolis vom 8.5.2005. www.heise.de/tp/r4/artikel/20/20750/1.html vom 16.2.2008.

5 Michael Pröse: Chiffriermaschinen und Entzifferungsgeräte im Zweiten Weltkrieg. Technikgeschichte und informatikhistorische Aspekte. Chemnitz 2004. Dissertation. Technische Universität Chemnitz.
Heinz Ulbricht: Die Chiffriermaschine Enigma. Trügerische Sicherheit. Ein Beitrag zur Geschichte der Nachrichtendienste. Braunschweig 2004. Dissertation. Universitätsbibliothek Braunschweig.

teren Sinn. Dazu gehören auch Filme und Videos, Ausstellungen in Museen und schliesslich Simulationen.

Die Frage nach der Auswahl ist eng mit der Frage nach Textsorten oder Textkategorien verbunden. Die folgenden Kategorien haben sich im Lauf der Beschäftigung mit dem Thema ergeben:

- **Texte**
  Wissenschaftliche Texte: Mathematik, Informatik, Geschichte usf.
  Populärwissenschaftliche Texte
  Zeitungstexte
  Fiktionale Texte
- **Videos und Filme**
  Dokumentarfilme
  Fiktionale Filme
- **Museen und Ausstellungen**
- **Simulationen**

Mit dem Thema befassen sich verschiedene Textsorten, die durch verschiedene Medien repräsentiert sind: Zeitung, Zeitschrift, Buch, Film und Video, Museum und Simulation.

Diese Untersuchung geht davon aus, dass einzelne Medien – auch unterschiedliche Textsorten – verschiedene Funktionen haben und Unterschiedliches leisten. Worin bestehen denn im vorliegenden Fall die Unterschiede und was leistet ein Medium oder eine Textsorte, was andere nicht leisten? Es wird auch die Frage gestellt, was einzelne Texte oder Diskurse verschweigen. Es könnte schliesslich auch sein, dass gerade das wiederholte Erzählen derselben Geschichte ein wesentlicher Bestandteil des Enigma-Mythos ist.

Diese medialen Repräsentationen bilden einen gemeinsamen Referenzrahmen – sie spannen ein Feld auf und konstruieren es gleichzeitig. Dieser Referenzrahmen umfasst höchst heterogene Stimmen.

Zwei weitere Strukturierungsmöglichkeiten für die nachfolgende Diskussion bieten sich an: Die räumliche und die zeitliche. Ein wesentlicher Teil der Texte zur Enigma stammt aus dem angelsächsischen Raum und innerhalb dieses Raumes wiederum spielt Grossbritannien die Hauptrolle. Schliesslich spielt auch die zeitliche Dimension eine wichtige Rolle, unser Thema hat im Lauf der Zeit Veränderungen erfahren.

Die Untersuchung arbeitet mit einem klar definierten und abgegrenzten Korpus von Texten und medialen Repräsentationen. Dieser wird zusätzlich vor jedem Unterkapitel kurz vorgestellt.

Wir setzen nicht voraus, dass die jeweils besprochenen medialen Zeugnisse allgemein bekannt sind und werden sie jeweils kurz vorstellen.

Dieses Vorgehen vergrössert den Umfang des Kapitels zwangsläufig etwas.

Verschiedene Male wurde bisher gesagt, der Diskurs über die Enigma beginne 1974 mit der Publikation von Frederick W. Winterbothams Buch »The Ultra Secret«[6]. Das stimmt in dieser absoluten Form nicht, es gab seit Anfang des Jahrhunderts Texte über die Enigma. Ihnen gilt unser erstes Interesse.

Frühe Texte zur Enigma

Friedrich L. Bauer listet in seinem Standardwerk »Entzifferte Geheimnisse. Methoden und Maximen der Kryptologie«[7] eine Reihe von frühen Texten auf, die sich mehr oder weniger ausführlich mit dem Thema Enigma befassen. Der erste davon ist »Chiffrieren mit Geräten und Maschinen«.[8] Autor dieses 1927 publizierten Buches ist Siegfried Türkel, der wissenschaftliche Leiter des Kriminalistischen Institutes der Polizei-Direktion Wien, wie auf dem Titel vermerkt wird. Eingeführt wird die nigma folgendermassen:

»Die Enigma-Maschine hat die äußere Form einer Schreibmaschine. Sie gestattet einerseits Klartext zu chiffrieren und Chiffrentext zu dechiffrieren; einige Modelle können auch als gewöhnliche Schreibmaschinen zur Niederschrift irgendeiner Mitteilung in Klarschrift verwendet werden. Sie gestatten weiter, Klar- und Chiffrentext jederzeit abwechseln zu lassen. Von einem Briefe, dessen Inhalt nicht unbedingt zur Gänze geheim gehalten werden muss, schreibt man daher mit der Enigma den Text als gewöhnliche, allgemein lesbare Maschinenschrift nieder und beschränkt sich darauf, nur wichtige Wörter, z. B. ›die Preise‹ od. dgl. zu chiffrieren.«[9]

---

6 Frederick W. Winterbotham: The Ultra Secret.

7 Friedrich L. Bauer: Entzifferte Geheimnisse. Methoden und Maximen der Kryptologie. Berlin und Heidelberg 2000. Springer.

8 Siegfried Türkel: Chiffrieren mit Geräten und Maschinen. Eine Einführung in die Kryptografie. Graz 1927. Moser.

9 Ebenda S. 71.

Abbildung 19

Sigfried Türkels Schrift aus dem Jahre 1927 mit der ersten Beschreibung der Enigma im wissenschaftlichen Kontext. (Reproduktion des Titels aus den Beständen der ETH Bibliothek Lausanne)

Der Text ist sachlich, technisch, nüchtern und sehr deskriptiv, er beschreibt, teilweise unterstützt mit Skizzen, die genaue Funktionsweise der Maschine. Interessant ist der Text, wo er über die Sicherheit der Enigma spricht:

»Ein Kryptogramm mit Hilfe der Maschine zu entziffern ist nur demjenigen möglich, welcher in den Besitz des Schlüssels gekommen ist. Der Schlüssel stellt also das kryptografische Geheimnis dar. Die Maschine kann gestohlen werden; sofern der Schlüssel abgestellt ist, wird eben nur eine Schreibmaschine gestohlen [...] Der Fachkryptograph hat nicht nur mit der Arbeit der Enträtseler (sic!) zu rechnen, sondern auch mit Diebstahl, Verkauf, Verrat. In den letzteren Fällen war es bisher - wenn es sich um weit verbreitete Befehle handelte - meist unmöglich, den Ort des Verbrechens und damit den Verbrecher zu ermitteln, weil moderner Diebstahl, Verkauf oder Verrat nie durch Enttragen (sic!) des Originales selbst, sondern nur durch Photographie oder Abschrift erfolgt. Anders bei der Enigma: Wird man gewahr, dass Unberufene Kenntnis vom Inhalte einer Geheimschrift haben, so kann nur ein Verrat usw. vorliegen. Nachschau, mit welchem Schlüssel die Schrift geschlüsselt war, lokalisiert den Verdacht auf die Besitzer dieses Schlüssels, einen Absender, einen Empfänger, also auf zwei Personen. Die Art des verratenen Geheimnisses, Zeitpunkt, Ort u. ä. werden es dem Kriminalisten nicht schwer machen, unter den zwei Beschuldigten den Schuldigen zu ermitteln.«[10]

Das mag für heutige Ohren schwerfällig tönen, beschreibt aber aus damaliger Sicht ganz klar einen wichtigen, operativen Vorteil: Maschine und Schlüssel sind verschieden, geheim ist nur der Schlüssel.

Die Alliierten suchten nach dem Zweiten Weltkrieg systematisch nach verwertbarem wissenschaftlichem Wissen – vom Schicksal der Ra-

10 Ebenda S. 76/77.

keten-Techniker von Peenemünde war bereits die Rede. Die Resultate dieser Suche oder mindestens Teile davon wurden in der Serie »Fiat Review of German Science 1939-1945« publiziert. Der erste Band ist der angewandten Mathematik gewidmet. In einem allgemeinen Aufsatz beschreibt der Mathematiker Hans Rohrbach den Status der Kryptografie:

»Im vorliegenden Bericht handelt es sich um ein Anwendungsgebiet der Mathematik, das den meisten Mathematikern weitgehend fremd und auf dem bisher so gut wie nichts veröffentlicht worden ist; im allgemeinen blieben Methoden und Ergebnisse geheim, meist sogar nur in den Köpfen derer, die daran arbeiteten. [...] Die als Unterlagen notwendigen Schriftstücke [...] sind entweder vernichtet oder von den Alliierten gesammelt, die Bearbeiter mir nur zum kleinen Teil bekannt oder nicht erreichbar.«[11]

Zur Enigma finden sich in seinem Text nur einige kurze und wiederum allgemeine Sätze:

»Neben den Verfahren von Hand oder Gerät finden in hohem Masse *Chiffriermaschinen* Verwendung, von denen es zahlreiche Typen gibt. Sie bestehen in ihrem Kern aus mehreren Walzen oder Rädern, die einen Buchstabenkranz tragen und mit Kontakten (Nocken) versehen sind. Durch Kopplung dieser Walzen mittels Zahnrädern und elektrischer Schaltung wird bewirkt, dass ein auf der Tastatur der Maschine angeschlagener Buchstabe in einen anderen transformiert aufgeschrieben wird oder abgelesen werden kann. [...]Zu den bekanntesten Typen gehören die Enigma und die Hagelin-Chiffriermaschine, von denen selbst wieder mehrere Modelle im Gebrauch sind.«[12]

Gemäss Bauer ist dieser Text der offenste Bericht von Seiten eines der kriegsführenden Staaten nach dem Zweiten Weltkrieg. Das stimmt gewiss, aber die Publikation erfolgte ja durch die Siegermächte. Der Text gibt Spezialisten wie Bauer auch Aufschluss über deren Lücken im kryptologischen, insbesondere im kryptoanalytischen Kenntnisstand.[13] Verfasser der Studie war Hans Rohrbach (1903-1993). Rohrbach diente im Zweiten Weltkrieg im Auswärtigen Amt in Berlin und war nach dem Krieg Mathematik-Professor in Frankfurt am Main.[14]

---

11 Hans Rohrbach: Mathematische und maschinelle Methoden beim Chiffrieren und Dechiffrieren. In: Alwin Walther: FIAT Review of German Science. Applied Mathematics. Part 1. o.O. 1948. S. 233.

12 Ebenda S. 237.

13 Friedrich L. Bauer: Entzifferte Geheimnisse. Methoden und Maximen der Kryptografie. Berlin. Heidelberg 2000. Springer Verlag. S. 280.

14 Friedrich L. Bauer äusserte sich im Gespräch mit dem Autor am 8. Dezember 2005 ausführlich zu Rohrbach und seiner Publikation: »Es gibt

Friedrich Bauer weist darauf hin, dass kryptografische Literatur bis in die 50er und 60er Jahre sehr rar war, entsprechend wenig Literatur findet sich auch zur Enigma. Er selber lernte die Grundlagen der Kryptografie nach dem Krieg aus dem bereits im zweiten Teil erwähnten Standardwerk des italienischen Generals Luigi Sacco.[15] Das Buch gibt allerdings für unsere Fragestellung wenig her – es beschränkt sich auf die mathematische Darstellung verschiedener kryptografischer Methoden. Maschinen – weder Enigma noch andere – spielen darin keine Rolle.

Aus den kurzen Einblicken in die wissenschaftliche Literatur zwischen 1920 und 1960 lassen sich schon jetzt einige vorläufige Schlüsse ziehen: Zum Thema Kryptografie gab es in diesem Zeitabschnitt generell wenig zu lesen, die Wissensproduktion war zu einem grossen Teil in den Händen von Regierungen, respektive deren Geheimdiensten, und die hatten aus naheliegenden Gründen wenig Interesse, ihre Erkenntnisse öffentlich zu machen.

Hinzu kommt noch eine andere Tatsache: Die Chiffriermaschine Enigma war eine Maschine neben anderen. Die Hagelin-Maschinen des Schweden und späteren Schweizer Produzenten Boris Hagelin dürften wohl in jener Zeit mindestens ebenso bekannt gewesen sein. Dem standen allerdings andere Maschinen gegenüber, die im Auftrag von Regierungen hergestellt wurden und nicht nur unbekannt, sondern sogar geheim waren. Ein prominentes Beispiel ist die Fernschreiber-Verschlüsselungsmaschine Lorenz SZ42. Sie wurde von den Briten zwar mit Hilfe von Colossus geknackt, ihren richtigen Namen kannte man aber nicht und nannte sie deshalb einfach ›Tunny‹ (Thunfisch).

Leute, die sehr offen sind und andere, die nichts erzählen wollen. Vor allem jene, die in einem Dienst (gemeint ist Nachrichtendienst, DL) waren, sind oft sehr verschlossen. Ich kenne auch solche, die zögern. Weil sie vielleicht mal einen Eid geschworen hatten [...] für die Deutschen war das nicht mehr so ein Problem, weil ja alle Eide nicht gültig sind, die auf Hitler geschworen wurden. Rohrbach ist einer davon. Er wollte nach dem Krieg nichts mehr davon wissen. Und er hatte diesen berühmten FIAT Bericht geschrieben – Rohrbach schrieb den Teil dieses Berichts über den Stand der deutschen Kryptografie. Er schrieb über die Erfahrungen, die er im auswärtigen Amt machte. Dafür wurde er nachher von seinen alten Kameraden kritisiert. Er hätte das ja nicht tun müssen. Ja, er hätte das nicht tun müssen [...] er hat das freiwillig gemacht.«

15 Luigi Sacco: Manuel de Cryptografie. Paris 1951. Payot. (Reprint 1977. Laguna Hills. Aegean Park Press.)

Die Initialzündung von 1974: »The Ultra Secret«

Das 1974 erschienene Buch »The Ultra Secret« von Frederick W. Winterbotham wird gemeinhin als die erste Publikation über die Entschlüsselungs-Operation der Enigma angesehen. Übersehen wird dabei, dass der französische Geheimdienstoffizier Gustave Bertrand bereits im Jahr zuvor das Buch »Enigma ou la plus grande énigme de la guerre 1939-1945« [16] publiziert hatte. Gustave Bertrand (1896-1976) war, wie sein britischer Kollege Winterbotham, selber in die Geschichte um die Entschlüsselung der Enigma verwickelt: Seine Geheimdienstkollegen lieferten in den 30er Jahren dem polnischen Geheimdienst entscheidende Grundlagen zum Entschlüsseln des Enigma-Codes. Sein Buch gilt als wichtige Quelle für die Darstellung der französisch-polnischen Zusammenarbeit. Bertrand hatte aber keine Kenntnisse von den enormen Bemühungen der Briten in Bletchley Park, und dies dürfte wohl auch der Grund sein, dass sein Name nur selten auftaucht.

Anders nun Frederick W. Winterbotham (1897-1990). Der Offizier der British Royal Air Force diente während des Zweiten Weltkriegs in Bletchley Park und publizierte 1974 das Buch »The Ultra Secret«.[17] Das Buch erlebte trotz Fehler und Irrtümer unzählige Auflagen und wird auch heute noch nachgedruckt, zuletzt im Jahre 2000.[18]

Der Autor stellt schon im ersten Satz klar, welche Rolle er in dieser Operation gespielt hat:

»On 25 May 1945, at the request of the Prime Minister, I sent a signal message to all the Allied Commanders and their staffs in the European theatre of war who had been in receipt of intelligence from what Winston Churchill called ›my most secret source‹. It asked them not to divulge the nature of the source or the information they had received from it, in order that there might be neither damage to the future operations of the Secret Service nor any cause for our enemies to blame it for their defeat. After thirty years, time has changed both these conditions of secrecy. The techniques employed by the Secret Service and the codebreakers have been widely published and, indeed, have long been

16 Gustave Bertrand: Enigma ou la plus grande énigme de la guerre 1939-1945. Paris 1973. Plon.

17 Frederick W. Winterbotham. The Ultra Secret. London 1974. Weidenfeld & Nicolson. In dieser Arbeit wird gewöhnlich nach der Ausgabe von 1975 zitiert.

18 Frederick W. Winterbotham. The Ultra Secret. London 2000. Orion.

known to governments and intelligence services around the world, whilst our war-time enemies are now our allies.«[19]

So weit, so gut, und man ist geneigt, dies als edle Geste zu verstehen. Allerdings gibt es auch für den Autor Grenzen, und die folgenden Zeilen liest man mit wachsendem Staunen:

»It is, however, the privilege of the victor in war not to disclose just how or how often he broke his enemy's cyphers, and in this book the privilege will be maintained. At the height of hostilities, the German war machine was sending well over two thousand signals a day on the air. It can be recognized therefore, that when, from time to time, we were able to intercept a number of signals and break the cypher, their contents covered a very wide field.«[20]

Abbildung 20

Drei Ausgaben von »The Ultra Secret« 1974, 1975 und 2000.

Der Autor will also auch 30 Jahre nach Kriegsende nicht verraten, wie genau der deutsche Enigma Code gebrochen wurde und wie oft dies geschah. Zu gross darf die Verwunderung darüber indes nicht sein: Die Archive in London, Washington und Moskau haben noch lange nicht alle Geheimnisse aus der fraglichen Zeit preisgegeben.[21]

Tatsächlich finden sich in seinem Buch keine sehr detaillierten Angaben zur Operation Ultra selber. Der Beitrag des Autors bestand darin, dass er als erster das Schweigen brach und die Tatsache offen aussprach, dass die Briten mit auch heute noch fast unvorstellbarem Aufwand die deutschen und auch andere Funksignale knackten und sich damit einen kriegswichtigen Vorsprung verschaffen konnten.

Winterbothams Buch lebt von der Zeugenschaft. Er beschreibt die Funktionsweise der Enigma und die wichtigsten Akteure der Entschlüsselungsoperation von Bletchley Park nur sehr oberflächlich und, wie er

19 Frederick W. Winterbotham. The Ultra Secret. London 1975. S. 17.

20 Ebenda.

21 Davon konnte sich der Schreibende selber mehrmals überzeugen: Ein Besuch im US Nationalarchiv im Januar 2003 ergab zwar einige interessante Dokumente – viel interessanter als die aufgefundenen meist technischen Beschreibungen wären indes die immer noch geheimen Verhörprotokolle der Alliierten, auch als sogenannte TICOM-Papiere bekannt.

selber einräumt, auch subjektiv. Winterbotham erklärt, welche Rolle die Entschlüsselungen bei verschiedenen wichtigen Kriegsereignissen hatten: Im Mittelmeerraum, in Nordafrika, bei der Blockade im Atlantik oder bei der Invasion in der Normandie. Nicht selten sei das Schicksal der Alliierten dabei auf Messers Schneide gestanden:

»Maybe some day much more will be told about Ultra in that half of the globe and also about the battle of the Atlantic U boats. To all those who have been brought up in the belief that the Allied victory over the Fascist powers was accomplished with some ease plus the will of Allah, perhaps the early chapters of this book will have provided the sobering thought that it almost didn't happen. Let them judge for themselves just how much the near miracle of Ultra helped to make our victory possible.« [22]

Winterbothams Publikation – zuvor vom britischen Geheimdienst abgesegnet – war ein grosser Erfolg, und die Rezeptionsgeschichte dieses Buches zu schreiben wäre wohl eine eigene Arbeit wert. Das Buch erlebte, trotz seiner Fehler und Unzulänglichkeiten, zahlreiche Neuauflagen und gehört im Kontext der Geschichte der Enigma zu den am meisten zitierten Büchern. Es geht in diesen Referenzen allerdings selten um Einzelheiten, sondern meist ums Ganze, also um die Operation an und für sich. Winterbotham war der erste, der das von Churchill verordnete Schweigen gebrochen hatte.

Viele der für diese Arbeit befragten Personen bezogen sich auf das Buch: So etwa Oskar Stürzinger, Ingenieur und erster Mitarbeiter der von Boris Hagelin 1952 gegründeten Crypto AG in Zug.

»Es hat mich nicht überrascht, dass man das konnte, sondern mehr, wie es gemacht wurde: Diese riesige Organisation, welche die Briten aufgezogen hatten und diese hohe Erfolgsquote, die sie erzielten. Auch überrascht hat mich die Tatsache, dass 10 000 Leute während 30 Jahren aufs Maul gehockt sind und nichts erzählt haben. Man sagt ja: Three men can keep a secret if two are dead.«[23]

So gross die Wirkung gegen aussen war, so unterschiedlich wurde sie von den Zeitzeugen, allen voran jenen, die in Bletchley Park gearbeitet hatten, aufgenommen. Der heute in Basel lebende britische Wissenschafter C.R.B. Joyce, der damals ebenfalls in Bletchley Park arbeitete, meinte dazu:

---

22 Ebenda S. 229.

23 Oskar Stürzinger im Gespräch mit dem Autor am 20. Februar 2003.

»Ich war damals wütend. Wenn ich Winterbotham morgen treffen würde, würde ich ihm das sagen. Warum hat er sich nicht an die Abmachungen gehalten?«[24]

Die Publikation von Winterbotham signalisiert eine Wende – man könnte fast sagen, mit seinem Buch wurde das Thema Enigma erst entdeckt. Und jedes Buch zum Thema Kryptografie musste die Bedeutung der Enigma-Entzifferung erwähnen.

Viel Literatur war allerdings in jener Zeit nicht vorhanden: Das bekannteste Werk stellte die 1966 erstmals erschienene tausendseitige Studie »The Codebreakers« des New Yorker Historikers und Publizisten David Kahn dar.[25] Kahn hatte nach der Publikation eines Artikels zum Thema Geheimschriften im Jahre 1960 den Auftrag erhalten, eine kleine Geschichte der Kryptografie zu schreiben. Trotz seiner intensiven Nachforschungen in den Jahren 1960 bis 1966 stiess er nie auf die Operation Ultra und wusste nichts von der Entschlüsselung der Enigma! Auch für ihn kam die Publikation von Winterbothams Buch als Überraschung: »Es war ein schwerer Schlag für mich: Ich hatte das verpasst. Ich fühlte mich sehr schlecht deswegen. In späteren Ausgaben fügte ich ein Kapitel zu.«[26]

Kahn musste sein Buch zwar nicht umschreiben, aber um einige wichtige Kapitel erweitern. Der Historiker liefert auch eine interessante Begründung für das verordnete Schweigen der britischen Regierung:

»The British government insisted upon this silence because it had given the thousands of Enigma machines that it had gathered up after the end of the war to its former colonies as they gained independence and needed secure systems of communication. [...] Then, by the early 1970s, the last Enigmas in service wo-

---

24 C.R.B. Joyce im Gespräch mit dem Autor in Basel am 13. Januar 2006.

25 Kahn, David: The Codebreakers. The Story of Secret Writing. London 1967. Weidenfeld and Nicolson.

26 David Kahn im Gespräch mit dem Autor in New York am 11. November 2006.
Kahn wies in diesem Gespräch auf eine interessante Beobachtung hin: Fragen der Spionage und der Geheimhaltung wurden in den 50er und 60er Jahren in den USA intensiv diskutiert. Zwei Themen dominierten die Agenda: Die Frage, wie es im Jahr 1942 zum japanischen Überraschungsangriff auf Pearl Harbor kommen konnte und weshalb 1960 die zwei NSA Kryptologen Bernon F. Mitchell und William H. Martin zur damaligen Sowjetunion überliefen. Kahn wunderte sich im Nachhinein, dass Geheimdienstoperationen im atlantischen Kriegsschauplatz keine Aufmerksamkeit erhielten.

re out, physically. There was no longer any need to keep the story secret. There was, on the other hand, the possibility of showing the world Britain's remarkable feat with communications and protocomputers. Among them was an electronic code breaking device, called Colossus, for a non-Enigma cipher machine, that could be seen as a precursor of the information age.«[27]

Zur Publikation Winterbothams schreibt Kahn:

»A Royal Air Force officer who had played a role in the distribution of the codebreaking results during the war, Group Captain F. W. Winterbotham, had been pestering Her Majesty's Government for permission to tell the entire Enigma story, which he subsequently received. The Ultra Secret appeared in 1974 in Britain, at first excerpted in newspaper series, and in 1975 in the United States, where a review in The New York Times Book Review beginning ›This book reveals the greatest secret of World War II after the atom bomb‹ helped set it on the road to best-sellerdom. Since then, dozens of books, sustained by an outpouring of documents into the American and British archives, have amplified the story. Together, they awakened a wide public to the existence of codebreaking. More important, they taught that public, which previously thought only of spies and cameras as kinds of intelligence, that codebreaking was the most important source of all.«[28]

David Kahn, der weltweit als einer der besten Kenner der Kryptografiegeschichte gilt, stellt hier eine Reihe von Thesen auf. So sieht er erstens den Grund für die Zurückhaltung der Briten in der Tatsache, dass diese die Enigma-Maschinen ihren ehemaligen Kolonien zur Verfügung stellten. Zweitens ist Kahn der Meinung, Grossbritannien wollte mit der Freigabe der Informationen zu Ultra zeigen, wie fortgeschritten das Land schon damals im Bereich der Kommunikationstechnik war. Auch Kahn selber hatte mit der Publikation seines Buches ein Ziel vor Augen, das über die reine Bekanntgabe der Fakten hinausging: Er wollte zeigen, wie wichtig die Entschlüsselung von geheimen Botschaften für den Nachrichtendienst war, viel wichtiger als der Einsatz von Spionen und geheimen Kameras. Tatsächlich fokussierte der US Nachrichtendienst während Jahren, wenn nicht während Jahrzehnten, auf die technische Seite der Nachrichtengewinnung, im Jargon auch SIGINT (für ›Signals Intelligence‹) genannt.

---

27 David Kahn: The Codebreakers. The comprehensive History of Secret Communication from Ancient Times to the Internet. New York 1996. Scribner. S. 979 (Erstveröffentlichung 1966).

28 Ebenda.

Das Buch »The Codebreakers« von David Kahn war die erste umfassende Darstellung von kryptografischen Techniken und enthält auch ein Kapitel über die National Security Agency (NSA). Daran – aber auch an der Offenlegung von kryptoanalytischen Techniken – stiess sich der amerikanische Geheimdienst offenbar: Der US Journalist James Bamford belegt in seinem 1982 erstmals erschienenen Werk »The Puzzle Palace« die irritierte Reaktion dieses Dienstes, dessen Tätigkeit ja zu einem grossen Teil Fragen der Chiffrierung gewidmet ist. Demnach sollen intern verschiedene, teilweise absurd anmutende Möglichkeiten diskutiert worden sein, wie man die Veröffentlichung des Werkes verhindern könnte.[29] Schliesslich beschränkten sich die Einwände auf eine kleine Passage zur Zusammenarbeit britischer und amerikanischer Geheimdienste. Ein grosser Teil der inkriminierten Informationen fand sich dann statt im Haupttext in einer – offenbar übersehenen – Anmerkung des Textes. Ironie der Geschichte: Kahn konnte nun gewissermassen offiziell feststellen, dass sein Buch den Segen der US Geheimdienste hatte.[30]

Mit dem Text von Winterbotham setzte eine ausführliche Beschäftigung mit dem Thema Enigma ein. Friedrich L. Bauer erlebte die nun folgende Zeit so:

»Die Enigma war schon eines der faszinierendsten Kapitel. Gerade weil es so langsam lief […] wenn man das alles aufs Mal erfahren würde […] dann wäre das anders. Aber dass das so langsam ging…und dass man immer wieder auf die nächste Publikation wartete […] .«[31]

---

29 James Bamford schreibt dazu: »At about the same time (1961 DL), however, the NSA became aware of Kahn's forthcoming book and began a frantic effort to prevent its release, or, if they failed in that, at least to lessen its impact. Innumerable hours of meetings and discussions, involving the highest levels of the Agency […] were spent in an attempt to sandbag the book. Among the possibilities considered were hiring Kahn into the government so that certain criminal statutes would apply if the work was published; purchasing the copyright, undertaking ›clandestine service applications‹ against the author, which apparently meant anything from physical surveillance to a black-bag job; and conducting a ›surreptitious entry‹ into Kahn's Long Island home.« James Bamford: The Puzzle Palace. A Report on America's Most Secret Agency. New York 1985. Penguin. S. 168/69.

30 David Kahn im Gespräch mit dem Autor in New York am 11. November 2006.

31 Friedrich L. Bauer im Gespräch mit dem Autor in München am 8. Dezember 2005.

1974 dürften noch Hunderte von Angehörigen der Bletchley Park-Truppe gelebt haben. Ihre Berichte – sie waren ja nun auch von ihrer Schweigepflicht entbunden – sorgen zusammen mit anderen Mechanismen dafür, dass die Quellen zu dieser Geschichte nie versiegt. Der zweite wichtige Einschnitt dürfte das Ende des Kalten Krieges gewesen sein und damit verbunden die Öffnung von Archiven – im Zug dieser Politik wurden etwa im Jahr 1995 eine grosse Zahl von Dokumenten der National Security Agency (NSA) deklassifiziert.[32]

Kryptografie, Wissenschaft, Enigma

Es wäre verfehlt zu behaupten, die wissenschaftliche Beschäftigung mit Kryptografie hätte mit den Publikationen zur Enigma begonnen. Dennoch gibt es einen merkwürdigen Zusammenhang. Die Enthüllung der Enigma-Enschlüsselung war ein Vorgang, der die Beschäftigung mit dem Thema Kryptografie begleitete und möglicherweise auch verstärkte. David Kahns »The Codebreakers«[33] darf als erste grosse Darstellung zum Thema Kryptografie gelten. Sie erschien zum ersten Mal 1966, fast zehn Jahre vor der Enigma-Enthüllung.

Ein weiterer Hinweis für unsere Vermutung ist die Geschichte der wissenschaftlichen Zeitschrift »Cryptologia«,[34] deren erste Nummer im Jahr 1977, nur wenige Jahre nach der Enthüllung des Enigma-Geheimnisses, erschien.

Das Bild der Enigma-Geschichte wird nach der Publikation von Frederick W. Winterbotham zunehmend differenzierter, Irrtümer werden korrigiert. Aber im Grunde wird eigentlich immer dieselbe Geschichte mit immer mehr Einzelheiten und mit einer wachsenden Anzahl von Akteuren erzählt.

Frederick W. Winterbotham war zwar in viele Geheimnisse rund um die Enigma-Entschlüsselung eingeweiht, gehörte aber nicht zu führenden Köpfen der Operation, sondern beschäftigte sich primär mit administrativen Fragen. Anders war dies beim britischen Mathematiker Gordon

---

32 Das Ende des Kalten Krieges muss nicht notwendigerweise der Grund für die Öffnung der Archive gewesen sein. David Kahn vertrat im Gespräch die Meinung, dass diese Öffnung nach dem Ablauf der üblichen Frist von 50 Jahren ohnehin fällig gewesen wäre.

33 David Kahn: The Codebreakers. New York 1996. Scribner.

34 Cryptologia: An International Journal Devoted to Cryptology. Philadelphia 1977ff. Taylor & Francis.

Welchman (1906-1985), der an der Seite von Alan Turing arbeitete. Sein Buch »The Hut Six Story« von 1982[35] erregte auch deshalb grosse Aufmerksamkeit: Hier erzählte jemand aus dem engsten Kreis der Wissenschafter, wie die Operation genau ablief. Das Buch beschreibt dabei sowohl kryptografische Einzelheiten der Enigma als auch die organisatorische Leistung und die Personen, die bei der Entschlüsselungsoperation beteiligt waren.

Der nächste wichtige Text war ein sehr technischer: Cipher A. Deavours[36] und Louis Kruh publizieren gemeinsam 1985 »Machine Cryptography and Modern Cryptanalysis«.

Die Autoren weisen in ihrem Vorwort auf eine weitere, für die Frage nach dem Mythos wohl wichtige Beobachtung hin:

» [...] many people drawn into the design of cryptographic systems had no background in the field. As a result, one finds today a bewildering variety of cipher instruments for sale throughout the world. Some of these devices are secure, some are not so secure. While the earlier electromechanical machines could be disassembled and studied, the new ones, whose integrated circuitry is often epoxy sealed, cannot be analyzed easily. Further, manufacturers are reticent on the subject of the algorithm being used. Caveat emptor!« [37]

Es gab offenbar noch Mitte der 70er Jahre kaum technische Literatur zum Thema und auch kaum Experten. Die Autoren belegen diese Feststellung mit einer glaubwürdigen Beobachtung:

»In the mid-1970s the National Bureau of Standards held a two-day conference near Washington DC to discuss the merits of a new algorithm to be used for the encryption of computer data. The bureau had gathered all of the cryptologic ›experts‹ it could find outside of the government. Those who attended represented research organizations, consulting firms, colleges, and merely interested individuals. The algorithm's designers from IBM were also present to defend their work to the assembled panel. It rapidly became clear during the first

35 Gordon Welchman: The Hut Six Story. New York 1982.

36 Der Name Cipher A. Deavours ist ein Wortspiel und würde übersetzt ›Ziffer-Fresser‹ bedeuten. Der Name ist aber entgegen einer nahe liegenden Annahme kein Pseudonym. Cipher A. Devours war noch 2006 als Professor für Mathematik an der Kean University im US Bundesstaat New Jersey tätig. Gemäss Auskunft von Frode Weierud und David Kahn war der Vater von Cipher A. Devours für die National Security Agency (NSA) tätig und taufte wohl deshalb seinen Sohn auf den ungewöhnlichen Namen Cipher A.

37 Cipher A. Deavours; Louis Kruh: Machine Cryptography and Modern Cryptanalysis. Dedham 1985. S. XI/XII.

morning that most of the individuals involved in the ›assessment‹ of the algorithm (including one of the authors) knew so little about cryptography and cryptanalysis in general that the task at hand could not be performed at all. The expertise of many participants seemed to consist of ideas gleaned from reading David Kahn's excellent book, ›The Codebreakers‹. It was as if a group of scientists versed in Aristotelian physics were asked to check the solution of a quantum mechanical problem.«[38]

Mitte der 70er Jahre war offenbar das Wissen über Kryptografie auch unter Wissenschaftern sehr gering – so gering, dass kaum eine vernünftige Fachkonferenz abgehalten werden konnte.

Cryptologia

Kryptografie hatte als Wissenschaft lange einen prekären Status. Entsprechend wenige Publikationen waren verfügbar. Das änderte sich ab Mitte der 70er Jahre.

Für das gewandelte Selbstverständnis spricht auch ein anderer Hinweis: Die wissenschaftliche Zeitschrift Cryptologia, die 1977, also nur wenige Jahre nach der Veröffentlichung von Frederick W. Winterbothams »The Ultra Secret« gegründet wurde und seither viermal im Jahr erscheint. Cryptologia befasst sich vor allem mit historischen Aspekten der Kryptografie. Zu den Gründern zählten der New Yorker Historiker und Journalist David Kahn sowie die beiden Mathematiker Louis Kruh und Cipher A. Devours,[39] alles Wissenschafter, die in unserem Kontext schon mehrfach erwähnt wurden.

Im allerersten Artikel der neu gegründeten Zeitschrift erklären die Herausgeber ihre Absichten:

»In an effort to provide communication among teachers of cryptology and to encourage our colleagues to consider cryptology, either wholly or in part, for their own teaching, Cipher Deavours (and it really is Cipher) suggested that we might start a newsletter devoted to cryptology, and more specifically to the mathematical aspects of the science. So it was that CRYPTOLOGIA was conceived. This all came from a common past that included the National Security Agency experience, David Kahn's The Codebreakers, D. C. B. Marsh's article,

38 Ebenda S. X.

39 Cryptologia. An International Journal Devoted to Cryptology. Philadelphia 1977ff. Taylor & Francis.

»Cryptology as a Senior Seminar Topic«, and then courses of our own in cryptology at the college level.«[40]

Gleich von Beginn an interessierte man sich auch für Fragen ausserhalb der Mathematik im engeren Sinn und rief dazu auf, entsprechende Texte einzusenden.

»We also very much need papers in the non-mathematical and noncomputational area of cryptology. Certainly both research and survey papers are welcomed as are reviews, short notes, and items of interest. The latter could be as far reaching as personal accounts, notices of sources, inquiries and queries, pedagogical concerns, criticism, archival materials, technical notes, messages for solutions, which are of broader interest than just solving, etc.«[41]

Fragen der reinen Mathematik wie zum Beispiel Artikel zur Zahlentheorie – Teil der Grundlagen der Kryptografie – standen allerdings nie im Vordergrund und wurden auch zu jener Zeit eher in spezialisierten Zeitschriften wie der seit 1952 existierenden Publikation »IEEE Transactions on Information Theory«[42] behandelt, in der auch der Mathematiker und Informationstheoretiker Claude A. Shannon publizierte. Die Zeitschrift Cryptologia hingegen hat sich im Lauf ihrer Entwicklung noch stärker auf historische Aspekte spezialisiert.

Die Tatsache, dass Mitte der 70er Jahre eine Zeitschrift wie Cryptologia entstand, darf wohl als Zeichen des wachsenden Interesses für historische Fragen zur Kryptologie gewertet werden. Dieses Interesse steht im Zusammenhang mit der vertieften naturwissenschaftlich-mathematischen Auseinandersetzung mit dem Gebiet: Diese hatte zum Ziel, sichere Methoden für die Datenübertragung zu gewinnen. So entstanden auch für dieses Gebiet eigene Zeitschriften wie etwa das seit 1988 erscheinende Journal of Cryptology.[43] Einer der wichtigsten Meilensteine auf diesem Gebiet war die Entwicklung des sogenannten asymmetrischen Verschlüsselungsverfahrens, das die beiden Mathematiker Whitfield Diffie und Martin Hellmann zum ersten Mal beschrieben.[44]

40 Brian Winkel: Why Crpytologia. In: Crpytologia 1, 1977. S. 3.

41 Ebenda.

42 IEEE Transactions on Information Theory. New York 1953ff. IEEE Publication Group.

43 Journal of Cryptology. The journal of the International Association for Cryptologic Research. New York 1988 ff. Springer. Im Jahr 2006 war der Zürcher ETH Professor und Mathematiker Ueli Maurer Chefredaktor.

44 Frode Weierud bemerkt hierzu in einer Email an den Autor: »I fully agree with the comment on this conference and it is not so strange that

In der Zeitschrift Cryptologia ist von Anfang an die Enigma ein wichtiges Thema – und das ist auch heute, dreissig Jahre nach der Gründung der Zeitschrift nicht anders. Die Entwicklung der Enigma-Forschung liesse sich anhand der Aufsätze in dieser Zeitschrift nachvollziehen.[45]

Alan Turing im Fokus

Zu den wohl wirkungsmächtigsten und interessantesten Untersuchungen in unserem Kontext gehört die Alan Turing Biografie des Oxforder Mathematikers Andrew Hodges, die bei ihrem Erscheinen mit Begeisterung

the participants were lost. Virtually nothing had been published about cryptanalytical techniques and it was 15 years later that the first cryptanalytical techniques to deal with DES type ciphers were developed outside the government agencies. Even today cryptanalytical government research is some of the most well guarded secrets and it is only recently some of the older techniques from Word War 2 have been declassified. What really changed cryptographic research was undoubtedly the paper by W. Diffie and M. E. Hellman, »New Directions in Cryptography«, which for the first time introduced public key cryptography to a non-classified forum. This is in my opinion what really triggered the academic community to look at cryptography as something worthwhile studying.« (Email an den Autor vom 15.August 2006.)
Whitfield Diffie and Martin E. Hellman, »New Directions in Cryptography«, IEEE Transactions on Information Theory, Vol. IT-22 Nr.6 Nov. 1976, S. 644-654.

45 Einige Beispiele: »The Enigma: Part I – Historical Perspectives« hiess ein längerer Aufsatz in der Ausgabe 1/4 vom Oktober 1977 im Januar 1978 2/1 ging es gleich weiter mit einem Aufsatz »The Ultra Conference«; immer wieder ein Thema war die Person des polnischen Mathematikers Marian Rejewski (so etwa im Januar 1982); in den 80er Jahren wurden die Themen zunehmend sehr spezifisch »Naval Enigma: M4 and Its Rotors« hiess ein Aufsatz in der Ausgabe 11/4 vom Oktober 1987 im Oktober 1990 fragte ein Autor »The Turing Bombe: Was it Enough?« (14/4); ebenfalls sehr spezifisch ein Aufsatz im Januar 1997 »ENIGMA: Actions Involved in the ›Double Stepping‹ of the Middle Rotor« (21/1) und auch in neuster Zeit bleibt das Thema aktuell »Factoring for the Plugboard – Was Rejewski's Proposed Solution for Breaking the Enigma Feasible?« fragte ein Autor im Oktober 2005 (29/4).

aufgenommen wurde[46] und wohl auch heute noch die massgebliche Turing Biografie ist.

Abbildung 21

Die Turing- Biografie von Andrew Hodges – Englisch 1992 und 2000 sowie deutsch 1994.

Der Titel der Studie spielt mit den Begriffen: »Alan Turing. The Enigma«.[47] Ganz entscheidend: Der Autor – selber ein bekennender Homosexueller – thematisierte die Homosexualität von Alan Turing. Zum Zeitpunkt seiner Recherche Mitte bis Ende der 70er Jahre hätte es Leute gegeben, die ihm von einem solchen Vorhaben abgeraten hatten, erklärt er im Gespräch. Hodges beschreibt die Faszination, die Turing auf ihn ausübt:

»Ich war sehr fasziniert vom Mythos um Alan Turing und auch von den Fakten. Turing war seiner Zeit weit voraus und hat Dinge getan, die bis in die 50er und 60er Jahre nicht üblich waren. Dann war diese überraschende Tatsache, dass jemand, der in so abstrakten Bereichen arbeitete, auch in so konkreten Projekten wie eben dem Knacken der Enigma führend sein konnte. Es gibt sehr wenige Leute, die in beiden Bereichen, Theorie und Praxis, so gut sind. Und dann war die Tatsache, dass er als bekennender Homosexueller seiner Zeit voraus war.«[48]

Andrew Hodges führt gleich eine Reihe von Gründen an, die für das Verständnis der Mythenbildung wichtig sind:

»Ende der 70er Jahre kamen verschiedene Faktoren zusammen: Ich hatte Kontakt zu einigen Leuten, Schwule, die Alan Turing kannten und um seine Geschichte wussten. Ich kannte auch seinen ersten Geliebten. Diese Arbeit wäre

46 Lucien Trueb, Wissenschaftsredaktor bei der Neuen Zürcher Zeitung, nannte das Buch eine »meisterhaft geschriebene Biografie«. Neue Zürcher Zeitung vom 28. März 1984. Zitiert nach: Rolf Hochhuth: Alan Turing. Erzählung. Reinbek 1987. Rowohlt. S. 196.

47 Andrew Hodges: Alan Turing. The Enigma. London 1983. Burnett. Deutsche Übersetzung: Andrew Hodges: Alan Turing, Enigma. Wien 1989/1994. Springer.

48 Andrew Hodges im Gespräch mit dem Autor in Oxford am 8. April 2006.

nie möglich gewesen, wenn es nicht diese Koinzidenz gegeben hätte. Plötzlich konnte man auch über Homosexualität reden. Dann kam das Ende der Geheimhaltung der Enigma-Entschlüsselung um 1974, ein sehr wichtiger Einschnitt. Vor allem weil ehemalige Mitglieder des Secret Service begannen, über ihre Arbeit in Bletchley Park zu reden. Es gab ja immer schon die Rivalenschaft zwischen den Spionen und den Codebreakern – und 1976 kam das zusammen. Ich war damals wohl die einzige Person, die diese drei Dinge zusammenbringen konnte: Mathematik, Gay Liberation, Geheimnis. Als ich mein Buch 1984 publizierte, war die Welt bereits eine andere. Heute sind Leute offen für solche Figuren, die nicht ins Bild einer ›Weltkriegs-Persönlichkeit‹ passten.«[49]

Sein zweitletzter Satz ist einer der Schlüssel für das Verständnis des Enigma-Mythos: »Als ich mein Buch 1984 publizierte, war die Welt bereits eine andere«, und man darf sinngemäss ergänzen, die Gesellschaft begann sich für die Figuren in ihren Nischen und Rändern zu interessieren und war damit auch in der Lage, das einmalige Verdienst und gleichzeitig die Tragik einer Figur wie jener von Alan Turing zu würdigen. Andrew Hodges weist im Gespräch auf einen weiteren gesellschaftlichen Wandel hin:

»Die Modernisierung und die Geschichte des Zweiten Weltkrieges. Das war vor allem in Deutschland sehr wichtig, wo man vor den 70er Jahren wenig wissenschaftliche Arbeit zu dieser Frage betrieb. Und in Grossbritannien war es nicht anders, auch wenn viele Filme zu diesem Thema produziert wurden. Erst in den 70er Jahren begann man sich für die sozialen Fragen des Zweiten Weltkrieges zu interessieren. Es gab in den frühen 70er Jahren diese Serie »The World at War«, die moderne Interviewtechniken benutzte um die sozialen Fragen zu beleuchten, die durch den Krieg verändert wurden. Es gab eine grosse Modernisierung in dieser Hinsicht, man öffnete sich auch den soziologischen Fragen des Krieges.«[50]

Schon die Auswahl und Präsentation dieser wenigen Titel zeigt, wie in den 80er Jahren das Feld der Forschung geöffnet wurde – durch autobiografische Berichte wie bei Frederick W. Winterbotham, durch sehr technische Texte wie bei Louis Kruh oder durch akribische Biografien wie bei Andrew Hodges. In den 90er Jahren folgte eine grosse Vielzahl von Texten, die Einzelaspekte beleuchteten: Dazu zählt etwa David Kahns Buch »Seizing the Enigma«[51] von 1991, bei dem es einzig um die Marine-Enigma und den U-Boot Code geht. Dieser Code konnte ja nur gebro-

49 Ebenda.

50 Ebenda.

51 David Kahn: Seizing the Enigma.The Race to Break the German U-Boat Codes, 1939-1943. London 1992. Arrow Books.

chen werden, nachdem es gelang, Schiffe mit der Marine-Enigma aufzubringen und so die Verdrahtung der Rotoren zu analysieren.

Es scheint, dass das Ende des Kalten Krieges die Distanz zum Geschehen und wohl auch dessen historische Bedeutung weiter vergrösserte – und es noch einmal leichter machte, davon zu erzählen: 1993 publizieren Francis H. Hinsley und Alan Stripp unter dem Titel »Codebreakers. The Inside Story of Bletchley Park« eine Reihe von Berichten von einzelnen Angehörigen der Bletchley Park Truppe.[52]

Der Strom der Publikationen reisst in den 90er Jahren und auch danach nicht ab. Jetzt gerät auch der Begriff Computer und der Zusammenhang zwischen den Operationen von Bletchley Park und der Computergeschichte in den Fokus. So etwa im Buch »Action this Day. Bletchley Park. From the breaking of the Enigma Code to the birth of the modern computer«.[53]

Gespiesen wurde die steigende Zahl von Berichten nicht nur von Zeitzeugen, sondern auch durch Materialien aus den Archiven, die in den 90er Jahren immer mehr geöffnet wurden. So war etwa die Rekonstruktion des ersten elektronischen Digitalrechners Colossus, der ebenfalls in Bletchley Park entwickelt wurde, nur möglich dank den exakten Plänen, die in den Archiven von London und Washington zugänglich wurden.[54] Colossus wurde gebaut um einen deutschen Fernschreiber-Code zu entschlüsseln. Die umfangreiche Sammlung von Aufsätzen des britischen Historikers Jack Copeland erhellt die Geschichte dieses Rechners, und weil viele der handelnden Personen sowohl beim Knacken der Enigma als auch beim Bau von Colossus beschäftigt waren, fallen auch neue Erkenntnisse für die Enigma-Forschung an.[55]

52 Francis H. Hinsley und Alan Stripp: Codebreakers. The Inside Story of Bletchley Park. Oxford 1993. Oxford University Press.

53 Michael Smith und Ralph Erskine: Action this Day. Bletchley Park. From the Breaking of the Enigma Code to the Birth of the Modern Computer. London 2001. Random House.

54 Dominik Landwehr: Colossus. Der erste elektronische Digitalrechner. 2006. Typoskript.

55 Jack Copeland: Colossus. The Secrets of Bletchley Parks Codebreaking Computers. Oxford 2006. Oxford University Press.

Populärwissenschaft

Die wachsende Beschäftigung mit Kryptografie und der Enigma durch die Wissenschaft fand ihren Niederschlag auch in der Presse und in der populärwissenschaftlichen Literatur. Wo genau die Grenze zwischen wissenschaftlicher und populärwissenschaftlicher Beschäftigung verläuft, ist dabei schwer auszumachen. Wie wir in der Einleitung gesehen haben, handelt es sich auch vielmehr um zwei verschiedene Diskursformen, und es gilt sich vom Konzept zu lösen, wonach die populärwissenschaftliche Diskursform ›weniger wahr‹ sei als die wissenschaftliche.

Zudem sind die Grenzen oft fliessend. Dies gilt vor allem bei Publikationen mit Zeitzeugen. Es gibt eine Reihe von Zeugnissen, die sich klar der einen oder anderen Gruppe zuordnen lassen, es gibt aber auch hybride Formen wie das Standardwerk des Münchner Mathematikers Friedrich L. Bauer. Das lässt sich sehr schön an der Veränderung des Titels ablesen: Hiess er in der ersten und zweiten Auflage 1993 und 1994 noch »Kryptologie. Methoden und Maximen«, so wurde der Titel ab der dritten Auflage 1995 in »Entzifferte Geheimnisse. Methoden und Maximen der Kryptologie« geändert. 1995 publizierte der Weltbild Verlag in Augsburg – bis 1987 spezialisiert auf katholische Erbauungsschriften – genau dasselbe Buch unter dem Titel: »Entzifferte Geheimnisse. Codes und Chiffren und wie sie gebrochen werden«.[56] Bauers Buch ist weitgehend ein mathematisches Lehrbuch, das sehr reich an zusätzlichen sachlichen und historischen Erklärungen ist und deshalb rasch zu grosser Bekanntheit kam. Und natürlich ist dem Mathematiker und Pädagogen Bauer nicht entgangen, dass unter der Leserschaft seines Buches viele waren, die seine mathematischen Erklärungen wohl nicht einmal ansatzweise verstanden. Die Publikationsgeschichte dieses Werkes zeigt, wie problematisch der Begriff der Populärwissenschaft im Grunde ist: Bauers Buch ist offensichtlich populär geworden, deswegen aber nicht weniger wissenschaftlich!

Etwas anders liegen die Dinge beim wohl meistverkauften Buch zum Thema Kryptografie: »The Code Book: The Evolution of Secrecy from Mary, Queen of Scots to Quantum Cryptography«.[57] Autor des 1999 erstmals erschienen Buches ist der britische Wissenschaftsjournalist Simon Singh. Das Buch wurde in verschiedene Sprachen übersetzt. 2003 erscheint davon eine weiter vereinfachte Version als Jugendbuch unter

56 Friedrich L. Bauer: Entzifferte Geheimnisse. Codes und Chiffren und wie sie gebrochen wurden. Augsburg 1995. Weltbild Verlag (Lizenzausgabe).

57 Simon Singh: The Code Book: The Evolution of Secrecy from Mary, Queen of Scots to Quantum Cryptography. New York 1999. Doubleday.

dem Titel »The Code Book. How to Make it, Break it, Hack it, Crack it.«. Dass im Titel der Begriff des Hackens erwähnt wird, weist auf eine Beziehung zwischen der Tätigkeit des Entschlüsselns (›code breaking‹) und dem Eindringen in fremde Computer und Netze (›hacking‹) hin.[58] Singh referiert in seinem Buch auf über 70 Seiten die Geschichte der Enigma und ihrer Entschlüsselung.

Singh stellt die Enigma-Geschichte recht faktisch dar, beginnend mit der Erfindung und einer ausführlichen Erklärung zur Funktionsweise. Er berücksichtigt auch im Teil zur Entschlüsselung der Enigma den aktuellen Forschungsstand, vor allem auch, was die grosse Rolle der Polen betrifft. Ausführlich geht er auch auf die Rolle Alan Turings ein und natürlich kommen auch dessen teilweise skurril anmutenden Gewohnheiten, wie das Radfahren mit Gasmaske, zur Sprache.

Es sind Diskurse wie diese, die eine Auseinandersetzung mit den sogenannten wissenschaftlichen Grundlagen der Kryptografie überhaupt zulassen – und sie gleichzeitig den Händen von Spezialisten entreissen. Der Text von Simon Singh könnte auch anders gelesen werden: Als eine kanonisierte Version der Geschichte der Kryptografie und der Enigma.[59]

Ganz ähnlich, wenn auch wesentlich raffinierter und aufwendiger, argumentiert die Begleitpublikation zum Film »Station X«, auf die zurückzukommen sein wird. Im Film erzählen Zeitzeugen die Geschichte von Bletchley Park aus ihrer Sicht, dazwischen werden zeitgenössische Szenen nachgespielt, auch wenn sie nur durch einen Schleier sichtbar sind.

»Wir verdanken dem Triumph der Alliierten über Nazideutschland die Freiheiten, die wir heute haben. Aber trotz der Spenden für Kriegsveteranen und trotz der Kriegerdenkmäler und jährlichen Gedenkgottesdiensten wird das, was viele Briten zu diesem Sieg beigetragen haben, nur allzu leicht vergessen. Zwar beruhigen wir einmal im Jahr unser Gewissen mit einer Spende, doch die Teilnehmer an den Gedenkgottesdiensten werden immer weniger, und viele Denkmäler werden entfernt, zerstört oder gehen verloren. Angesichts der zahlreichen Schlachten und vielen Toten des Zweiten Wettkriegs kann keine Bevölkerungsgruppe mit Recht behaupten, den entscheidenden Beitrag zum Sieg geleistet zu haben. Eine bestimmte Gruppe jedoch darf tatsächlich für sich in Anspruch nehmen, einen einzigartigen Beitrag nicht nur zum Sieg der Alliierten, sondern auch zu unserer heutigen Lebensweise geleistet zu haben. Die genialen

---

58 Simon Singh: The Code Book. How to Make it, Break it, Hack it, Crack it. London 2003. Delacorte.

59 Die Darstellung von Simon Singh stützt sich zu einem wesentlichen Teil auf die umfangreiche Studie von David Kahn, was Singh allerdings auch anmerkt.

Codeknacker von Bletchley Park, der streng geheimen Station X, spielten im Krieg nicht nur eine wichtige Rolle, sondern dürften tatsächlich den Zeitraum bis zur Niederlage des Dritten Reiches um bis zu drei Jahre verkürzt haben. Und nicht nur das, sie legten mit dem Bau von Colossus, dem ersten programmierbaren Computer der Welt, das Fundament für die Computertechnologie, die unsere heutige Welt beherrscht.«[60]

Die Feststellungen sind in dieser Verkürzung kaum mehr richtig: Die Entschlüsselung der Enigma hat den Krieg möglicherweise um Monate, kaum aber um Jahre[61] verkürzt, ob Colossus wirklich ein Computer oder doch nicht eher eine grosse Rechenmaschine war, ist zumindest fraglich. Historiker argumentieren in der Regel sehr viel vorsichtiger.[62] Entscheidend sind aber der Gestus und die Sicherheit, mit der diese Thesen vorgetragen werden. Für mich stellt sich die Frage, ob diese Thesen nicht einem weiteren, bisher unbekannten Subtext entspringen. Darauf wird zurückzukommen sein.

---

60 Michael Smith: Enigma Entschlüsselt. Die ›Codebreakers‹ von Bletchley Park. München 2000. Heyne. S. 9.
Michael Smith: Station X. London 1998. Channel 4 Books.

61 David Kahn spricht in seinem Buch »Seizing the Enigma« von Monaten, nicht von Jahren. David Kahn: Seizing the Enigma. London 1996. Arrow Books. S. 276 ff.

62 Auch Jack Copeland bezeichnet Colossus als Computer. Jack Copeland: Colossus. The Secrets of Bletchley Parks Codebreaking Computers. Oxford 2006. Oxford University Press.
Der französische Wissenschafts- und Technikphilosoph Pierre Lévy bietet zur Frage der Erfindung des Computers eine wesentlich differenziertere Sichtweise an: »Die Geschichte der Informatik lässt sich als unbestimmte Verteilung schöpferischer Momente und Orte betrachten, als eine Art Netz, in dem jeder Knoten die Topologie seines eigenen Netzes seinen eigenen Zielen entsprechend bestimmt und alles, was von den benachbarten Knoten zu ihm gelangt, nach seiner Weise deutet.«
Pierre Lévy: Die Erfindung des Computers. In: Michel Serres: Elemente einer Geschichte der Wissenschaften. Frankfurt 2002. Suhrkamp. S. 905-945.

Die Enigma im Spiegel fiktionaler Texte

Von der Populärwissenschaft zur fiktionalen Literatur ist kein weiter Weg. Kryptografische Rätsel sind in der fiktionalen Literatur beliebt, interessanterweise weit über die Spionage- und Kriminalliteratur hinaus. Davon zeugt eine fast unübersehbare Anzahl von Romanen und Kurzgeschichten. Eine Liste, die der Informatiker John F. Dooley 2005 zusammengestellt und in der Zeitschrift Cryptologia veröffentlicht63 hat, umfasst über 120 Publikationen, aus naheliegenden Gründen vornehmlich aus dem angelsächsischen Raum: Er nennt Autoren wie Edgar Allan Poe (1843: »Der Goldkäfer«), Jules Verne (1877: »Reise zum Mittelpunkt der Erde«), Agatha Christie (1933: »The Four Suspects«), Dorothy Sayers (1962: »The Nine Taylors«) oder Ken Follet (1980: »The Key to Rebecca«).

Das Thema war im untersuchten Zeitraum offenbar nicht immer gleich populär: Auffallend ist eine Lücke zwischen 1920 und 1960 und eine Zunahme der Titel ab 1980. Dass die Kryptografie in den letzten 25 Jahren des 20. Jahrhunderts zu einem grossen Thema geworden ist, darf uns nach dem bisher Gesagten nicht weiter überraschen.

Die Enigma taucht im Kontext fiktionaler Texte erst in den 80er Jahren auf. Für die nachfolgenden Ausführungen stützen wir uns primär auf die folgenden Texte:

- Walter F. Murphy. »The Roman Enigma«. New York 1982. Macmillan Publishing Company.
- Rolf Hochhuth: »Alan Turing«. Erzählung. Hamburg 1987. Rowohlt.
- Robert Harris: »Enigma«. London 1995. Random House.
- Dan Brown: »Digital Fortress«. London 1998. Random House.
- Neal Stephenson: »Cryptonomicon«. New York 1999. Avon Books.

Die Enigma und ihre Entschlüsselung ist eine Geschichte, die sich seit Mitte der 70er Jahre gewissermassen ins kollektive Gedächtnis einge-

63 John F. Dooley macht in seinem Aufsatz vier unterschiedliche kryptografische Rätsel aus: Sprachliche oder mathematische Rätsel, steganografische Rätsel, Code-Rätsel und Ziffern-Rätsel. Am häufigsten benutzt werden Rätsel des ersten Typs: In Isaac Asimovs »1 to 999« beispielsweise liegt der Schlüssel zur Lösung des Rätsels in der Tatsache, dass im Englischen in den Worten für die Zahlen von eins bis 999 nie der Buchstabe A vorkommt.
John F. Dooley: Codes and Ciphers in Fiction. An Overview. In: Cryptologia 29/4, 2005. S. 290-328.

schrieben hat. Sie wird oft im Sinn eines ›pars pro toto‹ als allgemeine Referenz zum Thema Kryptografie benutzt.

Das zeigt etwa der 1998 erschienene Thriller »Digital Fortress« des britischen Autors Dan Brown.[64] Auch in seinen anderen beiden Büchern »The Da Vinci Code«[65] und »Angels & Demons«[66] geht es um verschlüsselte Botschaften. Im Buch »Digital Fortress« sieht sich die National Security Agency (NSA) plötzlich mit einem nicht mehr entzifferbaren Code konfrontiert. Schon diese fiktive Annahme ist interessant, weil sie nämlich eine weit verbreitete Phantasie aufnimmt, nach welcher die NSA mit ihren umfassenden wissenschaftlichen Kenntnissen und Computern sämtliche Chiffrierungen der Welt zu knacken vermag.

Ein Blick auf die beiden Hauptpersonen des Buches zeigt eine interessante Kombination, die im Licht der Geschichte der Kryptografie nicht ungewöhnlich erscheint: Da ist auf der einen Seite Susan Fletcher, eine begabte Mathematikerin und Computerwissenschafterin, sie besetzt eine Kaderposition in der geheimnisumwitterten NSA.[67] Ihr Partner ist der Altertumsforscher und Linguist David Becker, seinerseits Harvard-Professor. Die beiden machen sich, wenn auch auf getrennten Wegen, auf die Suche nach dem gefährlichen, nicht lösbaren Algorithmus.

Die Paarung von Mathematikerin und Altertums- bzw. Sprachwissenschafter ist nicht zufällig und erinnert an die Mischung von Spezialisten von Bletchley Park. Sie findet sich aber auch in der Biografie des amerikanischen Mathematikers und Kryptologen William S. Friedman, der mit der Literaturwissenschafterin Elisabeth Wells Gallup verheiratet war[68] und mit ihr nach einem verborgenen Code in Shakespeare's Schriften forschte. Schliesslich ist die Kombination von Naturwissenschafter und Altertumsforscher auch ein durchgängiges Motiv in den Jurassic

64 Dan Brown: Digital Fortress. Reading 1998.

65 Dan Brown. The Da Vinci Code. London 2004. Doubleday.

66 Dan Brown: Angels & Demons. Robert Langdon's First Adventure. London 2003. Knv Import.

67 Die National Security Agency ist Gegenstand von zahlreichen Spekulationen und Verschwörungstheorien. Vgl. Dazu: James Bamford: Body of Secrets. How America's NSA and Britain's GCHQ Eavesdrop on the World. New York 2001. Doubleday.

68 Frank B. Rowlett: The Story of Magic: Memoirs of an American Cryptologic Pioneer, with Foreword and Epilogue by David Kahn, Laguna Hills 1999. Aegean Park Press.
Ausserdem: William F. Friedman und Elizabeth S. Friedman: The Shakespearean Ciphers Examined. Cambridge 1957. Cambridge University Press.

Parc Filmen von Steven Spielberg, respektive in den Romanvorlagen von Michael Crichton.[69]

Zurück zu »Digital Fortress« von Dan Brown: Der Linguist Becker erhält zu Beginn eine kurze Einführung in die Geschichte der Kryptografie. Nach einigen Worten zur Verschlüsselungstechnik von Julius Cäsar geht es weiter mit dem Thema Enigma:

»Over time Caesar's concept of rearranging text was adopted by others und modified to become more difficult to break. The pinnacle of noncomputer-based encryption came during World War II. The Nazis built a baffling encryption machine named Enigma. The device resembled an old-fashioned type-writer with brass interlocking rotors that revolved in intricate ways and shuffled cleartext into confounding arrays of seemingly senseless character groupings. Only by having another Enigma machine, calibrated the exact way, could the recipient break the code.«[70]

Die Enigma steht hier keineswegs im Mittelpunkt, sie ist einfach ein Referenzpunkt: »The Nazis built a baffling encryption machine named Enigma.«[71] Der Autor kann davon ausgehen, dass seine Leserschaft schon davon gehört hat. Genauigkeit ist nicht gefragt, es geht darum, Bilder und Stimmungen zu erzeugen, auf denen die nachfolgende Handlung, die zwar mit Verschlüsselung, aber nichts mit Enigma zu tun hat, aufbauen kann. Ist ein Begriff einmal derart bekannt wie jener der Enigma, dann braucht er nicht mehr erklärt zu werden.

Alan Turing - ein biografischer Roman von Rolf Hochhuth

Rolf Hochhuth ist der erste deutsche Schriftsteller, der sich ausführlich dem Thema Enigma widmet. In erster Linie befasst sich der Autor aber mit der Person von Alan Turing. Rolf Hochhuth, geboren 1931, gehört zu den bekanntesten und wohl auch umstrittensten deutschen Autoren der Nachkriegszeit. Der Autor hat eine spezielle, am amerikanischen Dokumentar-Roman geschulte Technik entwickelt und setzt sie für seine aufklärerische Arbeit ein. Seine Theaterstücke haben immer wieder Kontroversen ausgelöst, angefangen vom »Stellvertreter« im Jahr 1963 bis hin

69 Michael Crichton: Jurassic Park. New York 1990. Random House. Michael Crichton: Lost World. New York 1995. Random House.

70 Dan Brown: Digital Fortress. Reading 1998. S. 29.

71 Ebenda.

zum Stück »McKinsey kommt« von 2004. Eines seiner Hauptanliegen ist die Aufarbeitung der deutschen Vergangenheit.

Hochhuths Text fusst auf einem fiktiven Tagebuch einer Frau namens Monica, die Alan Turing sehr nahe stand und die auch um seine Homosexualität wusste:

»Zwar kannte ich ihn noch nicht 1936, als er ›On Computable Numbers‹ schrieb, jene 35 Seiten, die den Vierundzwanzigjährigen zum Vater des Computers machten. Ich war während der entscheidenden Jahre 1940 bis Kriegsende eine seiner engsten Mitarbeiterinnen, war auch nach dem Krieg seine Vertraute und stand ihm zeitweise persönlich so nahe, wie überhaupt eine Frau diesem sehr unglücklichen Homosexuellen sein konnte.«[72]

Alan Turing als Vater des Computers ist ein Motiv, das in dieser Verkürzung nicht mehr stimmt, aber für die Konstruktion einer Biografie äusserst wirkungsvoll ist. Turings Mitarbeiterin Monica liebt ihren Vorgesetzten, daran lässt Hochhuth keinen Zweifel. Die Figur Monica wirkt nicht in allen Facetten glaubwürdig. Sie ermöglicht aber dem Autor eine Vereinfachung und Zuspitzung. Hochhuth macht uns mit diesem dramaturgischen Kunstgriff glauben, die entscheidenden Aussagen würden nicht von ihm, dem Autor, sondern von Monica, respektive ihrem Tagebuch stammen. Mit diesem Trick legitimiert der Autor auch die Wiedergabe der oft zitierten sonderbaren Verhaltensweisen von Alan Turing:

»Seit hier Heu auf den Wiesen lag, kennt ihn nun in Bletchley Park jeder, denn wegen seines Heuschnupfens trug er plötzlich die Gasmaske auf dem Rad. Und wunderte sich, dass er schwitzte. Er hat selber mitgeschaufelt, hier eine Aschenbahn anzulegen, und ist deren eifrigster Benutzer – er rennt, als hinge mehr ab von seinen Langstreckenrekorden als von dem, was wir aus seinen Dechiffrier-Bomben an deutschen Funksprüchen im Klartext herausholen.«[73]

Die Beschreibung der Enigma aus der Sicht der Tagebuchschreiberin klingt dann so:

»Ich weiss nicht viel von Enigma, die fast so harmlos aussieht wie eine ganz ordinäre Schreibmaschine – ich höre nur von Alan und allen anderen, sie sei schlechthin fabelhaft gefährlich noch immer, weil sie so sehr wandlungs- und erweiterungsfähig ist, dank ihres Systems elektrisch getriebener Zylinder.«[74]

---

72 Rolf Hochhuth: Alan Turing. Erzählung. Hamburg 1987. Rowohlt. S. 10.

73 Ebenda S. 32.

74 Ebenda S. 30.

Alles andere als nur subjektiv aus der Perspektive der Liebenden will der Autor aber die Einschätzung von Turings Wirken verstanden wissen:

»Denn nie erlaubte ihm der Staat – uns allen hat er das bis 1974 verboten – , öffentlich darzustellen, dass Turings Abteilung des Geheimdienstes ebenso viel für Englands Sieg geleistet hat wie die Downing Street. Die Unanständigkeit unseres militärischen und ministeriellen Establishments gegen die Wissenschafter, die ihm durch den Einbruch in Hitlers Funkverkehr die Siege ermöglicht haben, wird ja nur übertroffen durch die groteske Illusion dieser ›Herren‹, dass sie der Nachwelt auf ewig unterschlagen könnten, Alan Turing habe als einzelner soviel für England geleistet wie nur der andere einzelne noch: Winston Churchill.«[75]

Hochhuth spitzt zu, vereinfacht, lässt aus und ist natürlich sehr bruchstückhaft. So wie die Hauptperson des Buches Alan Turing ist, ist die Hauptsache des Buches die Entschlüsselung der Enigma. Die Entschlüsselung der Enigma wird personalisiert. Hochhuth – das ist unübersehbar – will Alan Turing ein Denkmal setzen. Die Gleichsetzung des Mathematikers Turing mit dem britischen Kriegspremier Winston Churchill setzt der Autor Hochhuth im Buch auch szenisch um. Eine Begegnung der beiden hat zwar anlässlich eines Besuches von Winston Churchill in Bletchley Park tatsächlich stattgefunden und Alan Turing auch veranlasst, den berühmten Bittbrief an Churchill zu schreiben. Dass die beiden sich aber so ausführlich unterhalten haben, ist nirgends verbürgt und entspringt der dichterischen Freiheit des Autors. Geschildert wird die Begegnung wiederum aus der Perspektive von Monica:

»Da ich die Apparatur bedienen musste, durfte ich mitgehen, als Churchill sich von Turing eine Bomba zeigen lies; zuvor die Enigma. Es war offensichtlich, dass der Primeminister zwar beeindruckt, doch auch abwesend war, sobald Alan zu gründlich ins technische Detail ging. Grösse ist Konzentration auf die ureigene Aufgabe, und die Churchills ist Kriegführung, nicht die Beschäftigung mit einem einzelnen Apparat, wenn er ihm auch das Entscheidende für die Führung des Krieges verdankt. Ganz unüblich hatte er seine Hand Alan hingestreckt, als er Hut und Stock aufhob und aus dem Kreis der anderen heraustrat und sagte: ›Zu Ihnen, zum Herrn des Orakels von Bletchley Park!‹ Er geht sehr schnell, sagte noch schneller: ›Sie – Sie, gehen Sie hier voran‹ – und es war offensichtlich, dass er Alan vor allen auszeichnen wollte. Ja, mehr: Churchill plauderte vor ihm aus, was er sicher keinem anderen so ohne weiteres erzählt, und sein Motiv, vor Alan so offen zu sein, war fraglos nicht Schwatzhaftigkeit, sondern ein Bedürfnis, dem genialen Erfinder zu zeigen, dass auch er einer ist. Er sagte: ›Ihre Entschlüsselung der Meldungen über Eisenbahntransporte, die

75 Ebenda S. 11.

Waffen und Munition der Hunnen nach Ungarn und Rumänien brachten, hat den letzten Zweifel beseitigt, dass der Mann da drüben in die Balkan-Falle hineintappen würde, die ich ihm hingestellt hatte: Sie haben mir eine Zentnerlast von der Brust geräumt, sobald ich wusste, der marschiert auf Athen und Belgrad.«[76]

Der Autor macht Alan Turing nicht nur zum Vater des Computers, sondern auch noch zum »Orakel von Bletchley Park«, ein Mittel um die Situation zu überhöhen. Die Überhöhung ist auch in einer der Antworten von Churchill zu spüren:

»Also Ihre, es bleibt Ihre, Turing – universelle Maschine gegen Hitlers universelle Waffe. Denn universell – oder nicht – ist doch eine Waffe, wenn sie alle anderen subsumiert: Enigma ist die vollendete Tarnung aller Waffen Hitlers, aller seiner Ziele, Daten, Gedanken, Pläne – und die haben Sie enttarnt, abgewrackt.«[77]

Dieser Gedanke wird im Gespräch mit Monica später vertieft.

»Er lag so tief im Loch einer paralysierenden Depression, dass ich ihn mit seinen eigenen Taten im Krieg trösten wollte. […]Er trank, ich trank, er schwieg, ich schwieg. Dann sagte er und stand auf, um ohne mich, so einsam wie stets, heimzuradeln – wie gerne wäre ich mit ihm gegangen: Solche KZ-Schergen haben wir ja nicht getötet, indem wir Enigma knackten, oder? – Ungerührt stelle ich klar: Doch. Wir machten den KZ ein Ende, indem wir die umbrachten, die es dem Hitler ermöglicht hatten, KZs zu unterhalten.«[78]

Der Autor personalisiert die Entschlüsselung der Enigma und überhöht die Figur von Alan Turing: Die Entschlüsselung der Enigma war das Verdienst von Alan Turing, und Turing ist auch der Vater des Computers. Turing erhält in diesem Text ein literarisches Denkmal. Die Gleichsetzung der Enigma-Entschlüsselung mit Alan Turing ist ein Motiv, das in populär verkürzten Texten immer wieder auftaucht, genauso wie die Verkürzung, die ihn zum Vater des Computers macht. Genau gesehen berührten sich hier eigentlich zwei Mythen: Der Mythos um Alan Turing und der Mythos der Enigma – beide Mythen profitieren voneinander und laden sich gegenseitig auf. Und gleichzeitig wird die Computergeschichte auf eine einfache und einprägsame Formel verkürzt. Verkürzung, so

76 Ebenda S. 56.
77 Ebenda S. 60.
78 Ebenda S. 127.

darf man nach diesen Einblicken schliessen, könnte ein weiteres Element in der Mythenbildung sein.

Interessant ist auch die Erzählperspektive: Alan Turing hat aus seiner Homosexualität nie ein Geheimnis gemacht, die Pathologisierung dieser Neigung durch die britische Justiz trieb ihn 1955 in den Selbstmord. Weshalb erzählt der Autor Hochhuth die Turing-Geschichte dann aus der Perspektive einer Frau, die dem Mathematiker in grosser Liebe zugetan ist? – Geschah dies als Konzession an den vermuteten Publikumsgeschmack oder ist es einfach ein dramaturgischer Trick? – Die Frage lässt sich nicht einfach so entscheiden. Interessant ist die Tatsache, dass in der Verfilmung des Thrillers »Enigma« von Robert Harris die männliche Hauptfigur an Alan Turing erinnert – als extrem sensibler und hochbegabter Mathematiker – ansonsten aber ein relativ gewöhnlicher junger, heterosexueller Mann ist und sich der Plot der Geschichte dementsprechend entlang einer heterosexuellen Beziehung entwickelt.

Ist die Turing-Biografie von Rolf Hochhuth Ursache oder Wirkung der Mystifizierung der Enigma-Geschichte? – Sie ist wohl beides: Hochhuth hätte seinen Text nicht schreiben können ohne die verschiedenen Motive. Wir dürfen annehmen, dass die Dynamik der Mythenbildung aber mit einem so renommierten Autor wie Rolf Hochhuth neuen Schub erhält.

Im erzählerischen Gestus des Dramatikers ist keine Brechung enthalten, kein Distanz-Nehmen. Im Gegenteil: Hochhuth erzählt, als wäre er selber dabei gewesen, Zweifel daran sind keine am Platz. Es mag dieser Gestus sein, der den Text aus heutiger Sicht merkwürdig entrückt erscheinen lässt – entrückt in seinem belehrenden, autoritären Gestus und in seinem Ernst. Oder begegnet uns hier bereits jene Hyperrealität, die wir bei den Simulationen finden werden?

Bei der Betrachtung des Texts des deutschen Dramatikers Hochhuth standen Fragen nach der literarischen Gattung nicht im Vordergrund, sie verdienen aber dennoch einige Bemerkungen: Der als Dramatiker bekannte Autor schreibt nämlich einen Text, den man am ehesten als biografischen Roman bezeichnen dürfte. Dass der Text über weite Strecken als innerer Monolog gestaltet ist, tut dieser Charakterisierung keinen Abbruch, man muss davon ausgehen, dass der Autor diesen inneren Monolog der Turing-Assistentin Monica als die bestmögliche Form gewählt hat. Hochhuth darf als ›Aufklärer‹ gelten mit einer gesellschaftlichen Mission: Den herrschenden gesellschaftlichen Diskurs zu unterlaufen und zwar mit Fakten, die seiner Leserschaft (noch) nicht bekannt oder zu wenig bewusst sind. Er sieht seine Aufgabe nicht in der Erforschung dieser Tatsachen, sondern in der Vermittlung – salopp könnte man von Popularisierung reden – von Recherchen anderer, die er benennt, ohne aber im Einzelnen darauf einzugehen.[79] Aus heutiger Perspektive ist Hochhuths Turing-Buch ein Beitrag zur Verstärkung des Mythos um Turing, aber auch um die Enigma.

»Enigma« - ein Thriller von Robert Harris

Vom belehrenden Gestus Rolf Hochhuths ist 1995, also zehn Jahre später, im Buch »Enigma« von Robert Harris nichts mehr zu spüren. Beim Text handelt es sich um einen Thriller – auch wenn das Buch bei seinem Erscheinen schlicht als ›Novel‹ bezeichnet wurde. Es lohnt sich hier einen Blick auf die Eigenschaften dieser Gattung zu werfen, die im angelsächsischen Raum die erfolgreichste literarische Erzählform der Gegenwart bildet.[80] Nicht nur der Gattungsbegriff, sondern auch die Texte stammen fast immer aus dem angelsächsischen Raum; anders als noch vor zehn oder zwanzig Jahren erscheinen sie aber oft zeitgleich in englischer und deutscher Sprache und folgen ähnlich wie die Filmproduktionen globalisierten Distributions-Mustern.

Abbildung 22

Der Thriller »Enigma« von Robert Harris von 1995 wurde schnell zu einem Bestseller und ist in unzähligen Ausgaben gedruckt worden. Hier eine Auswahl von englischen, deutschen und französischen Ausgaben. Interessant ist dabei die Breite des verwendeten Bildmaterials: Die Maschine selber wird nur bruchstückhaft abgebildet, demgegenüber scheinen Szenen aus dem U-Boot Krieg verkaufsfördernder zu sein. Der Film mit Kate Winslet in einer Hauptrolle schafft wiederum eine ganz neue Referenz.

79 Rolf Hochhuth führt diese Quellen summarisch auf – dazu zählen im Wesentlichen die Mitte der 80er Jahre bekannten Autoren: Andrew Hodges, Gustave Bertrand, Gordon Welchman oder Frederick W. Winterbotham.

80 Vgl. Artikel ›Thriller‹. In: Routledge Encyclopedia of Narrative Theory. London; New York 2005. Routledge. S. 607.

Thriller sind Texte, die von den Aktionen der handelnden Personen getrieben sind. Polit- oder Spionage-Thriller sind in realistische Szenarios der Vergangenheit oder der Gegenwart eingebettet. Typisch für diese Gattung ist, dass in diesen Handlungen wesentlich mehr auf dem Spiel steht als nur das Überleben der Hauptfiguren, oft geht es um die Zukunft eines Landes, eines Volkes oder – nicht selten – der ganzen Menschheit. Das Weltbild des Thrillers ist manichäisch – schwarz-weiss. Die Konfrontation zwischen den USA und der Sowjetunion ist im zeitgenössischen Polit-Thriller der Auseinandersetzung mit dem Terror gewichen.

Beim Polit-Thriller wird ein Vorwissen vorausgesetzt, auf dem der Autor aufbauen kann. Dasselbe gilt auch für Thriller, deren Handlung in vergangener Zeit angesiedelt ist, wie eben beim Thema des Zweiten Weltkriegs.

Vermeintliche Authentizität spielt eine Rolle – verfügt der Leser über ein ausgedehntes Vorwissen, so wird er mit Vergnügen feststellen, wie korrekt der Autor eine historische oder gegenwärtige Situation beschreibt. Thriller-Autoren üben sich nicht selten in grosser Genauigkeit. Der Thriller überschreitet so immer mehr die Grenze zwischen Fiktion und gerät in die Nähe der Simulation.[81]

Genau dies trifft auch für den Thriller »Enigma« des britischen Autors Robert Harris zu und wird vom Autor auch eingangs entsprechend vermerkt: »This novel is set against the background of an actual historical event. The German naval signals quoted in the text are all authentic. The characters, however, are entirely fictional«.[82]

Im Epilog listet Harris seine Quellen auf – die ganze bekannte Enigma-Literatur sowie eine Reihe von Gesprächen mit Zeitzeugen. Zu den bei Rolf Hochhuth zitierten Texten ist eine ganze Reihe von neuen dazu gekommen.[83]

Die Handlung des Buches ist in Bletchley Park angesiedelt. Hauptfigur ist ein junger Cambridge-Mathematiker namens Tom Jericho, der bei der Lösung des schwierigsten aller Enigma-Schlüssel, des sogenannten Shark-Codes eine wichtige Rolle gespielt hat. Eine unglückliche Liaison zu einer Frau namens Claire Romilly und totale Überarbeitung führen zu einem nicht näher beschriebenen Zusammenbruch, in dessen Folge Tom

81 Mediengeschichtlich wäre hier die Entwicklung von George Orwells »Krieg der Welten« von 1938 bis zur Fernsehserie »24 Stunden« und dem TV-Genre der simulierten Wirklichkeiten nachzuzeichnen.

82 Robert Harris. Enigma. London 1995. Hutchinson. Epitaph. s.p.

83 Ebenda S. 398/90.
Dazu zählen unter anderem »Seizing the Enigma« von David Kahn von 1991 oder »Codebreakers« von Francis H. Hinsley und Alan Stripp von 1993.

Jericho Bletchley Park verlassen muss. Nur wenig später können aber die Codebrecher die Zeichen der Marine-Enigma nicht mehr lesen und holen deshalb Tom zurück. Hier beginnt der eigentliche Thriller: Tom sucht sofort nach seiner einstigen Geliebten, die ihn kurz vor seinem Zusammenbruch verlassen hat. Claire bleibt unauffindbar. Peu à peu entdeckt nun Tom – zusammen mit der Mitbewohnerin von Claire, einer Frau namens Hester Wallace, eine Reihe von Unstimmigkeiten. So finden sie in einem Versteck in Claires Wohnung eine Reihe von nicht-entzifferten Enigma-Nachrichten. Auf der Suche nach dem Hintergrund für diese zunächst unerklärliche Tat stossen sie auf eine Überraschung: In den abgefangenen Nachrichten geht es um das Massaker im russischen Katyn,[84] bei dem 4000 polnische Offiziere erschossen wurden, verantwortlich dafür ist die Sowjetunion. Die Nachricht wurde aber entfernt, wohl um bei den mit der Sowjetunion verbündeten Briten und Amerikanern keine Zwietracht zu säen. Claire und ihr Verschwinden bleibt auch den Verantwortlichen von Bletchley Park nicht verborgen, sie vermuten ein Spionage- und ein Gewaltdelikt – der Verdacht wird genährt durch die Tatsache, dass Kleider von Claire bei einem nahe gelegenen Teich auftauchen, eine Suche bleibt ergebnislos. Im Lauf der dramatischen Suche nach Claire stellt sich allerdings heraus, dass nicht sie eine Spionin war, sondern ein Exilpole namens Pukowski, der zusammen mit Tom arbeitete. Er hatte die Botschaft aus Katyn entschlüsselt und unter den Namen der Getöteten seinen Bruder entdeckt. Aus Trauer und Wut auf das von den Russen begangene Massaker beschliesst er das Geheimnis der Enigma-Entschlüsselung den Deutschen preiszugeben. Er wird im letzten Moment erwischt, kurz bevor er ein deutsches U-Boot vor der Küste von Schottland besteigt. Claire ihrerseits, so stellt sich am Schluss heraus, arbeitete von Anfang an als Agentin für den britischen Geheimdienst. Ihre Aufgabe war es, die Loyalität der Mitarbeiter zu überwachen.

Erzählt wird die Geschichte auf zwei Ebenen: Einmal in der Gegenwart und einmal, kursiv markiert, in der Vergangenheit – als Liebesgeschichte zwischen Claire und Tom.

Vorwissen über die Grundlagen des Zweiten Weltkrieges wird zwar vorausgesetzt, kryptografische Einzelheiten werden eingeführt. Allerdings nicht auf einen Schlag sondern gewissermassen portionenweise. Dazu dienen auch die Kapitelüberschriften in der Form von kryptografi-

84 Das Massaker von Katyn wurde bis in die neuere Zeit der deutschen Wehrmacht angelastet. Im April 1990 erklärte der damalige Staatschef der Sowjetunion, Michail Gorbatschow, sein Land trage die Schuld an diesem Kriegsverbrechen.

schen Fachwörtern: Whispers – Cryptogram – Pinch – Crib – Kiss –Strip – Plaintext.[85]

Auch wenn der Autor Fakten korrekt wiedergeben will, so geht er damit sehr sparsam um, vieles wird nur angedeutet. Ein Verfahren, das Spannung erzeugt. Die Geschichte beginnt denn auch nicht in Bletchley Park, sondern in Cambridge im Februar 1943.

»It was to this bleak spot in the flatlands of eastern England that there came, in the middle of February 1943, a young mathematician named Thomas Jericho. The authorities of his college, King's, were given less than a day's notice of his arrival – scarcely enough time to reopen his rooms, put sheets on his beds, and have more than three year's worth of dust swept from his shelves and carpets. And they would not have gone to even that much trouble it being wartime and servants so scarce – had not the Provost himself been telephoned at the Masters's Lodge by an obscure very senior official of His Majesty's Foreign Office with a request that ›Mr. Jericho be looked after until he is well enough to return to his duties‹.«[86]

Es gibt in diesem Buch mehrere Geheimnisse: Zunächst jenes um die Entschlüsselung der Enigma in Bletchley Park. Dann aber gibt es innerhalb dieses Geheimnisses ein zweites, fiktives – damit wird der Titel des Buches »Enigma« gleich doppelt gerechtfertigt.

Geheimhaltung ist das A und O der Operation von Bletchley Park. Und davon profitiert auch der Roman. Dazu gehört auch die immer wieder vorgetragene Idee, dass die Mitarbeiter dieser Operation darunter litten, dass sie nach aussen hin eine relativ banale Erklärung für ihr Tun in Bletchley Park abgeben mussten. Das lässt sich an kleinen Alltagsbeobachtungen vorführen, etwa beim Öffnen von zwei harmlosen Glückwunschbriefen von der Mutter und der Tante von Tom Jericho.

»Neither woman had any idea what he was doing and both, he knew, were guiltily disappointed he wasn‹t in uniform and being shot at, like the sons of most of their friends.«[87]

---

85 Whispers: Geräusche, die unmittelbar vor einer Funkübertragung entstehen; Cryptogram: Verschlüsselter Text; Pinch: Diebstahl von kryptografischem Material oder vom Feind gestohlenes kryptografisches Gerät; Kiss: Zwei verschiedene Kryptogramme mit identischem Quelltext; Crib: Ein erratenes Wort, das beim Entziffern den Weg weist; Strip: Eine erste Schicht der Verschlüsselung – bei Mehrfachverschlüsselung; Plaintext: Klartext.

86 Robert Harris: Enigma. S. 3-4.

87 Ebenda S. 14.

Der Erzählstil von Harris ist im Gegensatz zu Hochhuth sehr atmosphärisch:

»[…] the crocuses ware late, the lanterns had not been switched on since 1939, and a static water tank disfigured the famous aspect of the chapel. Only one light gleamed faintly in the college and as he walked towards it he gradually realised it was his window. He stopped, frowning. Had he left his desk light on? He was sure he hadn't. As he watched, he saw a shadow, a movement, a figure in the pale, yellow square. Two seconds later the light went on in his bedroom. It wasn't possible, was it?« [88]

Die Notwendigkeit, mehr als nur skizzenhaft die Fakten rund um die Enigma einzuführen, löst der Autor, indem er stückweise und personalisiert in die reiche Faktenwelt einführt:

»Logie drew his knees up under his chin and wrapped his hands around his shins: Shark, Limpet, Dolphin, Oyster, Porpoise, Winkle. The six little fishes in our aquarium, the six German naval Enigmas. And the greatest oft these is Shark.«[89]

Später folgt eine recht eingehende Einführung zur Enigma – immer durch die Augen des Mathematikers. Seine Motivation, so legt der Text nahe, hat mit seiner Liebe für Muster zu tun, Mathematik ist demnach die Suche nach Mustern.

»On the same principle, Jericho thought the Enigma machine was beautiful – a masterpiece of human ingenuity that created both chaos and a tiny ribbon of meaning […]. «[90]

Auch die Erklärung ist recht detailreich:

»The genius lay in the vast numbers of different permutations the Enigma could generate. Electric current on a standard Enigma flowed from keyboard to lamps via a set of three wired rotors (at least one of which turned a notch every time a key was struck) and a plugboard with twenty-six jacks. The circuits changed constantly, their potential number was astronomical, but calculable […] you were looking at a machine that had around 150 million million million different starting positions. It didn't matter how many Enigma machines you captured or how long you played with them. They were useless unless you knew the rotor order, the starting positions and the plugboard connections. And the Germans changed these daily, sometimes twice a day. The machine had only one tiny –

88 Ebenda.

89 Ebenda S. 25.

90 Ebenda.

but, as it turned out, crucial – flaw. It could never encipher a letter as itself: an A would never emerge from it as an A, or a B as a B, or a C as a C...Nothing is ever itself: that was the great guiding principle in the breaking of Enigma, the infinitesimal weakness that the bombes exploited.«[91]

Wären die Menschen allein gewesen, so hätten sie diese Schwäche nicht ausnützen können. Aber sie nutzten dafür keine Menschen, sondern Maschinen:

»But Bletchley – and this was what the Germans had never reckoned on – Bletchley didn‹t use human beings. It used bombes. For the first time in history, a cipher mass-manufactured by machine was being broken by machine. [...] Who needed spies now? Now you needed mathematicians and engineers with oilcans and fifteen hundred filing clerks to process five thousand secret messages a day. They had taken espionage to the machine age.«[92]

Was für den Thriller »Enigma« von Robert Harris gilt, lässt sich auch für ein anderes Buch sagen: Walter F. Murphys »Roman Enigma«.[93] Das bereits 1981 publizierte Buch stellt wohl den frühesten literarischen Bezug zur Enigma dar und konstruiert eine Handlung aus amerikanischer Sicht, die im faschistischen Rom zu einer Enigma-Maschine führt. Interessant daran ist ihr gewissermassen informations-theoretisch ausgerichteter Plot, der danach fragt, wie sich das Geheimnis der Enigma-Entzifferung durch Bletchley Park schützen lässt, so dass der Gegner, also Nazi-Deutschland, nicht merkt, dass er belauscht wird. Die Ausgangsfrage wird in einem Dialog zwischen einem Anwalt und seinem ehemaligen Lehrer, der Richter am Obersten Gerichtshof der USA ist, sichtbar:

»Suppose Mr. Justice that you were at war against a powerful enemy who had a secret weakness that you understood. You need to exploit that weakness not once but many times. How would you keep him from knowing that you have his secret even while you are using it against him?.[...] The solution, the lawyer went on, is as plain as the moustache under Adolf Hitler's nose: You search for the secret as if you did not know it, search for it and let the enemy ascertain that you are searching for it. Meanwhile, you use what you know and attribute your victories in the field to superior skill und superior equipment – mostly superior

91 Ebenda S. 65.

92 Ebenda.

93 Walter F. Murphy. The Roman Enigma. New York 1981. Macmillan Publishing. Der Titel wurde in den 80er Jahren verschiedene Male aufgelegt, aber nie in andere Sprachen übersetzt.

skill in planning. That will drive the enemy crazy with anger. He'll believe you're only lucky.« [94]

Das Buch ist dann ganz dieser Tarnoperation gewidmet: Ein amerikanischer Agent landet im besetzten Rom mit dem Auftrag, in der dortigen deutschen Botschaft die Enigma-Maschine zu untersuchen und zu fotografieren. Damit soll den Deutschen glaubhaft gemacht werden, dass man sich verzweifelt um diese Maschine bemüht. Die deutsche Abwehr kann dieses Unterfangen verhindern, indem sie den amerikanischen Agenten eine wertlose Maschine fotografieren lässt. Das Buch ist kenntnisreich geschrieben, vor allem, was die Verhältnisse im besetzten Rom angeht, seine Handlung führt aber gewissermassen ins Leere. Egal wie spannend die Geschichte immer sein mag: Das Ganze ist eine Scheinoperation.

Cryptonomicon von Neal Stephenson

Das wohl vielschichtigste und umfangreichste literarische Werk im Kontext von Enigma und Kryptografie ist das 1999 erschienene »Cryptonomicon« von Neal Stephenson.[95] Das Buch wurde trotz seines immensen Umfangs von rund 1000 Seiten begeistert aufgenommen und bereits nach kurzer Zeit auch ins Deutsche übertragen. »Cryptonomicon« bietet keine leichte Lektüre und kann seine Nähe zu Thomas Pynchons »Gravity's Rainbow« nicht verbergen. Auch wenn die gattungsmässige, literaturwissenschaftliche Zuordnung in unserem Kontext von sekundärer Wichtigkeit ist, so ist es doch interessant, das Werk auf der Folie des vielfach bemühten und diskutierten Begriffes des postmodernen Romans zu sehen. Für »Cryptonomicon« gilt, was Friedrich Kittler für Thomas Pynchons »Gravity's Rainbow« gesagt hat:

»Pynchons Romane werden unter Literaturwissenschaftern gerne als Musterfälle der sogenannten Postmoderne behandelt. Wenn es Thomas Pynchon nicht im Verborgenen gäbe, müsste man ihn fast erfinden, um die Postmoderne ganz so zu belegen, wie Georg Cantor Bacons Autorschaft an Shakespeares Werken einst bewies. Jedenfalls scheinen ganze Zitierkartelle damit befasst, eine vorgebliche neue Unübersichtlichkeit noch zu steigern. Nur Niklas Luhmann, als er noch lächelte, hat bei Gelegenheit gescherzt, er kenne gar keine Postmoderne, sondern nur eine moderne Post. Womöglich also hilft die Schublade namens

94 Ebenda S. 7.

95 Neal Stephenson: Cryptonomicon. New York 1999. Avon Books. Deutsche Übersetzung: Neal Stephenson. Cryptonomicon. 2003. Goldmann.

Postmoderne ihren Propheten aus der blanken Verlegenheit, in Romanen etwa von Pynchon auf Dinge oder gar Sachverhalte zu stossen, vor denen das eingespielte Werkzeug unserer Geisteswissenschaften elendiglich versagt [...].«[96]

Mit den Dingen und Sachverhalten meint Kittler Naturwissenschaft und Technik, zu der die Literatur, zumal die deutschsprachige, seit jeher ein gespanntes Verhältnis hat. Daran hat sich wohl, seitdem Harro von Segeberg 1987 von einem Modernisierungsdefizit[97] sprach, nur wenig geändert.

Anders als Thomas Pynchon, der selber Physik studiert hatte, ist Neal Stephenson kein Naturwissenschafter und bekennt sich, mindestens dem Buchstaben nach, zu technischen Vereinfachungen.[98] Trotzdem sticht sein Buch unter allen literarischen Texten zur Enigma als eminent technisches Werk zum Thema Kryptografie hervor. Mathematische Formeln, Graphiken und Programmcode gehören zum literarischen Inventar des Autors und werden – mindestens von einem Teil der Leser – auch sehr wörtlich genommen und nachgerechnet. Das Verfahren hat Friedrich Kittler bei Pynchon beschrieben:

»Um dagegen anzuschreiben, dass technische Zeichnungen das ganze Gegenteil von Bildern sind, tut Pynchon das einzig Mögliche; er setzt sie selber in den Text. Romane bestehen nicht mehr aus blossen Buchstaben, die ab und zu von Ziffern für Kapitel oder Seitenzahlen unterbrochen werden. Sie sind darum kein

96 Friedrich Kittler: Pynchon und die Elektromystik. In: Bernhard Siegert und Markus Krajewski: Thomas Pynchon. Archiv – Verschwörung – Geschichte. Medien 15. Weimar 2003. Verlag und Datenbank für Geisteswissenschaften. S. 123.

97 Harro von Segeberg: Literaturwissenschaft und interdisziplinäre Technikforschung. In: Harro von Segeberg: Technik in der Literatur. Ein Forschungsüberblick in zwölf Aufsätzen. Frankfurt 1987. Suhrkamp. S. 9.

98 Im »Cryptonomicon cypher-FAQ« schreibt der Autor Stephenson: »Any novel that addresses technical subjects sooner or later includes some oversimplifications that make knowledgeable readers cringe. I have tried to go about this project competently, and have aimed for a higher level of accuracy than might be found in some other documents. It contains a few long digressions about crypto that have already gotten me lambasted by reviewers. But (a) it is fiction after all, and (b) I am not perfect, and (c) even if I were there would probably be cases in which it was better to simplify certain topics to avoid alienating normal readers.« http://web.mac.com/nealstephenson/Neal_Stephensons_Site/cypherFAQ.html vom 16.2.2008.

Patchwork wundersamer postmoderner Codevermehrung, sondern kalkulierte Überschneidung von Schriften, Bildern, Zahlen.«[99]

Genau dasselbe tut Stephenson, indem er ausgedehnte technische Beschreibungen und auch Programmcode in seinen Roman aufnimmt und am Schluss gleich noch die Beschreibung eines sicheren Chiffrierverfahrens beifügt.[100]

Die Handlung von »Cryptonomicon« spielt in zwei Zeiten und an verschiedenen Orten: Im Kalifornien der Gegenwart und im Zweiten Weltkrieg, wechselnd in den USA, England und im pazifischen Raum. Historische und fiktive Personen treten auf und spinnen Gedanken von damals weiter. Der historische Alan Turing trifft den fiktiven Mathematiker Lawrence Pritchard Waterhouse und einen ebenso fiktiven deutschen Wehrmachts-Mathematiker Rudolf von Hacklheber. Die Gegenwartshandlung ist vergleichsweise einfach: Der Programmierer Randy Waterhouse – Enkel des oben genannten Weltkriegsveteranen – und seine Freundin Amy Shaftoe wollen zusammen auf den Philippinen einen sicheren Datenspeicher, eine sogenannte Offshore-Datenoase, schaffen und nebenbei auch den sagenhaften Nazi-Schatz, der mit einem deutschen U-Boot transportiert worden sein soll, heben.

Diese Anlage erlaubt dem Autor sein Wissen zu historischer und zeitgenössischer Kryptografie auszubreiten. Darin spielt die Enigma eine Schlüsselrolle, entsprechend umfangreich sind die dazu vorgebrachten Erklärungen. So lässt der Autor zunächst auf mehreren Seiten die Frage, wann bei Alan Turings Fahrrad die Kette reisst, mathematisch erörtern[101] – um die Erkenntnisse dann auf das Entschlüsseln der Enigma zu übertragen:

»Die dreiwalzige Enigma ist ein solches (d.h. periodisches, polyalphabetisches) System. Wie der Getriebezug von Turings Fahrrad verkörpern ihre Räder Zyklen innerhalb von Zyklen. Ihre Periode beträgt 17 576, das heisst, das Substitutionsalphabet, das den ersten Buchstaben einer Nachricht verschlüsselt, wird erst wieder mit dem Erreichen des 17 577ten Buchstaben benutzt. Bei Shark je-

99 Friedrich Kittler: Pynchon und die Elektromystik. S. 126.

100 Es handelt sich dabei um einen von Bruce Schneier ausgedachten kryptologischen Algorithmus: Bruce Schneier ist amerikanischer Informatiker, der sich auf Fragen der Kryptografie spezialisiert und verschiedene Bücher zu diesem Thema veröffentlicht hat. Der Kryptografie-Algorithmus, der auf dem Solitaire-Spiel basiert und vollkommen ohne elektronische Hilfsmittel auskommt, dürfte sein originellster Beitrag zum Thema Computersicherheit bilden.

101 Neal Stephenson. Cryptonomicon. S. 218-224.

doch haben die Deutschen eine vierte Welle hinzugefügt und die Periode damit auf 456 976 erhöht. Die Walzen werden zu Beginn jeder Nachricht auf eine neue, willkürlich festgelegte Startposition gesetzt. Da die deutschen Nachrichten niemals 450 000 Zeichen lang sind, benutzt die Enigma in einer einzelnen Nachricht nie zweimal dasselbe Substitutionsalphabet, weshalb die Deutschen sie auch für so gut halten.«[102]

Die Handlung löst sich im Lauf der Geschichte immer mehr von ihren dokumentarischen Vorlagen und wirkt zunehmend absurd, was durchaus vergnüglich zu lesen ist. So etwa als Alan Turing mit der Theorie der nicht-symmetrischen Verschlüsselung konfrontiert wird, die erst in den 60er und 70er[103] Jahren, also lange nach seinem Tod, entwickelt wurde. Waterhouse erörtert mit Alan Turing die Problematik der sogenannten Einmalblöcke (One-Time-Pad):

»Das Problem mit den Einmalblöcken ist, dass man von jedem Block zwei Kopien machen muss und sie zum Absender und zum Empfänger befördern muss....angenommen, du kämest auf einen mathematischen Algorithmus zur Erzeugung sehr grosser Zahlen, die zufällig wären oder zumindest zufällig wirkten [...] wenn du ihn – den Algorithmus nämlich – den vorgesehenen Empfängern in aller Welt zukommen lassen könntest, dann könnten sie die Berech-

102 Ebenda S. 224.

103 Die Grundlagen der nicht-symmetrischen Verschlüsselung, die heute als State of the Art gilt und in Computer- und anderen Netzwerken angewandt wird, wurde in zwei Schritten entwickelt: Zunächst fanden 1976 Whitfield Diffie und Martin Hellmann das Prinzip. Die Mathematiker Ron Rivest, Adi Shamir und Len Adleman definierten ein Jahr später, 1977, den Algorithmus, der ihnen zu Ehren RSA-Algorithmus genannt wurde. Er basiert auf der heute fast als axiomatisch geltenden Feststellung, dass Multiplikationen mit sehr hohen Primzahlen nachträglich nicht mehr rekonstruierbar sind. Mathematisch ausgedrückt heisst das, dass eine Faktorisierung praktisch unmöglich ist. Praktisch unmöglich bedeutet in diesem Kontext: Mit heutigen Mitteln in einem als vernünftig geltenden Zeitrahmen. Es mag als Hinterwitz der Geschichte erscheinen, dass der britische Geheimdienst ein ähnliches Verfahren bereits zehn Jahre früher entwickelt und geheim gehalten hatte.
Whitfield Diffie and Martin E. Hellman, »New Directions in Cryptography«, IEEE Transactions on Information Theory, Vol. IT-22, Nov. 1976, S. 644-654. Vgl. Steven Levy, Crypto: How the Code Rebels Beat the Government – Saving Privacy in the Digital Age. New York 2001. Viking.

nung von diesem Tag an selbst durchführen und den Einmalblock für jeden Tag bestimmen.«[104]

Gänzlich phantastisch und ohne faktische Grundlage ist etwa der Dialog zwischen dem deutschen Befehlshaber der U-Boot Flotte, Admiral Dönitz, und dem Kommandanten Bischoff, Kapitän der fiktiven U-661:

»Bischoff: Habe ungefähr die Hälfte dieses Geleitzuges für Sie absaufen lassen. Musste auftauchen und einen besonders penetranten Zerstörer mit der Bordkanone angreifen. Das war so absolut selbstmörderisch, dass sie nicht damit gerechnet haben. Infolgedessen haben wir sie in Stücke geschossen. Höchste Zeit für einen schönen Urlaub.
Dönitz: Sie sind jetzt offiziell der grösste Unterseeboot-Kommandant aller Zeiten. Kehren Sie zu wohlverdienter Ruhe und Erholung nach Lorient zurück.
Bischoff: Eigentlich hatte ich an einen Urlaub in der Karibik gedacht. Lorient ist zu dieser Jahreszeit kalt und öde. […]
Bischoff: Haben einen hübschen, abgelegenen Hafen mit weissem Sandstrand gefunden. Möchten genaue Position lieber nicht angeben, da ich Sicherheit der Enigma nicht mehr traue. Prima Angelgewässer. Werde langsam braun. Fühle mich etwas besser. Mannschaft ist überaus dankbar.« [105]

In Neal Stephensons Roman steht die Enigma in einem neuen Kontext. Es geht nicht mehr um die Aufarbeitung von Krieg und historischen Verdiensten wie bei Hochhuth, auch nicht um die Erzeugung von Spannung vor einer historischen Kulisse – Cryptonomicon steht vielmehr für die neue Bedeutung von Kryptografie. Sein Buch ist vor dem Hintergrund des Technologie-Booms der späten 90er Jahre des 20. Jahrhunderts zu sehen. Kryptografie wurde zu einem der Schlüsselthemen in der politischen Diskussion rund um Computer und Netzwerke. Paradigmatisch nachvollziehen lässt sich dies in der Auseinandersetzung um das Exportverbot für die kostenlos verbreitete Chiffriersoftware PGP (›Pretty Good Privacy‹) des US Polit- und Technologieaktivisten Phil Zimmermann.[106] Das Verbot wurde umgangen, indem die Software unter Berufung auf den US Verfassungszusatz, der die freie Rede garantiert, in Buchform exportiert wurde. Vor diesem Hintergrund muss auch der Epilog in Ste-

104 Neal Stephenson. Cryptonomicon. S. 445.

105 Ebenda. S. 507.

106 Phil Zimmermann entwickelte eine erste Version der Verschlüsselungs-Software 1991. Ab 1993 lief in den USA eine Strafuntersuchung gegen ihn, da Verschlüsselungs-Software ab einer bestimmten Stärke unter das amerikanische Waffenausfuhr-Gesetz fiel. Das Verbot wurde erst im Jahr 2000 aufgehoben. PGP und Phil Zimmermann standen in den 90er Jahren als Begriffe für das Bürgerrecht an Privat- und Geheimsphäre.

phensons Cryptonomicon gesehen werden: Dort zeigt der Kryptologe Bruce Schneier, wie sich anhand des populären Solitaire-Kartenspiels ein offensichtlich sicherer Chiffrier-Algorithmus erzeugen lässt.[107] Der Autor schenkt damit dem Leser eine kostenlose und offenbar sehr sichere Chiffrier-Möglichkeit.

Neal Stephensons Cryptonomicon belegt, wie die Geschichte der Enigma in einen völlig neuen Diskurskontext eintritt: Es geht nicht mehr um die Aufarbeitung des Zweiten Weltkrieges oder um Geheimhaltung im Kontext des Kalten Krieges – die sichere, sprich geheime Übermittlung von Informationen ist im Zeitalter des Netzwerkes zu einem wichtigen, gesellschaftlichen Anliegen geworden. Der Zweite Weltkrieg ist nur wenig mehr als Kulisse – Spielmaterial für die Fabulierwut des Autors.

Mathematische Fragen – und dazu zählen auch die Fragen der Kryptografie – sind sehr abstrakt und für Laien oft schwer nachvollziehbar. Der Bezug zur Enigma schafft hier eine Brücke und sichert Aufmerksamkeit, und zwar auf verschiedene Arten: Zunächst erscheint die Maschine als determinierbares und damit durchschaubares Räderwerk, ähnlich einem Uhrwerk. Dann hilft die Einbettung in einen bekannten historischen Kontext. Dieser Kontext umgibt die Maschine mit einer Aura. Das gilt allerdings auch für andere, mechanische Chiffriermaschinen. Das dritte und wohl wichtigste Element ist aber das Geheimnis, das Maschine und Entzifferung so lange umgeben haben.

Cryptonomicon spielt mit dem Mythos der Enigma. Der Roman erzählt die Geschichte noch einmal mit einer ironischen Distanz, die man durchaus auch als postmoderne Perspektive verstehen könnte. Auf sie trifft die Charakterisierung von Jochen Hörisch zu:

»Postmodern soll nun das Zeitalter heissen, in dem immer mehr ehemals von grossen Erzählungen berauschte Köpfe ausgenüchtert zu akzeptieren lernen, dass man all diese Geschichten erzählen, relativieren, zitieren, vergessen und verlachen kann. Es gab sie, es gibt sie, es gibt ihre Konkurrenten, und es gibt die mögliche Einsicht, dass es letzte souveräne Beobachtungspunkte und Machtzentren, an denen die grossen Erzählungen ihren privilegierten Ort hatten, sowenig gibt wie transzendentale Signifikate. Als postmodern kann dann die Epoche gelten, der alle Hierarchisierungs- und Zielgewissheiten abhanden gekommen sind und in der Design- vor den letzten Seins-Fragen rangieren. In der Postmoderne ist alles zitierbar, damit aber keineswegs schon gleichgültig geworden.«[108]

107 Zu Bruce Schneier siehe oben.

108 Jochen Hörisch: Theorie Apotheke. Eine Handreichung zu den humanwissenschaftlichen Theorien der letzten fünfzig Jahre, einschliesslich ihren Risiken und Nebenwirkungen. Frankfurt 2005. Eichborn. S. 218.

Die Enigma im Film

Die Enigma ist, wenn auch in etwas weniger grossem Umfang, auch Thema von Filmen – sie weben mit am feinen Gespinst des Enigma-Mythos. Einige dieser Filme sollen hier angesprochen werden.

Das Reden und damit auch das Schreiben über Filme ist aber ein komplexeres Unterfangen als das Reden über Texte:

»Denn die rezipierte Botschaft als Summe filminterner und -externer Einflussfaktoren ist immer ein durch individuelle, situative und historisch-gesellschaftliche Variablen beeinflusste Konstruktion des Zuschauers oder – in zugespitzter Formulierung – jeder Betrachter sieht einen eigenen (Meta)-Film.«[109]

Eine eigentliche Film-Analyse[110] wie sie die Filmwissenschaft lehrt, kann hier nicht geleistet werden. Auch Helmut Kortes »Kurzanleitung« kann in diesem Rahmen nur sehr ansatzweise nachvollzogen werden.[111] Der Hinweis aber, dass neben der Handlungsebene und der formalen Ebene auch der gesellschaftliche und historische Kontext in der Analyse berücksichtigt werden müssen, ist gerade in unserem Zusammenhang wichtig.

Wir beschränken uns im Folgenden auf einige auffällige Motive und Reflektionen, die sich beim Betrachten von Filmen im Kontext der Enigma einstellen. Folgende Filme wurden ausgewählt – teils handelt es sich um Dokumentarfilme, teils um Spielfilme:

- 1981: Das Boot von Wolfgang Petersen. 208 Minuten. Bavaria Film München.
- 1999: Station X. Peter Bate. TV-Serie. 4 mal 50 Minuten. Channel 4 TV. London.
- 2000: U-571. Jonathan Mostow. 110 Minuten.

---

109 Helmut Korte: Einführung in die systematische Filmanalyse. Ein Arbeitsbuch. Berlin 1999. Erich Schmidt Verlag. S. 14.

110 Helmut Korte nennt hier verschiedene Dimensionen: Filmrealität, Bedingungsrealität, Bezugsrealität und Wirkungsrealität. Ebenda S. 21/22.

111 »Ausgehend von den Erkenntnissen der Produkt- und Kontextanalyse (›dominante Botschaft‹) unter Einbeziehung der erreichbaren Rezensionen und Informationen über Vermarktung, Zielpublikum etc. mit dem Konstrukt eines ›kompetenten Betrachters‹ den Rezeptionsprozess ›simulierend‹ erfahrbar zu machen.« Helmut Korte wie oben S. 22.

- 2001: Enigma. Das Geheimnis. Michael Apted. (Tom Stoppards Adaption des Thrillers von Robert Harris). 114 Minuten. Universal Studios.
- 2004: Churchill's Secret Passion. Bletchley Park Trust. 60 Minuten.

Eine sehr summarische Inhaltsangabe zu den Filmen: Im Spielfilm »Das Boot« steht die Besatzung eines deutschen U-Bootes im Mittelpunkt. Es soll alliierte Geleitzüge angreifen, gerät darüber aber selber in Seenot und erreicht die Küste mit letzter Kraft, um dort dann, bereits im Hafen angekommen, von einem Luftangriff zerstört zu werden. »Das Boot« ist einer der wenigen U-Boot-Filme[112] aus deutscher Perspektive. Die Enigma ist Teil des Szenarios und wird im Film gezeigt, ohne dass sie aber ein Thema wird.

Anders beim Film »U-571«: Die Besatzung des amerikanischen U-Bootes hat den Auftrag ein deutsches U-Boot zu kapern, um dessen Enigma-Maschine zu erbeuten. Beide Filme folgen demselben Schema: Ein U-Boot befindet sich auf einer Mission, die der Mannschaft und zunächst auch dem Publikum unbekannt ist. Im Fall von »U-571« ist dies besonders reizvoll, weil sich im Geheimnis um die Enigma Chiffriermaschine gewissermassen der Plot des Filmes widerspiegelt.

Beim Film »Enigma« aus dem Jahre 2001 handelt es sich um eine Verfilmung des Thrillers von Robert Harris. Die bereits geschilderte fiktive Geschichte ist in Bletchley Park angesiedelt. Dabei wurde die Romanvorlage etwas vereinfacht.

112 Auf die Frage, ob U-Boot-Filme ein eigenes Genre oder Untergenre innerhalb der Kriegsfilme bilden, kann hier nicht eingegangen werden. Nur soviel: Für ein eigenes Genre spricht nicht nur die Anzahl solcher Filme, sondern das Handlungsschema, das sich bei allen wiederfindet. Wiederkehrende Motive dabei sind fast immer: Die Mission des U-Bootes und Schwierigkeiten unterwegs, das enge Zusammenleben der Mannschaft im Schiff, klare Abgrenzung von innen und aussen.

Abbildung 23

Bilder aus der Romanverfilmung »Enigma«: Die Handlung ist rein fiktional, viele Details sind aber historisch korrekt. Das Mansion von Bletchley Park unterscheidet sich deutlich vom historischen Vorbild. Damit signalisiert der Film Distanz zur historischen Realität.

Die anderen beiden Filme sind Dokumentarfilme zum Thema Enigma. In beiden Filmen kommen Zeitzeugen zu Wort. Bemerkenswert an beiden Filmen ist ausserdem die Tatsache, dass Szenen aus Bletchley Park nachgestellt werden. Die Serie »Station X« aus dem Jahre 2001 ist wohl die umfangreichste Fernseh-Dokumentation zum Thema. Sie basiert auf umfassenden Befragungen von Zeitzeugen und Historikern in England, den USA und Deutschland und besitzt auch deshalb einen hohen dokumentarischen Wert.

Für die Filme gilt, ähnlich wie für die Texte: Hier wird ein Ausschnitt aus einer grossen Geschichte erzählt – die grosse Geschichte heisst Zweiter Weltkrieg. Alle Filme – mit Ausnahme von Petersens »Das Boot« – erzählen die Geschichte aus der Perspektive der Sieger.

Eine weitere Beobachtung, die für Dokumentarfilme und Spielfilme gilt, betrifft die Vermischung von Realität und Fiktion. Im Spielfilm »U-571« geschieht das relativ einfach, indem Elemente verschiedener britischer Aktionen zu einer fiktiven amerikanischen gemacht werden. Der Film »Enigma« verlegt eine fiktionale Handlung in einen realistischen Kontext, verändert aber mehrere Parameter: So wurde das viktorianische, schlossähnliche Haus, das Wahrzeichen von Bletchley Park, durch ein anderes, unbekanntes Haus ersetzt. Damit wird die Fiktionalität der Handlung betont. Der Hinweis kann allerdings nur von jenen gedeutet werden, welche sich das Aussehen des historischen Vorbildes eingeprägt haben. Tom Jericho, die Hauptfigur des Filmes, trägt – anders als in der Romanvorlage – Züge von Alan Turing, ohne indessen homosexuell zu sein.[113]

113 Solche Veränderungen oder Umdeutungen werden in Internet-Foren immer wieder beschrieben und entsprechend kritisch gewürdigt. Beispiel: »For the people who wondered why I don't like America: See this movie,

Grenzen zwischen Dokumentar - und Spielfilm verschwinden

Wie durchlässig die Grenzen zwischen Spiel- und Dokumentarfilmen sind, führen beide Dokumentarfilme vor, indem sie gespielte Szenen integrieren. Im Fall von »Station X« wurden sie formal mit einem speziellen weichzeichnenden und damit unscharf machenden Filter maskiert, im Fall von »Churchill's Secret Passion« – sichtlich mit wesentlich weniger Aufwand produziert – wurden die entsprechenden Szenen im altertümlich wirkenden Sepia-Farbton eingefärbt. Die gespielten Szenen sollen das Geschehene und von Augenzeugen Beschriebene illustrieren. Die Illustration wird dabei immer mehr zur Simulation. Sie spiegelt den Wunsch, Szenen dieser Geschichte nachzuspielen.

Die Aufweichung der Grenzen zwischen Dokumentar- und Spielfilmen lässt sich nicht nur im Kontext der Enigma beobachten, sie stellt vielmehr eine allgemeine Tendenz in der aktuellen Film- und Fernsehproduktion dar. Die dramaturgischen oder pädagogischen Fragen und Potentiale dieser Hybridisierung sollen hier ausgeklammert werden. Auch ein Dokumentarfilm ist ein Fabrikat – eine Interpretation der Realität und eine Inszenierung, nur ist der Gestus darin ein anderer. Das Resultat der Vermischung ist eine neue Qualität des Realen: Die Hyperrealität. Es ist dieselbe Hyperrealität, die uns im Kontext von Simulation und Re-Enactment wieder begegnen wird und die Jean Baudrillard, der Theoretiker der Simulation, so beschrieben hat:

»L'histoire qui nous est ›rendue‹ aujourd'hui (justement parce que elle nous a été prise) n'a pas plus de rapport avec un ›reel historique‹ que la néo-figuration en peinture avec la figuration classique du réel. La néo-figuration est une *invocation* de la ressemblance, mais en meme temps la preuve flagrante de la disparition des objects dans leur representation meme: *hyperréel*.«[114]

Die Dokumentarserie »Station X« wurde erkennbar mit grossem Aufwand hergestellt. An diesem Film lässt sich exemplarisch vorführen, wie die Mystifizierung der Enigma und ihrer Entschlüsselung mit den Mitteln des Films betrieben werden kann. Im Mittelpunkt des fast vierstündigen

---

and then realize that it were English who cracked the code and not Americans... this is one big history fraud, and a big heroic American movie, based on no existing facts.« www.gnovies.com/discussion/u-2d571.html vom 16.2.2008.

114 Jean Baudrillard: L'Histoire: un Scénario Rétro. In: Ders: Simulacres et Simulation. Paris 1981. Gallilé.

Werkes stehen die Aussagen von Zeitzeugen und Experten, hier wurde offenbar kein Aufwand gescheut, um Personen in Grossbritannien, Deutschland und den USA zu befragen.

Ein anderer Aspekt der Inszenierung soll hier kurz herausgegriffen werden: Die Enigma-Maschine selber gerät im Film »Station X« immer wieder ins Blickfeld. Dabei dreht sich die Chiffriermaschine – sparsam und dramatisch beleuchtet vor einem dunkelblauen Hintergrund – um die eigene Achse, dazu erklingt Musik, die an Kirchenmusik erinnert. Dass beim Zuschauer ein sakraler Kontext evoziert werden soll, ist gewiss kein Zufall, sondern dient der Überhöhung und ist eine weitere Technik der Mystifizierung.

Der Kommentar dazu ist sehr dramatisch und gipfelt in der verwegenen Feststellung, dass dank den Erkenntnissen aus dem Entschlüsseln der Enigma der Krieg gewonnen wurde.

»This is the Enigma. The most sophisticated code machine the world had ever seen. The Germans thought it impregnable. But at Station X, a secret establishment in the British countryside, they were breaking the code every day. The intelligence from the Enigma messages had the highest rating of all: Top secret. Ultra. It could even win the war.«[115]

Besonders bemerkenswert ist die Einleitung: Sie beginnt mit einem Feuer – erst später wird erkennbar, dass es sich dabei um die Verbrennung der Unterlagen von Bletchley Park handelt – wiederum begleitet von den Klängen sakral anmutender Musik.

Abbildung 24

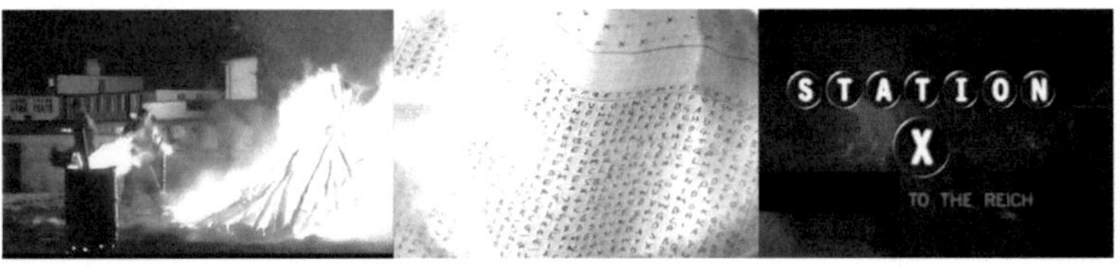

Die Einleitung des Filmes beginnt mit der Verbrennung von Akten vor der Kulisse der Gebäude von Bletchley Park.

115 Station X. Peter Bate. TV-Serie. 4 mal 50 Minuten. Channel 4 TV. London 1999. Transkription durch den Autor.

Die nur gerade 90 Sekunden dauernde Einleitung ist hier wörtlich wiedergegeben, denn sie zeigt, wie subtil auch auf der sprachlichen Ebene an der Überhöhung gearbeitet wird:

Beginn der Film Transkription

Männliche Kommentarstimme:
At a hidden location, 50 miles outside London, Britain's best kept secret is being protected. The story behind these scenes will not begin to emerge for another 30 years. Some of it may never be revealed.

O-Ton weibliche Stimme 1:
Everything was destroyed. There was not a scrap left. Churchill had ordered that, so we thought that was right.

O-Ton weibliche Stimme 2:
It was part of the job to make sure that nobody knew what we have done, that there would be no trace.

O-Ton weibliche Stimme 3:
We did really keep this secret for the good of the country.

O-Ton männliche Stimme 1:
There was always an element of mystery. You could not say anything about it. This is the first time I have been talking about Bletchley since I was there.

Männlicher Kommentarstimme
This was the largest codebreaking establishment the world had ever seen. This was Station X.

Here was once a hidden city of over 10 000 people. Here the enemy's most secret codes were being broken. In hastily constructed huts many of Britain's best and brightest were working around the clock to decode the secret messages of the German war machine. The world's first programmable computer was created here to break German codes. But no one ever knew.[116]

Titeleinblendung: Station X – The Keys to the Reich

Ende der Film-Transkription

Es lohnt sich, einige Momente bei der Sprache zu verweilen: Wendungen wie »hidden location«, »Some of it may never be revealed«, »there

116 Ebenda.

would be no trace«, »mystery« sind nicht nur dazu geeignet, Spannung aufzubauen, sie betreiben gleichzeitig die Mystifizierung der Aktion. Ihre Aussage: Hier wird etwas verborgen, das vielleicht nie wieder enthüllt wird. Bemerkenswert ist auch die Dramaturgie dieses kurzen Textes, in dem nicht weniger als vier verschiedene Stimmen zu hören sind. Sie leiten über zum Höhepunkt des Textes: »This was the largest codebreaking establishment the world had ever seen. This was Station X«.

Im Film gehen Vergangenheit und Gegenwart immer wieder nahtlos ineinander über. Dies geschieht auch auf der bildlichen Ebene, indem historische Aufnahmen immer wieder in aktuelle Filmdokumente überblenden. Durch den Wechsel von Schwarzweiss zu Farbe ist dies für den Zuschauer klar nachvollziehbar.

Abbildung 25

Übergang von aktuellen zu historischen Aufnahmen sind im Film »Station X« immer wieder zu finden. Dies bedingt eine exakte Nach-Inszenierung. Beim Bild rechts handelt es sich um eine historische Aufnahme. Das Bild links ist nachgestellt, beim mittleren Bild lässt sich dies nicht mit Bestimmtheit feststellen.

Die Dokumentation »Churchill's Secret Passion« lehnt sich ganz offensichtlich formal und inhaltlich stark an »Station X« an, wurde aber ebenso offensichtlich mit sehr viel weniger Ressourcen produziert. Die Dokumentation wurde vom Bletchley Park Museum in Auftrag gegeben und ist dort auch zu kaufen. Der Film spiegelt die Perspektive und die Absicht der Museumsbetreiber wieder. Diese Absichten sind im Prolog zum Film sogar direkt ausgesprochen – in einer förmlichen, direkten Ansprache von Prince Edward Duke of Kent, der das Patronat von Bletchley Park hat.

In seiner rund zwei Minuten dauernden Grussadresse spricht er die Ziele des Filmes an und macht unmissverständlich klar, wie er zu interpretieren sei:

»The remarkable events which took place in Bletchley during World War 2 form a unique and until very recently quite unknown chapter in British history. The codebreakers of Bletchley Park with their brilliant minds were the country's intellectual warriors. Very few people knew of their achievements or of the vital part they played in shortening the war and saving the lives of many thousands servicemen, women and civilians in many countries. [...] To give one example of the impact of Bletchley Parks work: By 1942 submarine wolf packs in the Atlantic were posing one of the greatest threats to our survival. So the breaking of the Naval Enigma was a triumph of intelligence and logistics. In the process, some of the country's brightest minds invented technology we now take for granted: A revolutionary electro-mechanical testing machine, the world's first large-scale electronic, program-controlled digital computer, and the world's first secure global communications network long before the internet. All these were initiated at Bletchley Park. […] Not without reason has Bletchley become known as the place where the modern world began.«[117]

Wichtig ist der auch in anderem Kontext wiederkehrende Hinweis auf die intellektuellen Leistungen von Bletchley Park, auf die lange und hier nicht weiter hinterfragte Geheimhaltung und schliesslich die Wirkung dieser Leistung: Der Hinweis auf die Verkürzung des Krieges und der damit verbundenen Verschonung von menschlichen Opfern. Was nun folgt, muss mit etwas kritischen Augen als Überhöhung bezeichnet werden: Bletchley Park wird so zu einem eigentlichen Ursprungs-Mythos – wo die moderne Welt ihren Anfang nahm. Zeichen dieser Moderne sind dabei der Computer und die sichere Datenübertragung.

Exkurs: »Don't mention the war«

Spätestens hier muss die Frage gestellt werden, welche Bedeutung der Sieg im Zweiten Weltkrieg für das moderne Grossbritannien hat. Krieg und Sieg sind im öffentlichen Diskurs von Grossbritannien heute sehr präsent. Wäre es möglich, dass der Rückbezug darauf auch eine Trostfunktion für die verlorene Bedeutung als Grossmacht ausübt?

Es scheint plausibel, in der Enigma-Geschichte eine solche Trostfunktion zu sehen. Es wäre nicht die einzige populäre Erzählung, die eine solche Funktion hat. Der britische Essayist und Historiker Simon Winder interpretiert auch den James Bond-Mythos vor diesem Hintergrund: Ian Fleming, Autor und Erfinder der James Bond Figur hat, wie wir aus Kapitel 1 wissen, auch bei der Enigma-Entschlüsselung im Rahmen der Operation »Ultra« eine originelle Rolle gespielt. Als James Bond-Erfinder würde ihm eigentlich ein Denkmal in London zustehen, urteilt der Autor der Bond-Studie, denn er erleichterte den Briten den schmerzhaften Übergang vom Weltreich zu einem europäischen Staat:

»Nobody else – writer or writer's creation – has more powerfully engaged in managing that vast shift from Imperial state to European state. Fleming somehow, through some final heroic version of his wartime work, moved everyone on. He comforted, entertained and distracted people who had lived with assumptions which within less than two decades became completely outmoded. The magic, the romance and the often squalid reality of dominion over the world which had animated millions of emigrants, sailors, soldiers, traders, jour-

117 Churchill's Secret Passion. Bletchley Park Trust. TV Dokumentation 2004.

nalists for so many generations came to an absolute, unrecoverable, bewildering end. But secretly, secretly, in a luxury hotel somewhere in the world, one man (a man who would today be in his eighties) was slipping a .25 Beretta automatic into his chamois-leather shoulder holster, examining his rather cruel mouth in the bathroom mirror, putting on his dinner jacket, and going out into the night to save the world.«[118]

Ein weiterer Hinweis findet sich in einem Sketch der britischen Komiker-Serie »Fawlty Towers«. Der rund zehnminütige Sketch mit dem Monty Python Schauspieler John Cleese in der Hauptrolle wurde 1975 zum ersten Mal im Fernsehen gezeigt und erfreut sich offenbar auch heute noch grosser Bekanntheit.[119] Inhalt: Der linkische Hotelbesitzer Basil muss während der krankheitsbedingten Abwesenheit seiner Frau das kleine Hotel »Fawlty Towers« selber führen. Vor dem Besuch einer deutschen Reisegruppe gibt er seinen Angestellten die Anweisung »Don't mention the war«, die er allerdings selber nicht befolgt. Im Gegenteil. Er erwähnt den Krieg bei jeder Gelegenheit und verärgert damit seine Gäste. In einem der Höhepunkte des Sketches bitten sie ihn, damit aufzuhören – Basil antwortet ihnen, dass sie es ja waren, die damit angefangen hätten. Nein, antworten die Deutschen. »Yes you did, you invaded Poland« antwortet Basil als Pointe des absurden Sketches.[120] Im Kopf von Basil gibt es offenbar – in der entlarvenden Überhöhung des satirischen Filmsketches – nur einen Gedanken, nämlich jenen an den Zweiten Weltkrieg. Demgegenüber sind die deutschen Gäste in der Gegenwart angekommen. Die beiden sprechen ganz offensichtlich nicht vom Gleichen!

Der Satz von Basil »Don't mention the war« ist in Grossbritannien zu einem geflügelten Wort geworden. Die Situation prototypisch: Je stärker versucht wird, etwas zu verdrängen, desto mächtiger meldet sich das Verdrängte zu Wort. Der Krieg soll bei der Bewirtung der Gäste nicht im Weg stehen – tatsächlich ist er das einzige und wichtigste Thema überhaupt. Die Komik entsteht, weil es dem linkischen Briten offensichtlich nicht gelingt, das Thema draussen zu halten.

Übertragen auf unsere Fragestellung liegt die Vermutung nahe, dass der Diskurs über die Enigma im britischen Kontext ein Ausdruck des Bedürfnisses ist, über den Krieg zu sprechen – und zwar in einer bestimmten Art, aus der Perspektive des Siegers und aus einer unblutigen Perspektive. Denn das Entschlüsseln der Enigma war ein unblutiger Akt.

118 Simon Winder: The Man who Saved Britain. A Personal Journey into the Disturbing World of James Bond. London 2006. Picador. S. 290/291.

119 Die Episode wird auf der Website der Reihe ausführlich geschildert: www.fawltysite.net/episode06.htm vom 16.2.2008.

120 Ebenda.

Je weiter der Krieg wegrückt, desto einfacher wird es auch, Ideen und Bilder von einem unblutigen Krieg zu konstruieren und Schmerz, eigenen und fremden, fernzuhalten. Die Erinnerung an die Entschlüsselung der Enigma ist nicht schmerzhaft und nicht zu vergleichen mit den Bombennächten von London oder von Dresden, mit Bildern von Massakern und Konzentrationslagern. Könnte es also sein, dass die Enigma-Geschichte auch das Bedürfnis nach einem unblutigen Krieg befriedigt? – Eine Frage, die wir beim Thema Simulation weiter verfolgen werden.

Der lange Weg der Enigma ins Museum

Dass die Enigma auch ein Objekt des Museums wird, erscheint im Kontext unserer Untersuchung zunächst einmal trivial. Als Kulturwissenschafter nehmen wir aber Abstand zu dieser fraglosen Selbstverständlichkeit und stellen die Hypothese auf: Es ist bedeutungsvoll, dass die Enigma im Museum ist.

Museen sind Erfindungen der Moderne, der Neuzeit, der Aufklärung. Stellvertretend für andere Daten sei hier das Jahr 1753, das Gründungsjahr des British Museum in London genannt. Krzysztof Pomian[121] zeigt in seiner viel zitierten Untersuchung zum Ursprung des Museums wichtige Bezüge zu vormodernen Einrichtungen wie dem Kuriositätenkabinett oder der Schatzkammer der Fürsten, den Grabbeigaben und schliesslich auch den Reliquien und dem damit verbundenen Reliquien-Kult.

Die Objekte verlieren ihren Nutzwert, sie erhalten aber durch das Sammeln und Ausstellen eine neue Wertigkeit. Das geschieht nicht nur mit den Gegenständen von Kunst und Kult, sondern auch mit wissenschaftlichem und technischem Gerät und natürlich mit Gegenständen des Alltags. Das bedeutet, dass sie der Zirkulation der Waren entzogen und mit neuen Bedeutungen aufgeladen werden. Pomian führt dazu einen eigenen Begriff ein und nennt solche Objekte Semiophoren. Dinge werden zu Zeichenträgern mit Symbolcharakter.[122]

Der Kulturwissenschafter Hartmut Böhme betrachtet neben den Objekten auch den Blick, dem sie nun ausgesetzt sind. Die musealen Objekte werden für ihn zu Fetischen des Blicks:

»Das Museum ist der klassische Ort dieses Blicks, und es ist nicht zufällig, dass in der Zeit, als Kant seine Ästhetik entwickelte, der Siegeszug der modernen

121 Krzysztof Pomian: Der Ursprung des Museums. Vom Sammeln. Berlin 1988. Wagenbach.

122 Ebenda. S. 50.

Museen begann. Sie lösten sich aus der höfischen oder kirchlichen Ordnung heraus und wurden zu Einrichtungen, in denen die moderne Gesellschaft die ihr wertvollen Sammlungsobjekte einerseits unverfügbar wie andererseits dem ästhetischen Blick und der öffentlichen Kommunikation frei zugänglich macht. Dafür wurden die Objekte fetischisiert, d. h. hier: für die Warenzirkulation gerade gesperrt, der praktischen Verwertung entzogen und auf den kulturellen Leitsinn der Distanz, das ästhetische Auge, hin präsentiert. Diese Operationen verwandeln jedwede Dinge unweigerlich in Fetische des Blicks.«[123]

Zwei Elemente sind allen Museen eigen: Das Element des Sammelns und dasjenige des öffentlichen Zugangs – so verschieden das dann Gezeigte auch sein mag.

»Denn trotz ihrer offensichtlichen Verschiedenheit werden alle diese Sammlungen von Gegenständen gebildet, die in gewisser Hinsicht eine Homogenität herstellen. Und zwar deshalb, weil sie an dem Austausch teilnehmen, durch den die sichtbare Welt mit der unsichtbaren verbunden ist.«[124]

Die Objekte im Museum stehen nicht für sich – sondern weisen auf etwas hin. Sie transportieren eine Botschaft. Das Museum wird so zum Medium. Meist ist der Weg ins Museum ein langer Weg, durch verschiedene Aufladungs- und Aggregatszustände, nicht selten führt dieser Weg über den Abfall oder den Schrott. Aber sind die Objekte einmal im Museum angelangt, so bleiben sie lange – Museen trennen sich nur selten und ungern von Objekten, etwas zu verkaufen ist fast ausgeschlossen, möglich ist allenfalls ein Tausch. Was im Museum steht, ist vielleicht auf verschlungenen und langen Wegen dorthin gekommen, trotzdem ist es kein Zufall, dass es dort ist, sondern Resultat von vielfachen Überlegungen und Bemühungen. Das Vermitteln des Museums ist ein Willensakt, keineswegs etwas, das von allein geschieht, wie Hartmut Böhme betont:

»Das Transzendente ist nie das, was von sich aus immer schon transzendent ist, sondern es muss der Glaube erzeugt werden, dass es so ist. Museen und Sammlungen der Moderne sind nun Einrichtungen der Transzendenz-Versicherung. Sie haben, wie Religionen, sehr einfache, aber grundlegende und schwierig einzulösende Funktionen zu erfüllen: Sie sollen sicherstellen, dass es überalltägliche, unvergängliche und verehrungswürdige Werte gibt; dass die Angst vor Trennung, Untergang und Tod in den unvergänglichen Dingen ein signifikantes und selbstevidentes Gegengewicht erhält; dass ein transpersonaler Zusammenhang zwischen den Generationen und von alters her bis in die Zukunft nicht ab-

123 Hartmut Böhme: Fetischismus und Kultur. Eine andere Theorie der Moderne. Hamburg 2006. Rowohlt. S. 356.

124 Krzysztof Pomian: Der Ursprung des Museums. S. 43.

reißt; dass im Kreislauf des Verbrauchs von Gütern und Zeichen Sinn, Bedeutung und Identität erhalten bleiben; dass das Fragmentarische als Teil eines Ganzen gerettet ist; dass das Entgegengesetzte und einander Feindliche koexistieren kann; dass Glück möglich ist. Wir fügen hinzu: Auch die Fetische und Idole haben keine anderen Funktionen. Die Wohnungen, die von Fans mit Bildern, Trophäen, Zeichen von Madonna oder Ronaldo gefüllt werden. [...] Die Moderne sucht nicht weniger nach Erlösung als jede Epoche vor ihr.«[125]

Böhme und andere Autoren weisen zu Recht immer wieder auf den archaischen Aspekt hin. Die Objekte des Museums – losgelöst von ihrem einstigen Kontext – erhalten eine schwer zu beschreibende, irrationale und magische Komponente. Dafür wird der Begriff des Fetischs benutzt. Die Museen – Kinder von Moderne und Aufklärung – bewahren damit ihre vormodernen Wurzeln und tragen eine Art Janusgesicht, denn hier existieren offenbar gleichzeitig und nebeneinander Rationalität und Kult, Wissenschaft und Magie, Vernunft und Aberglaube. Kein ganz überraschender Befund, denn wir sind, wie wir nicht erst seit Bruno Latour wissen, nie modern gewesen.[126]

Wir gehen nun mit einem derart geschärften Blick an die Untersuchung der Enigma als Objekt des Museums. Sie ist, wie bereits in der Einleitung festgestellt, in Dutzenden von Museen präsent. So ›zeitlos‹ die Institution Museum scheint, so zeithaft-gebunden sind doch alle Museen. Und so wie jedes Objekt seine Geschichte hat, so haben auch Museen und Ausstellungen ihre Geschichte. Kein Objekt kam ›einfach so‹ ins Museum. Schon ein kurzer Blick auf einige Museen, welche die Enigma ausstellen, zeigt dies.

Die erste Jahreszahl steht für die Eröffnung der Ausstellung, welche die Enigma zeigt, die zweite Jahreszahl steht für die Eröffnung des Museums.

Deutschland

- Deutsches Museum, München (D) 1988 (1903)
  Heinz Nixdorf Museumsforum, Paderborn (D) 2000 (1994)

125 Hartmut Böhme: Fetischismus und Kultur. S. 370-371.

126 Bruno Latour: Wir sind nie modern gewesen. Versuch einer symmetrischen Anthropologie. Frankfurt 1998. Fischer (Franz. Erstausgabe 1991).

Grossbritannien

- Bletchley Park Museum (GB) 1994 (1994)
- Imperial War Museum, London (GB) 1995 (1916)

USA

- International Spy Museum, Washington DC (USA) 2002 (2002)
- National Cryptologic Museum, Fort Meade (USA) 1993 (1993) [127]

Auch wenn die Anzahl der gewählten Museen nicht sehr gross ist und sich auf Deutschland, Grossbritannien und die USA beschränkt, so sticht doch eine Beobachtung sofort ins Auge: Die Enigma ist erst in allerjüngster Zeit zu einem musealen Objekt geworden, im Schnitt mehr als 25 Jahre nach ihrer Wiederentdeckung im Jahr 1974.

Die Integration der Enigma ins Museum muss im Rahmen der von Hermann Lübbe konstatierten »Musealisierung unserer kulturellen Umwelt«[128] gesehen werden. Gründe für diese Musealisierung sieht Lübbe im »unverändert sich beschleunigenden zivilisatorischen Wandel«. Die Beschleunigung wird in den Bereichen der Computertechnik im Museum besonders deutlich: Zwar gehört die Enigma zum Pflichtprogramm vieler derartiger Institutionen, doch hat sie im Vergleich mit einem Taschenrechner aus den 70er Jahren, dem ersten Apple Computer, dem ersten Heimcomputer oder Mobiltelefon aus den 80er Jahren ein geradezu beachtlich hohes Alter.

Besteht auch hinsichtlich des zeitlichen Moments, in dem die Enigma im Museum auftaucht, eine gewisse Einheitlichkeit, so wird die Chiffriermaschine doch in jeweils verschiedenen Zusammenhängen gezeigt. Einige davon sollen hier herausgegriffen werden.[129]

---

127 Die Sammlung der NSA existierte mit Sicherheit schon sehr viel länger, wohl seit ihren Anfängen, aber sie wurde als National Cryptologic Museum erst 1993 der Öffentlichkeit zugänglich gemacht.

128 Hermann Lübbe: Der Fortschritt und das Museum. In: Ders.: Die Aufdringlichkeit der Geschichte: Herausforderungen der Moderne vom Historismus bis zum Nationalsozialismus. Graz 1989. Styria.

129 Die Analyse fusst auf zwei Pfeilern: Zum einen auf persönlichen Beobachtungen. Ich habe zwischen 2001 und 2006 alle der hier vorgestellten Museen mit Ausnahme des National Crpyptographic Museums der NSA besucht. Zum anderen habe ich die Erklärungen, wie sie in Prospekten und vor allem auf den Internetseiten der verschiedenen Institutionen gegeben werden, zu Rate gezogen.

Deutsches Museum, München

Am längsten von den hier untersuchten und vorgestellten Institutionen zeigt das Deutsche Museum die Enigma. Das Deutsche Museum in München ist in verschiedener Hinsicht ein äusserst bemerkenswertes Museum: Es öffnete 1906 seine erste Ausstellung und galt vor dem Zweiten Weltkrieg als das grösste und bedeutendste Technikmuseum der Welt, Vorbild für viele andere ähnliche Institutionen, so etwa das 1933 in Chicago eröffnete Museum of Science and Industry. Das Deutsche Museum wurde 1944 weitgehend zerstört, es erreichte erst 1965 wieder die Grösse, die es vor dem Krieg hatte. Die Enigma ist dort seit 1988 im Kontext einer Ausstellung zum Thema Informatik und Automation zu sehen. Die Enigma ist nicht nur räumlich, sondern auch inhaltlich im Reich der Rechen-Instrumente integriert, sie gehört zur ›Vorgeschichte der Informatik‹. Man beachte den Umgang mit den Begriffen. Wenn es eine ›Vorgeschichte‹ gibt, dann muss es eine ›Hauptgeschichte‹ geben.

»Die noch junge Wissenschaft der Informatik beschäftigt sich mit der systematischen Verarbeitung von Information, also mit sehr abstrakten Zusammenhängen. Dagegen zeigt die Ausstellung konkrete Gegenstände, von kleinen Instrumenten bis zu grössten Maschinen, von denen nur noch Teile ausgestellt werden können. Die vielen erklärenden Texte sowie zahlreiche Demonstrationen versuchen, diesen Gegensatz zu überbrücken. Das wichtigste Werkzeug der Informatik ist der Computer. Daneben wird eine große Vielfalt von mathematischen Instrumenten und mechanischen Rechenmaschinen aus der Vorgeschichte der Informatik gezeigt. Alle dienen dem Zweck, aus gegebenen Informationen neue zu gewinnen – zu berechnen. Sie lassen viele Ideen erkennen, die heute zum Grundbestand des Computers und der Informatik gehören.«[130]

Die Ausstellung zeigt schwergewichtig mechanische Rechenhilfen wie Integratoren – Geräte zum Aufzeichnen von Integralen einer Kurve – wie sie etwa die Schaffhauser Firma Amsler vor dem Krieg herstellte. Die Dramaturgie der Ausstellung ist verhalten und sachlich, die Chiffriermaschinen werden in einem eigenen kleinen Raum präsentiert, der leicht übersehen werden kann. Von Personen ist nie die Rede, auch nicht von Begleitumständen, es wird keine Geschichte erzählt und auch die Erklärungen, die das Museum im Internet liefert, sind abstrakt, trotzdem aber aufschlussreich:

130 Deutsches Museum, München. Zitiert nach der Internetseite www.deutsches-museum.de/ausstellungen/kommunikation/informatik/ vom 16.2.2008.

»Die Geschichte der Computertechnik wird von der Zeit der Enigma bis heute von der Chiffrierung und den Bemühungen um die Brechung unbekannter Codes mitbestimmt. Wenn in der heutigen Situation des stürmischen Zusammenwachsens von Computern und digitalisierter Telekommunikation die Chiffrierung eine größere Rolle spielt als jemals zuvor in der Geschichte, lässt die Historie der Enigma ein wenig ahnen, was alles durch die systematische Veränderung von Buchstaben in der Weltgeschichte bewegt werden kann. Ein anderer Aspekt betrifft sicherlich unser wachsendes Wissen über die historischen Zusammenhänge während des Zweiten Weltkriegs, wodurch die Einschätzungen der Rolle von Chiffrierung und Code-Brechen fundierter und differenzierter wurden. Denkt man nur daran, dass der Abwurf der Atombombe ursprünglich für Deutschland geplant war, jedoch wegen des früheren Kriegsendes in Europa auf Japan umgelenkt wurde, wird klar, welche Alternativen möglich waren. So ist die Heldenrolle der Enigma eher eine negative, was ihre technische Überlegenheit und ihre Bedeutung für den deutschen Endsieg betrifft. Sie wurde, um im Bild zu bleiben, zum Podest, auf dem die Helden des Code-Knackens heute stehen.«[131]

Heinz Nixdorf Museumsforum, Paderborn

Auch das Heinz Nixdorf Museumsforum, nach eigenem Bekunden das grösste Computermuseum der Welt, stellt die Enigma in den Kontext der Geschichte der Informatik, allerdings wesentlich farbiger und atmosphärischer. Eröffnet 1994, gehört es zu den jüngsten Museen Deutschlands überhaupt und entfaltet mit seinen Wechselausstellungen und der Pflege der Museumspädagogik eine reiche Wirkung. Interessant der veränderte Fokus: Anders als beim Deutschen Museum beginnt hier die Geschichte der Informatik nicht bei den mechanischen Rechenhilfen, sondern setzt bei der Erfindung der Schrift und der Zahl an.

»Das Heinz Nixdorf Museumsforum will mit seinen Ausstellungen und Veranstaltungen die Orientierung und Bildung des Menschen in der modernen Informationsgesellschaft fördern. Ausgangspunkt ist die Inszenierung der Kulturgeschichte der Informationstechnik in einer fünf Jahrtausende umspannenden Zeitreise von der Entstehung von Zahl und Schrift bis in das 21. Jahrhundert.«[132]

131 Deutsches Museum München. www.deutsches-museum.de/sammlungen/ausgewaehlte-objekte/meisterwerke-ii/enigma/ vom 16.2.2008.

132 Heinz Nixdorf Museumsforum Paderborn. www.hnf.de/ (Stichwort ›Zielsetzung‹) vom 16.2.2008.

Die Abteilung für Kryptografie wurde erst im Jahr 2000 eröffnet. Getreu dem Konzept des Hauses zeigt sie nicht einfach kryptografische Maschinen aus neuerer Zeit, sondern schlägt einen kulturhistorisch weiten Bogen:

»Seit Jahrhunderten werden Codes, Chiffren, Signale und Geheimsprachen benutzt, um Kommunikation zu verbergen. Die Anfänge geheimer Nachrichtenübermittlung finden sich bereits in der Antike in Ägypten, Griechenland und Rom. Im Mittelalter erfährt die Kryptologie, d.h. die Lehre von der Verschlüsselung und der Entzifferung von Codes und Chiffren, eine erste Blüte in der arabischen Welt sowie in der italienischen Diplomatie und im Vatikan.«[133]

Abbildung 26

Kryptografie-Geschichte im Heinz Nixdorf Museumsforum in Paderborn: Spektakulär sind nicht nur die Geräte aus dem 20.Jahrhundert wie die Nema (Mitte) oder Enigma (rechts), sondern auch ältere Geräte. Beim Exponat links handelt es sich um einen Nachbau der von Giovanni Battista Porta im Jahre 1563 entworfenen Chiffrierscheibe. Die Chiffrierscheibe hat einen sakralen Charakter und erinnert an eine Monstranz. (Fotos D. Landwehr)

Der dramaturgische Aufwand zur Inszenierung ist hier in Paderborn erheblich grösser als in München: Die kryptografische Abteilung liegt – ganz bewusst – in einer kleinen und engen Nische. Die Beleuchtung sorgt für dramatische Effekte und zu den Chiffriermaschinen gesellen sich die Agentenausrüstungen. Herausziehbahre Schubladen laden zum Entdecken ein und bieten Zusatzinformationen. Zu den kostbarsten Stücken der Sammlung zählt eine für den Vatikan gefertigte, vergoldete Handchiffriermaschine vom Typ CD-57 der Schweizer Firma Crypto AG aus den 50er Jahren, natürlich auch eine gut erhaltene Enigma sowie die Schweizer Nema.

133 Heinz Nixdorf Museumsforum Paderborn. Einführung: Die Mechanisierung der Informationstechnik – die Welt der Codes und Chiffren – von der Antike bis 1975. www.hnf.de vom 16.2.2008.

»Im 2. Weltkrieg entschied der Wettlauf zwischen Entwicklern immer komplexerer Chiffriermaschinen und professionellen Codebrechern nicht selten über Sieg oder Niederlage. Berühmt wurden die Codebrecher von Bletchley Park, die über 5000 Spezialisten aufbieten mussten, um den Code der legendären deutschen Enigma-Maschine zu entschlüsseln. Bis in die Mitte der 1970er Jahre arbeiteten die Chiffriermaschinen fast ausschließlich für Militärs, Diplomaten und Agenten. Erst mit dem Beginn der Computer-Kryptologie und dem Einsatz kryptographischer Verfahren in der kommerziellen Welt fand die Kryptologie Einzug in viele Bereiche des täglichen Lebens.«[134]

Bletchley Park National Codes Center in Grossbritannien

Anders als das behäbige Imperial War Museum in London, das seit 1916 besteht, blickt Bletchley Park National Codes Center – hier auch Bletchley Park Museum genannt – auf eine kurze Geschichte als Museum zurück. Erst 1991 wurde das Gelände, das nach dem Krieg verschiedenen Zwecken diente, gesichert, 1994 eröffnete die historische Stätte die Türen für die Öffentlichkeit. Bletchley Park ist in vielerlei Hinsicht einzigartig. Der leicht schäbige und etwas heruntergekommene Zustand der Gebäude verleiht der Anlage eine spezielle Note. Bletchley Park kann wie kein anderes Museum auf den Genius Loci setzen: Hier schliesslich wurde der Enigma Code gebrochen! – Bletchley Park wird von Freiwilligen geprägt: Eine davon ist Jean Valentine, die während des Krieges zur Truppe der sogenannten Wrens gehörte (Women Royal Navy Service) und bei der Operation zur Entschlüsselung der Enigma eine der vielen Turing-Bomben bediente, oder David White, ehemaliger Techniker beim britischen Inlandgeheimdienst MI5 mit seiner Sammlung von Agentenfunkgeräten. Diese Sammlung ist nur entstanden, weil er es nicht übers Herz brachte, die alten Geräte auftragsgemäss zu zerstören!

134 Ebenda.

Abbildung 27

Impressionen aus der Ausstellung von Bletchley Park (UK): Die Funkempfänger (links) befanden sich allerdings nur zu einem kleinen Teil auf dem Gelände selber, sondern waren in Küstennähe stationiert. Die abgefangenen Nachrichten wurden in der Regel per Kurier nach Bletchley Park gebracht. Rechts die heute über 80jährige Jean Valentine, sie bediente die sogenannten »Bomben«. Die im Bild gezeigte Maschine ist eine Kulisse aus der Romanverfilmung von Robert Harris »Enigma«. Die Originale wurden nach dem Krieg zerstört. (Fotos D. Landwehr)

Bletchley Park ist durch seine direkte Verbindung mit der dargestellten Geschichte und der Bedeutung, die es in der Lebensgeschichte der Operation Ultra spielte, ein einzigartiges Soziotop, das wohl eine eigene Studie wert wäre. Lange war die Zukunft der Anlage ungewiss – nachdem eine Gruppe von Leuten unter der Führung der damaligen Direktorin Christine Large aus dem Gelände einen grossen Lern- und Businesspark machen wollte. Mittlerweile scheint klar zu sein, dass die Anlage ein klassisches Museum bleiben will, zur Diskussion steht auch die Angliederung an das Imperial War Museum in London.[135] Genau genommen ist das Bletchley Park National Codes Centre nicht der Enigma, sondern ihrer Entschlüsselung gewidmet. Und jedes Jahr trifft sich eine grosse Gruppe von ehemaligen Angehörigen der Operation, die hier liebevoll und pauschal »The Codebreakers« genannt werden.

135 Der Streit zog sich über Jahre hin. Im Lauf der Auseinandersetzung wurde Tony Sale, einer der Gründer des Bletchley Park Trust, nicht nur aus dem Vorstand ausgeschlossen, sondern auch mit einem teilweisen Hausverbot belegt. Die Auseinandersetzung ist aus naheliegenden Gründen nicht (mehr) dokumentiert.

Abbildung 28

Die Abwehr-Enigma von Bletchley Park. (Foto D. Landwehr)

Es dürfte kaum einen anderen Ort geben, wo sich die fast kultische Verehrung eines Gegenstandes so augenfällig erleben lässt: In einem speziellen Raum ist die kostbarste aller Enigma-Maschine, eine sogenannte Abwehr-Enigma zu sehen.

Ihre Kostbarkeit beruht vor allem auf ihrer Seltenheit. Sie ruht auf einem rotierenden Sockel in einer beleuchteten Vitrine, die von allen Seiten einsehbar ist. Währenddem die übrigen Chiffriermaschinen in Bletchley Park meist in Tischhöhe zu sehen sind, ist diese Abwehr-Enigma auf Augenhöhe. Ihr Diebstahl im Jahr 2000 erregte weltweites Aufsehen und wurde auch in einem eigenen Buch thematisiert[136]; die Maschine konnte wieder aufgefunden werden. Eine Zeitlang durfte sie – angeblich aus Sicherheitsgründen – nicht mehr den ganzen Tag ausgestellt werden. Bei meinem Besuch im Jahr 2003 informierte eine Lautsprecher-Durchsage um 16 Uhr, dass die berühmte Enigma nun während einer Stunde zu sehen wäre. Die Geste erinnert unwillkürlich an einen liturgischen Akt wie etwa die Präsentation der Monstranz mit der geweihten Hostie.

Das Selbstverständnis von Bletchley Park kommt nirgendwo besser zum Ausdruck als in den Sätzen, die der Duke of Kent, Schirmherr von Bletchley Park, in der Einleitung zu einem bereits einmal zitierten, hauseigenen Video in feierlicher Pose spricht:

»The codebreakers of Bletchley Park with their brilliant minds were the country's intellectual warriors. Very few people knew of their achievements or of the vital part they played in shortening the war and saving the lives of many thousand servicemen, women and civilians in many countries. Some of the country's brightest minds invented technology we now take for granted: A revolutionary electro-mechanical testing machine, the world's first large scale electronic, program-controlled digital computer, and the world's first secure global communications network long before the internet. All these were initiated at Bletchley Park.

What is more, the Second World War intelligence collaboration between Britain and the United States formed at Bletchley, laid the foundation for a rela-

136 Christine Large: Hijacking Enigma. An Insider's Tale. Chichester 2003. Wiley.

tionship whose value continues to be of enormous importance today. Soon after the veils were lifted from these secret operations, it was decided that Bletchley's astonishing war time achievements deserved public recognition and that the work of the code breakers should be commemorated in some form. Hence the heritage site, which is now open to visitors of Bletchley Park, which I hope will serve as an inspiration for future engineers, mathematicians and scientists across the world.
Not without reason has Bletchley become known as the place where the modern world began.«[137]

Die Enigma steht in Bletchley Park nicht für sich selber, vielmehr ist sie Symbol für die Entzifferungsarbeit, die von den Angehörigen dieses Ortes geleistet wurde.

137 Churchill's Secret Passion. Bletchley Park Trust. TV Dokumentation 2004.

National Cryptologic Museum bei Washington D.C.

Eine ganz ähnliche Verortung nimmt das erst 1993 eröffnete National Cryptologic Museum in Fort Meade bei Washington D.C. vor. Das Museum ist Teil des Gebäudekomplexes der National Security Agency (NSA), die in den USA für die elektronische Aufklärung oder Signal Intelligence (SIGINT) zuständig ist und aufgrund ihrer geheimen Tätigkeit von zahlreichen Mythen umgeben ist. Dass die NSA ein eigenes Museum unterhält, ist alles andere als selbstverständlich. Es gibt kaum ein Amt in der US-Bürokratie, welches das Licht der Öffentlichkeit so scheut wie die NSA! – Aber die Zeiten ändern sich, wie eine kleine Anekdote von David Kahn zeigt: Wurde der US Journalist und Historiker vom NSA noch in den 60er Jahren als Unperson betrachtet, so lud ihn die NSA zur Eröffnung des Museums gar als Festredner ein.

»Because when my book, The Codebreakers, was published in 1967 [...] it became the subject of a ban on the part of the National Security Agency. A notice was circulated here at Fort Meade and was sent to all NSA outposts worldwide. The book was never to be mentioned. It was never to be acknowledged when the media – or anybody else – asked about it, as at cocktail parties. Its author was anathema at the NSA. He revealed that America was breaking codes! Hated less only than Martin and Mitchell. And now here he is, speaking at its 50th anniversary [...] How did it happen? [...] The times they have a-changed. The cold war ended. The chief enemy evaporated. And the defense establishment had to find new ways of maintaining its funding. [...] The NSA, smarter than the others, established a National Cryptologic Museum. Putting on display what used to be some of the most closely held secrets of the United States, it tells the public some of the great things that cryptology has done for the nation [...] the lives it has spared, the treasures it has saved. In this way it wins public support – and, it hopes, public money. [...] And part of that effort is to welcome the great unwashed, the great uncleared, the tellers of tales good and bad, into the fold. And so I'm here.«[138]

Das Museum der NSA ist öffentlich zugänglich, und die Enigma wird auch auf der Internetseite dieses Nachrichtendienstes ausführlich beschrieben:

»Possibly the most well known of all cipher machines is the German Enigma. It became the workhorse of the German military services, used to encrypt tens of thousands of tactical messages throughout World War II. The number of

138 Zur Kontroverse innerhalb der NSA um David Kahn siehe dazu die Bemerkungen zu Beginn dieses Kapitels.

mathematical permutations for every keystroke is astronomical. However, the Enigma is not famous for its outstanding security, but rather for its insecurities. Allied forces were able to read most of the Enigma encrypted messages throughout most of the war as a result of the tireless effort of many Allied cryptologists.«[139]

Der Satz ist bemerkenswert: Zunächst wird die Komplexität der Maschine hervorgehoben und die astronomisch hohe Zahl der möglichen Kombinationen, und dann wird darauf hingewiesen, dass es trotz dieser Schwierigkeit den alliierten Kryptologen – das schliesst natürlich die Amerikaner mit ein – gelang, diese Maschine zu knacken!

International Spy Museum, Washington D.C.

Ein weiteres Museum befindet sich ebenfalls im Grossraum von Washington D.C.: Das erst 2002 eröffnete International Spy Museum. Noch stärker als anderswo ist hier der Wille zur bewussten Inszenierung zu spüren.[140]

Abbildung 29

Das International Spy Museum in Washington D.C. Selten lässt sich der attraktive Ort ohne längere Wartezeiten besuchen. (Fotos D. Landwehr)

---

139 National Cryptologic Museum bei Washington D.C. www.nsa.gov/museum/ vom 16.2.2008.

140 Jede Ausstellung – und sei sie auch noch so zufällig arrangiert – folgt der Dramaturgie einer Inszenierung. Moderne Museen gerade in den USA steigern diese Dramaturgie allerdings und machen die Grenzen zwischen einer Ausstellung und einer Show durchlässig, nehmen den Zuschauer fast im Wortsinn bei der Hand und verunmöglichen eigenes Entdecken. So müssen die Räume in diesem Museum beispielsweise nicht nur in einer vorgegebenen Reihenfolge, sondern auch innerhalb eines bestimmten Zeitfensters durchlaufen werden.

Die Geschichte der Enigma fokussiert hier auf die Seeblockade und die Bedeutung der Entschlüsselung der Marine-Enigma. Die Inszenierung füllt hier einen ganzen Raum, zudem erhalten Besucher an Terminals Gelegenheit, mit Enigma-Simulationen zu spielen. Der Enigma-Raum bildet einen der Höhepunkte der ganzen Ausstellung, was auch in der Ankündigung zum Ausdruck gebracht wird:

»The International Spy Museum is the only public museum in the United States solely dedicated to espionage and the only one in the world to provide a global perspective on an all-but-invisible profession that has shaped history and continues to have a significant impact on world events. The International Spy Museum will feature the largest collection of international espionage artifacts ever placed on public display: Enigma, the legendary WWII German cipher machine: one of the many artifacts illustrating some of history's most pivotal code making and breaking operations; Shoe Transmitter, a Soviet listening device hidden inside the heel of a target's shoe: an example of the many eavesdropping devices developed by intelligence services; Through the Wall Camera, a Czech camera used by the East German Stasi to photograph through walls: representative of the tools used in clandestine photography.«[141]

Es fehlt das Heroische – Enigma wird zum Sinnbild für listige Geräte zur Übertragung von geheimen Nachrichten und wird im selben Satz genannt mit einer in einem Schuh versteckten Wanze und einer Kamera, die durch eine Wand fotografieren kann.

Überblickt man diese kurze Darstellung, so fällt ins Auge, wie lange der Weg der Enigma ins Museum gedauert hat; dies im Vergleich zu anderen Geräten aus dem Zweiten Weltkrieg oder noch stärker im Vergleich zu anderen Übermittlungsapparaten. Gleichzeitig erhält man aber den Eindruck, dass es spätestens seit der Mitte der 90er Jahre eine eigentliche Enigma-Konjunktur in den Museen gibt. Das liegt meines Erachtens an verschiedenen Dingen: Die Enigma als Bedeutungs- und Zeichenträger ist mehrfach kodiert. Steht sie hier für die Entwicklung der Kryptografie ebenso wie für einen Schritt auf dem Weg zum Computer und schliesslich als nationale Ikone, wie im Fall Grossbritanniens. Die Enigma steht dabei nicht nur als Symbol für Verschlüsselung, sondern auch für dessen Gegenteil, die Entschlüsselung.

Was macht das Besondere der Enigma in Museum und Ausstellung aus? – Zunächst einmal, dass sie in vielen Ausstellungen in den Mittelpunkt gestellt wird. Weil nicht immer am Vorwissen des Publikums an-

141 International Spy Museum. Pressemitteilung vom 5. April 2002. www.spymuseum.org vom 16.2.2008. Die zitierte Pressemitteilung ist nicht mehr online.

geknüpft werden kann, muss dieser Kontext immer wieder hergestellt werden. Dies geschieht durch die Inszenierung, durch andere Objekte und schliesslich durch Texte. Die Aura dieses Objekts ist ganz und gar vom menschlichen Geist geformt. Das Objekt allein ist eine Maschine und sonst nichts. Sie lässt sich nicht ›besitzen‹; vielleicht ist dies ein Grund, dass sich Sammler selten mit einem Objekt allein zufrieden geben, sondern den Besitz einer ganzen Serie anstreben.

Es scheint, dass das Ende des Kalten Krieges ein weiterer Anstoss bildete, die Enigma als Objekt auch öffentlich zu zeigen, nachdem sie doch schon seit 1974 Thema des öffentlichen Diskurses war. Museen, zumal grössere, sind offenbar langsame Institutionen. Das darf nicht wertend aufgefasst werden: Verschiedene Medien agieren mit verschiedenen Geschwindigkeiten. Ist aber ein Objekt einmal im Museum angekommen, so stehen die Chancen hoch, dass es lange dort bleiben wird, in der Phantasie des Betrachters vielleicht sogar für immer, auch wenn es so etwas gar nicht gibt.

Gespielte Wirklichkeit: Von der Simulation zum Re-Enactment

Eine besondere Kategorie medialer Enigma-Repräsentationen bilden die Enigma-Nachbildungen, die in grosser Zahl existieren – es sind Modelle, Replikationen, Simulationen, und schliesslich gehört auch das szenische Re-Enactment in diese Gruppe. Zu diesen Nachbildungen gehören unter anderem:

- **Ein ›Papiermodell‹** der Enigma: Eine Kartonage-Arbeit, die mit drei Papierstreifen die Rotoren der Enigma simuliert.
- **Eine Rekonstruktion** der Maschine mit einer funktionierenden mechanischen Oberfläche und einem elektronischen Innenleben.
- **Softwaregestützte Simulationen** wie sie unter anderem die ›Crypto Simulation Group (CSG)‹ mit grosser Akribie seit Jahren für die unterschiedlichsten Maschinentypen produziert.
- **Enigma Re-Enacting**: Mit Originalmaterial aus dem Zweiten Weltkrieg inklusive der dazugehörigen Wehrmacht-Uniformen wird ein Übermittlungsstand samt Enigma eingerichtet. Erlebt habe ich diese Form als Besucher-Attraktion in Bletchley Park selber. Wesentlich weiter gehen die Beteiligten aber im Rahmen von sogenannten Re-Enactments, die man vorwiegend in den USA und Grossbritannien

kennt. Diese Aktivitäten kommen weitgehend ohne Zuschauer aus und dienen primär den Handelnden selber.

Das Papiermodell[142] der Enigma lässt sich als Dokument im Format A4 vom Internet herunterladen, muss dann ausgedruckt und ausgeschnitten werden. Die Rotoren werden dabei mit Papierstreifen repräsentiert und müssen für die Verschlüsselung jedes einzelnen Buchstabens gemäss einem Schema verschoben werden. Korrekt angewandet, lässt sich mit diesem einfachen Modell der Chiffrier-Algorithmus nachbilden. Das Modell hat eine gewisse Anschaulichkeit, indem es mindestens einen Teil der variablen Parameter darstellt.

Abbildung 30

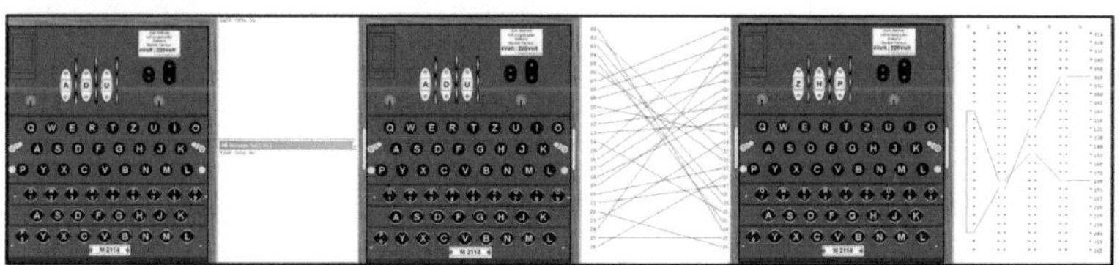

Die Enigma-Simulation der ›Crypto Simulation Group (CSG)‹. Sie ermöglicht nicht nur die Simulation des Chiffriervorgangs mit dem Klartext und dem Chiffrat (links), sondern erlaubt auch die Visualisierung der eigentlichen Verschlüsselung im Innern des Rotors (Mitte) und im Fluss durch die verschiedenen Rotoren und zurück; die elektrischen Verbindungen zum Tastenfeld, respektive zu den entsprechenden Lampen werden nicht mehr abgebildet. Ein Screenshot der Simulations-Software ist im Anhang in grösseren Dimensionen wiedergegeben. (Reproduktion mit freundlicher Genehmigung der Crypto Simulation Group)[143]

Das ist bei einer Software-Simulation anders. Hier lassen sich sämtliche Parameter abbilden. Im Internet findet sich eine grosse Anzahl von solchen Simulationen – wir beschränken uns auf eine einzige. Sie wurde von einer Gruppe von Kryptologen, die sich selber ›Crypto Simulation

142 Das Papiermodell der Enigma findet sich unter: http://mckoss.com/Crypto/Enigma.htm vom 16.2.2008.

143 Crypto Simulation Group: http://frode.web.cern.ch/frode/crypto/CSG vom 16.2.2008.

Group CSG‹ nennt, entwickelt.[144] Die Simulation läuft dabei folgendermassen ab:

Zunächst muss ein kleines Programm von der Website der Crypto Simulation Group (CSG) heruntergeladen und installiert werden. Danach erscheint die grafische Oberfläche einer Enigma-Chiffriermaschine auf dem Bildschirm. Neben den Enigma-Bedienungselementen finden sich auch die vertrauten Computermenüs. Hier kann die sogenannte Walzenlage eingestellt werden: Aus fünf Rotoren können drei ausgewählt werden. Hier wird auch die sogenannte Ringstellung (A-Z oder 1-26) bei den Rotoren angewählt. Mit einer weiteren Einstellung kann das Steckerbrett simuliert werden: In 13 Boxen muss eine Kombination aus zwei Buchstaben eingetragen werden, wobei kein Buchstabe mehr als einmal benutzt werden darf. Also zum Beispiel: AL, KB, NZ, MY. Bleiben die Boxen leer, so heisst das, dass das Steckerbrett nicht benutzt wurde. Zum Schluss müssen die Rotoren auf eine beliebige Anfangsstellung gebracht werden. Diese Anfangsstellung – beispielsweise LXG – sollte, wie auch die übrigen Einstellungen, notiert werden.

Nach diesen Vorbereitungen kann mit dem eigentlichen Chiffrieren begonnen werden. Dazu werden mit der Maus die Enigma-Tasten bedient. Sofort leuchtet auf dem Lampenfeld eine Lampe auf. In einem Fenster wird unser Text protokolliert – und zwar in ungewohnter Weise. Aus dem Text »Das ist ein Text« wird, zunächst unverschlüsselt DASI STEI NTEX T und danach beispielsweise TBRB KUYC EKNK S. Die Darstellung der Buchstaben in Vierergruppen ist eine Konvention. Bei der Marine-Enigma wurden Fünfergruppen gewählt. Für die Entschlüsselung muss zunächst überprüft werden, dass die Einstellungen der chiffrierten Nachricht bekannt sind: Walzenlage, Ringstellung und Anfangsstellung. Danach kann der verschlüsselte Text in derselben Art eingegeben werden und der Klartext abgelesen, respektive aus dem Fenster kopiert werden.

Die Simulation erlaubt die Visualisierung von unsichtbaren Vorgängen. So lässt sich der Weg des elektrischen Stromes durch das Steckerbrett und die Rotoren aufzeigen – der Weg ändert sich für jeden Buchstaben – und bei den entsprechenden Einstellungen bekommt der Benutzer eine faszinierende Computer-Animation zu sehen. Die Simulation zeigt,

144 Gemäss Auskunft von Frode Weierud handelt es sich um einen sehr losen Zusammenschluss von Leuten. Unter ihnen sind Jeff Sullivan, Ralph Erskine und David Hamer, alles Personen, die im Umfeld der Themen Kryptografie und Enigma verschiedentlich publizistisch in Erscheinung getreten sind.

zeigt, wie sich mit der Variation von nur wenigen Elementen eine enorme Vielzahl von Kombinationen erzeugen lässt.

Als Benutzer hat man keine Möglichkeit herauszufinden, ob dieser Vorgang authentisch ist. Dazu müsste man den simulierten Vorgang mit der realen Chiffrierung durch die Enigma vergleichen können. Solche Vergleiche werden von den Mitgliedern der Crypto Simulation Group durchgeführt. Frode Weierud, ein Mitglied dieser Gruppe, schildert das Vorgehen im Gespräch wie folgt:

»Vor jeder neuen Simulation müssen die Grundlagen erarbeitet werden. Dazu muss man auch Zugang zu einer richtigen Maschine haben, damit man seine Formeln testen und auch Anomalien herausfinden kann. Man verschlüsselt verschiedene Texte und schaut das über 100 Schritte oder so an. Das ist sehr wichtig. Wenn man keine Maschine hat, ist es sehr schwierig. Im Fall der ›Purple Machine‹ (japanisches Chiffriergerät) wussten wir sehr viel über die interne Verdrahtung der Rotoren. Dann hatten wir Schlüsseltext und Klartext – und damit haben wir dann gearbeitet. Im Allgemeinen versuchen wir immer die Maschinen selber zu testen. Zum Beispiel bei der T52 von Hagelin. Wenn das klappt, fühlt man sich ziemlich gut und sicher, dass man eine korrekte Simulation gebaut hat. Es ist klar, dass ein Simulator wichtig ist, um Stärken und Schwächen einer Maschine herauszufinden, weil man eben sehr viel Tests damit machen kann. Damit ist die Simulation plötzlich wichtiger als die physische Maschine. Man kann eben Testprogramme machen und damit in relativ kurzer Zeit eine grosse Vielzahl von Möglichkeiten durchspielen – mit einer richtigen Maschine ginge das kaum. Wir konnten bestehende Schwächen bestätigen. Dazu gehört zum Beispiel der sehr regelmässige Fortschaltmechanismus. Man kann mit Hilfe dieser Simulationen auch sehr einfach und schnell statistische Tests machen. Es macht Spass – für uns arme Leute, die keine Maschine kaufen können. Viele entschlüsselte Botschaften haben wir mit unseren Simulatoren getestet. Das ist viel einfacher als mit einer richtigen Maschine. Zudem gibt es auch weniger Arbeit, man muss nicht jeden Buchstaben reinhauen. Simulatoren sind ein Werkzeug.«[145]

Einen Schritt weiter in der Nachbildung gehen Paul Reuvers und Marc Simons, zwei Ingenieure aus Holland, welche eine Enigma mit elektronischem Innenleben nachgebaut haben und als Bausatz vertreiben.[146] Die Tatsache, dass ihre Maschine fehlerhaft programmiert war, konnte allerdings erst Jahre, nachdem sie bereits verkauft wurde, festgestellt

145 Frode Weierud im Gespräch mit dem Autor am 6. Juni 2006 am CERN in Genf.

146 Vollständige Informationen unter dem Titel: »A full operational real electronic Enigma« unter: http://www.xat.nl/enigma-e vom 16.2.2008.

werden. Sie hatten übersehen, dass es auch bei der Enigma unter gewissen Umständen einen unregelmässigen Walzenvorschub gab.[147]

Abbildung 31

Die Enigma als Elektronik-Bausatz: Links eine Gesamtansicht. Deutlich erkennbar sind Tastatur und Lampenfeld. Mitte: Als Lampen dienen Leuchtdioden. Rechts: Das Steckerbrett ist mechanisch von den übrigen Elementen abgetrennt.[148] (Reproduktion mit freundlicher Genehmigung der Autoren)

Dieses kleine technische Detail zeigt ein grundlegendes Problem aller Enigma-Simulationen: Es ist für Dritte oft nicht oder nur mit enormem Aufwand möglich, die Authentizität dieser Simulationen zu überprüfen. Das tut aber ihrer Beliebtheit keinen Abbruch.

147 David Hamer: Enigma: Actions involved in the double stepping of the middle rotor. In: Cryptologia Vol 21/1, 1997, S. 47-50.

148 Ebenda.

Abbildung 32

Ein nachgestellter Übermittlungsstand der Wehrmacht mit Freiwilligen aus Bletchley Park. (Fotos D. Landwehr)

Eine ganz andere Art von Nachbildung, diesmal szenischer Art, ist an Wochenenden im Museum von Bletchley Park zu sehen: Eine Gruppe von Freiwilligen richtet dort jeweils einen Übermittlungsstand der Wehrmacht ein und ›spielt‹ die Übermittlung von Nachrichten und deren Verschlüsselung mit Originalmaterial und ebenso originalen deutschen Uniformen nach. Das Ganze wirkt sehr surreal, vor allem wenn die als Wehrmachts-Offiziere verkleideten Freiwilligen sich unter die Besucher mischen und beispielsweise in der Cafeteria des Museums auftauchen.

Diese Art von Geschichts-Vermittlung erscheint zunächst als etwas skurril und möglicherweise auch sehr britisch. Dies trifft jedoch nur bedingt zu: Anlässlich eines Treffens von Kryptografiegeräte-Sammlern im Sommer 2006 zeigte der Amerikaner Tom Perera[149] ein Video, das seine Aktivitäten im Rahmen eines Re-Enactment Projekts in USA dokumentierte.

149 Tom Perera ist ein emeritierter Wissenschafter, der bis vor einigen Jahren an der Montclair State University im US Bundesstaat New Jersey Professor für experimentelle Psychologie war. www.chss.montclair.edu/~pererat vom 16.2.2008. Eine Kopie des erwähnten Videos befindet sich im Besitz des Autors.

Abbildung 33 oben und unten

Bilder aus dem von Tom Perera produzierten Video: Es dokumentiert und erklärt den Gebrauch der Enigma im Rahmen der Re-Enactments Schritt für Schritt. Dem Autor ist kein Filmdokument bekannt, welches den Gebrauch der Enigma detaillierter erklärt und dokumentiert. (Reproduktion mit freundlicher Genehmigung von Tom Perera)

Dabei handelt es sich um eine Gruppe von mehreren Hundert Aktivisten, die mit originalen Requisiten Szenen aus dem Zweiten Weltkrieg nachspielen. Zu den Requisiten gehören primär Uniformen, leichte Waffen und Fahrzeuge. Perera fand schliesslich einige Personen, die bereit waren, auch die Enigma im Rahmen dieser Aktivitäten einzusetzen.

Die Gruppe beschreibt ihre Aktivitäten auf einer Seite, die den Namen des Regimentes trägt, das den Akteuren als Vorbild dient: www.grossdeutschland.com.

»Through Living History displays and simulated combat tactical events, our members explore what it was like to be a German soldier during World War II. Members of Grossdeutschland participate in three different types of planned events each year. These include: Living History, Tacticals, Total Immersion. The purpose of Living History displays is to educate the general public about the daily routine, living conditions, equipment and uniforms of the combatants of the Second World War. These events are generally held at air shows, state parks, military reservations, and historic landmarks in the Mid-Atlantic Region. [...] we reenact the German soldier so others might understand the era in which he fought. United States military veterans are often amazed at how accurately we portray their former enemy, and they pay honor to our efforts at helping to keep alive the history of this era for all to remember. [...] As a non-political organization, we DO NOT support or condone the politics which directed him. [...] In a modern era where much of World War II history is almost all but forgotten, members of Grossdeutschland strive to dispel the common misconceptions that abound concerning the German Army. [...] Our efforts are not directed at ›revisionist history‹, but rather details often lost in postwar discussions, articles, and texts on the subject of World War II.«[150]

Abbildung 34

Die Internetseite der Re-Enactment Gruppe Grossdeutschland aus den USA: www.grossdeutschland.com

Was für eine Geschichtsauffassung hat sich hier etabliert? – Warum diese Detailversessenheit? – Die Simulation wird zur Neu-Erfindung. Und damit zur Fiktion. Zu fragen wäre, ob das derart selber gemachte, simulierte Geschichtsbild ein Bestehendes verändert, verdrängt, ersetzt, falls denn ein solches vorgängig überhaupt vorhanden war.

Bemerkenswert ist in unserer kurzen Beobachtung die Tatsache, dass sich der Initiant dieses Enigma Re-Enactings in einer gewissen Form sogar von den übrigen Aktivitäten der Gruppe distanziert. Diese hat ihn nach seinen eigenen Informationen auch nur gegen einigen Widerstand aufgenommen. Perera handelte im Rahmen dieser Re-Enactments denn auch nicht als Akteur sondern als Instruktor und zeigte, wie eine Botschaft mit der Enigma ver- und auch wieder entschlüsselt wird.

»In my very incomplete experience, it seems as though the re-enactors take on some of the psychological characteristics of what they perceive as being the way that the German troops and officers would have acted. They seem to become gruff and rather unfriendly and seem to act toward me as though I was of a lower class level and therefore not worth talking with. I do not have enough extensive experience with them to be sure of this perception, but it does seem to have held up in my observations of three World War 2 re-enactments. I just go to the re-enactments and set up my tables and give lectures and demonstrations of the Enigma. I have also wondered what leads people to do re-enactments especially when they take on and act the roles of their former enemies. I would NEVER put on a German uniform nor would I display Swastikas or other Nazi

150 Einzelheiten dazu auf der Website der Gruppe unter: www.grossdeutschland.com/Mission.htm.

symbols since I have many friends whose families lost people in the concentration camps of the Nazis.«[151]

Überlegungen zur Medialität

Die Enigma ist, wie bereits mehrfach festgestellt wurde, ein idealer Rohstoff für eine mediale Aufarbeitung. Worin liegen nun aber die spezifischen Leistungen der jeweiligen Medien? Die Antwort fällt nicht leicht. Denn eine klare Abgrenzung, respektive die Zuweisung von ganz bestimmten Funktionen lässt sich nicht direkt feststellen. In diesem Sinn ist auch die scheinbar logische Ordnung dieses Kapitels, die zuerst Texte, danach Filme und schliesslich Museum und Simulationen darstellt, arbiträr, allerdings auch Ausdruck einer unbewussten Intentionalität. Immerhin entspricht sie einem chronologischen Ablauf: Beschreibende Texte, wissenschaftlicher oder populärwissenschaftlicher Natur waren am Anfang der Auseinandersetzung. Fiktive Texte folgten chronologisch später. Die filmische Rezeption setzt die Verarbeitung dieser Texte voraus, dass sie erst an zweiter Stelle folgt, darf deshalb nicht überraschen. Ganz zuletzt in dieser Verwertungskette stehen Museum, Simulation und Re-Enactment. Sie greifen auf Material zurück, das in verschiedenartiger Weise bereits medial aufbereitet wurde.

Zwischenbericht Teil 3

Am Ende dieses dritten Kapitels stehen wir einmal mehr vor einer grossen Fülle und Vielfalt von Material und Erkenntnissen. Es gilt diese nun noch einmal zu ordnen und auszuwerten. Dies alles geschieht einmal mehr vor der Grundfrage nach dem Mythos. Wir greifen den Erkenntnissen in der Schlussbetrachtung nicht vor, wenn wir schon jetzt feststellen, dass im Bezug auf Mythenbildung Ursache und Wirkung immer wieder durcheinander geraten, ja sich geradezu gegenseitig aufschaukeln: Je mehr von der Enigma geredet wird, desto stärker festigt sich ihre Stellung als Mythos und dies wiederum begünstigt die Entstehung von neuen Zeugnissen.

Nach der Darstellung im vorangehenden dritten Kapitel ergeben sich folgende Erkenntnisse:

151 Mitteilung von Tom Perera an den Autor vom 14. und 19. Juli 2006.

Erstens gibt es eine klare Genese des Themas, in dem das Jahr 1974 als Scharnier fungiert. Zwar gibt es Texte zur Enigma vor diesem Datum, die grosse Produktion von medialen Zeugnissen setzt aber erst nach diesem Datum ein. Dabei wird das Thema aber erweitert, denn es geht fortan nicht primär um die Maschine allein, sondern um deren Entschlüsselung.

Zweitens lässt sich im Kontext dieser neu entstandenen Diskurse eine Vielzahl von Geschichten erzählen. Ja es scheint sogar, als wäre die Entschlüsselung der Enigma und ihr historischer Kontext ein eigentlicher Generator von verschiedensten Erzählungen. Der Wahrheitsgehalt dieser Geschichten steht hier vorerst einmal nicht zur Debatte, die hier aufgeführten Aussagen sind demnach auch nicht historische Statements, sondern Plots, kleine Geschichten. Einige dieser Erzählungen könnten zusammengefasst so heissen:

Die Geschichte der Kryptografie und die Stellung der Enigma : Diese Erzählung beginnt gewöhnlich mit Verschlüsselungen in der Antike, führt über mittelalterliche Geheimschriften und die Enigma im Zweiten Weltkrieg bis zur Erfindung der asymmetrischen Kryptografie und der Vision einer Quantenkryptografie.

Kryptografie im Zweiten Weltkrieg: Oder noch genauer: Wie die Entschlüsselung der Enigma den Alliierten half, den Zweiten Weltkrieg zu gewinnen und den Krieg verkürzte und Tausende von Menschenleben rettete.

Die Biografie von Alan Turing: Die tragische Geschichte eines exzentrischen und genialen Mathematikers, der zudem homosexuell war und sogar dafür sterben musste. Das Geheimnis um seine Verdienste beim Entschlüsseln der Enigma musste er mit ins Grab nehmen. Alan Turing wird damit zum tragischen Helden. Er half mit, so würde die Erzählung zusammengefasst lauten, den Krieg zu verkürzen. Dies durfte aber bis 1974 niemand wissen.

Die Geschichte des Computers: Der Computer, so lautet in grober Verkürzung diese Teilerzählung, wurde im Zweiten Weltkrieg erfunden. Er diente zum Knacken des Enigma-Codes. Das entspricht zwar nicht den Tatsachen, wird aber immer wieder so erzählt. In vielen Darstellungen wird die Geschichte des Computers eng mit der Gegenkultur der 60er und 70er Jahre verbunden, die auch das Verhältnis der Gesellschaft zur Sexualität neu definierte und unter anderem die Gay Liberation hervorbrachte.

Die Enigma-Verschlüsselung als mathematisches Rätsel: Selbstverständlich lässt sich die Geschichte um die Enigma auch rein naturwissenschaftlich beschreiben. Eine solche Beschreibung besteht aus Bauplänen, aus technischen Beschreibungen und aus Zahlen und Formeln.

Drittens entspricht der Vielfalt der Geschichten die Vielfalt der Medien. Die Geschichte der Enigma und ihrer Entschlüsselung scheint geradezu danach zu streben, möglichst alle verfügbaren Medien zu besetzen.

Viertens lassen sich Fiktion und Realität nicht mehr immer einfach auseinanderhalten. Das hat einen einfachen Grund: Fiktionen bewegen sich wie etwa im Roman und im Film »Enigma« nahe an den historischen Tatsachen. Phantastische Szenarien und Begegnungen, wie wir sie im Roman »Cryptonomicon« sehen, bilden eine Ausnahme. In der Simulation werden einzelne Aspekte – in diesem Fall mathematische – ganz aus dem Kontext herausgelöst. Einen Schritt weiter geht die soziale Simulation im Spiel des Re-Enactment. Hier wird eine neue Realität geschaffen, die mit der historischen Wirklichkeit nur noch aufgrund von fetischisierten Attributen verbunden ist.

Fünftens sind in den Medien Museum, Simulation und im Re-Enactment die Übergänge zu sozialen Praktiken fliessend.

SCHLUSSBETRACHTUNG

Auf der Suche nach den Spuren des Enigma-Mythos haben wir eine weite Strecke zurückgelegt und uns dabei auch den einen oder anderem Umweg erlaubt. Nun gilt es, die Fülle des Materials noch einmal zu verdichten, die unterwegs formulierten Hypothesen zu überprüfen und Schlussthesen zu formulieren.

Mythos als Metasprache

Ausgangspunkt war die Frage nach dem Mythos und die Feststellung, dass Mythen auch in der aufgeklärten Welt eine grosse Rolle spielen – »der mythische Narrativ bannt die beängstigende Fremdheit seines Gegenstands, bewahrt aber zumeist die faszinierende Ambivalenz, die dem Unerklärlichen anhaftet.«[1] Roland Barthes nennt den Mythos eine Metasprache. Der Mythos verbirgt nichts, er deformiert. Der Mythos ist gleichzeitig eine gestohlene wie eine zurückgegebene Aussage.[2]

Die Geschichte um die Enigma und ihre Entschlüsselung ist seit 1974 in unzähligen Varianten erzählt worden. Die Maschine selber wurde zu einem begehrens- und besitzenswerten Objekt. Die Enigma und ihre Entschlüsselung sind zu einem Mythos geworden.

Der erste Teil der Untersuchung widmet sich den geschichtlichen Hintergründen. Die vielleicht zentralste Feststellung in diesem Kontext gilt dem 30jährigen, von den Siegermächten auferlegten Schweigen. Seitdem dieses Schweigen 1974 gebrochen wurde, ist die Enigma zu einem Thema der Medien geworden. Der Strom der Diskurse reisst seit diesem Datum nicht mehr ab. Es scheint, als würde dem Thema eine nicht zu stillende Neugier entgegengebracht, als würde jede Publikation, jede filmische Dokumentation, jede Erwähnung im Internet das Interesse vergrössern.

---

1 Stefan Münker; Alexander Rösler: Mythos Internet. Frankfurt 1996. Suhrkamp. S. 8.

2 Roland Barthes: Mythen des Alltags. Frankfurt 1964. Suhrkamp (Französische Erstausgabe 1957). S. 86.

Die erzählte Geschichte ändert sich kaum, sie wird nur detailreicher. Die Assoziation mit der von Hans Blumenberg postulierten Eigenschaft des Mythos ergibt sich fast zwangsläufig: »Mythen sind Geschichten von hochgradiger Beständigkeit ihres narrativen Kerns und ebenso ausgeprägter marginaler Variationsfähigkeit.«[3]

Diese Untersuchung hat die Spur der Enigma auf drei Ebenen aufgenommen. Auf einer geschichtlichen Ebene: Indem sie die wesentlichsten Elemente der Geschichte der Enigma dargestellt und die Frage geprüft hat, ob es einen grundsätzlichen Zusammenhang zwischen geschichtlicher Faktizität und Mythos gibt. Auf einer sozialen Ebene: Die Akteure, die sich heute mit der Enigma befassen, wurden befragt; dabei wurde nach Typologien und Gruppen gesucht. Drittens schliesslich auf einer medialen Ebene: Die mediale Umsetzung der Enigma-Geschichte spielt mit dem Mythos, manchmal verhüllt sie ihn, manchmal gibt sie ihn ganz offen frei.

Die wichtigsten historischen Elemente der Geschichte sollen hier kurz zusammengefasst werden:

Erstens: Das existenzielle Moment: Nazi-Deutschland verschlüsselte im Zweiten Weltkrieg einen wesentlichen Teil seiner geheimen militärischen Kommunikation mit einer Maschine, die nach dem Kenntnisstand der damaligen Zeit nicht zu entschlüsseln war. Den Briten, deren Existenz durch den Krieg aufs äusserste gefährdet war, gelang es, den Code dieser Maschine zu entschlüsseln und sich dadurch einen unschätzbaren militärischen Vorteil zu verschaffen. So waren sie in der Lage, die bedrohliche Seeblockade durch die deutsche U-Boote Flotte zu durchbrechen.

Zweitens: Bletchley Park – ein riesiger Entschlüsselungsapparat: Die Entschlüsselungsoperation der Briten konnte auf umfangreiche Arbeiten von polnischen Spezialisten zurückgreifen. Dies war ein wichtiger Erfolgsfaktor. Ebenso wichtig war aber die Bündelung aller Kräfte und der Einbezug von Spezialisten aus allen wissenschaftlichen Disziplinen. Dazu wurde ein für damalige Begriffe fast unvorstellbar grosser und zentral gelenkter Apparat aufgebaut, in dem am Ende des Krieges rund 10 000 Personen arbeiteten: Bletchley Park. Auch wenn die Entschlüsselung des Enigma-Codes gerne als rein geistige Leistung stilisiert wird, so spielte doch auch Waffengewalt eine Rolle: Im entscheidenden Moment wäre der Code wohl ohne gezielt organisierte und entschlossen durchgeführte Überfälle auf deutsche Schiffe nicht zu entschlüsseln gewesen. Bei diesen Operationen wurden Rotoren und Codebücher der Enigma erbeutet. Eine Reihe von ausserordentlichen Persönlichkeiten, deren Namen

3 Hans Blumenberg: Arbeit am Mythos. Frankfurt 1996. Suhrkamp. S. 40.

ebenfalls 30 Jahre geheim blieben, trug entscheidend zum Erfolg bei. Dazu gehörten unter anderem die beiden Mathematiker Alan Turing und Gordon Welchman.

Drittens: Die Entschlüsselung gelang dank innovativen technologischen Leistungen: Technologisch war die Enigma-Maschine auf der Höhe der Zeit. Chiffriermaschinen mit Rotoren waren zeitgemäss: Die Briten benutzten mit der sogenannten Typex-Maschine ein Chiffriergerät, das nach demselben Prinzip aufgebaut war. Innovative und ungewöhnliche Lösungen spielten beim Entschlüsseln der Enigma eine zentrale Rolle: Die repetitiven mathematischen Verfahren wurden dabei unterstützt von einer elektromechanischen Maschine, welche unzählige Kombinationen durchprobierte. Die Rede ist von der Bomba oder Bombe. Eine erste Version entwickelten bereits die polnischen Codebrecher, eine zweite raffiniertere entwarf der Mathematiker Alan Turing.

Es liessen sich wohl noch mehr solche Schlüsselelemente finden. Schon aus dem Gesagten lässt sich aber eine ganz einfache Folgerung ziehen: Diese Geschichte hat viele Ingredienzien, die sie attraktiv machen. Der Kern bleibt aber immer derselbe: Die Entschlüsselung einer geheimen Maschine mit innovativen Methoden als wichtiger Beitrag im Kampf gegen einen überlegenen Feind. Sie reduziert Komplexität auf das einfache Schema von Gut und Böse. Der Historiker David Kahn ergänzt diese Beobachtung aus amerikanischer Sicht um eine geografische Komponente. Wohl gab es auch an anderen Kriegsschauplätzen, namentlich im Pazifik, grosse Erfolge im Entschlüsseln von Codes. Geschichten von diesen Kriegsschauplätzen spielen aber im populären und wissenschaftlichen Diskurs von heute eine weitaus geringere Rolle, und zwar aus einem überraschenden Grund:

»Wer weiss, wo all diese Plätze sind, es ist eine wirklich fremde Zivilisation und Sprache. Das ist anders bei den Deutschen. Wir kennen den Rhein, wir wissen wo Berlin liegt. Dazu gab es Personen, die sich mit dieser Operation identifizieren liessen wie Alan Turing und andere und schliesslich gibt es einen Ort, an dem dies alles geschah: Bletchley Park.«[4]

4 David Kahn im Gespräch mit dem Autor in New York am 11. November 2006.

Akteure und mediale Zeugnisse

Das Interesse an der Enigma wird genährt von medialen Zeugnissen auf der einen und von Handlungen und Diskursen von Personen auf der anderen Seite. Beides lässt sich nicht immer sauber trennen, hinter jedem medialen Zeugnis stehen Personen. Es sind Personen, die aus ganz unterschiedlichen Motiven zum Wachsen des Wissens um die Enigma beitragen. Zeitzeugen, Wissenschafter und Sammler sind die drei Hauptgruppen, die Diskurse und Interaktionen um die Enigma prägen. Dabei reden und handeln diese drei Gruppen nicht isoliert voneinander, sondern sind auf intensive Art und Weise miteinander verbunden und aufeinander bezogen. Der Austausch geschieht dabei nicht immer direkt, sondern in vielen Fällen medial vermittelt. Eine Referenz für alle drei Gruppen ist dabei das Geheimnis.

Dies gilt in einem besonderen Masse für die britischen Zeitzeugen. Viele von ihnen legen Wert darauf, dass sie sich an die Schweigepflicht gehalten haben, dass nicht sie es waren, die das Geheimnis gebrochen haben. Sie, die britischen Zeitzeugen, sind so etwas wie der Anker zur Realität und der lebende Beweis, dass sich die Geschichte so zugetragen hat, wie sie erzählt wird. Auch die Wissenschafter können sich der Faszination der Enigma-Geschichte nicht entziehen. Dabei lässt sich eine interessante Dualität beobachten: Auf der einen Seite die Faszination des Geheimen und auf der anderen Seite der aufklärerische Gestus, dieses Geheimnis zu lüften. Der Sammler schliesslich hat eine wiederum andere Beziehung zum Geheimen: Er möchte zum Komplizen werden, er möchte am Geheimen teilhaben, ohne das Geheimnis aber zu teilen. Die Materialität der Maschine wird beim Sammler emotional aufgeladen und der Besitz zu einem Ziel. Der Besitz-Status ist aber prekär, denn die Gefährdung scheint allgegenwärtig. Die Materialität der Technik zu fühlen ist ein Motiv, das bei allen Sammlern wichtig ist.

Die Sammler von Chiffriergeräten mögen diese Liebe zur Mechanik überhöhen – ihre Aussagen über Kälte und Abstraktion der modernen Technik beschreiben aber ein Unbehagen, das auch anderswo zu spüren ist. Ihre Tätigkeit spielt sich weitgehend in geschlossenen Zirkeln ab, viele Sammler scheuen die Öffentlichkeit; erst wenn die Museumsdirektoren bei ihnen anklopfen, werden die Resultate ihrer Bemühungen für die Öffentlichkeit sichtbar.

Die Sammler grenzen sich als Gruppe oft selber ab und werden von den anderen Gruppen ausgegrenzt. Durch Ankäufe, Renovation und Tausch betreiben sie eine Zirkulation der Güter, die für die physische Erhaltung der Enigma wichtig ist. Ausgesprochen oder nicht ausgesprochen – die physische Existenz der Maschine ist eine zentrale Referenz.

Eine Referenz ganz anderer Art für alle sind die medialen Zeugnisse, die sich mit der Enigma befassen. Hier sind wir auf eine Reihe von interessanten Feststellungen gestossen:

Der wissenschaftliche und auch populärwissenschaftliche Diskurs ist von britischen Autoren geprägt. Kontroversen bleiben aber weitgehend aus. Das gewonnene Bild wird durch immer neue Details ergänzt, verändert sich aber nicht mehr grundsätzlich. Man erinnert sich an die von Blumenberg postulierte »marginale Variationsfähigkeit«![5]

Der Dokumentarfilm übernimmt weitgehend diese Informationen und Sichtweisen. Die fiktionale Literatur und der Spielfilm könnten sich mehr Freiheit im Umgang mit dem Stoff erlauben. Dies geschieht aber kaum. Klar ist aber trotzdem: Die Enigma-Geschichte wird zu einem eigentlichen Generator von Versionen und Abwandlungen der Geschichte. Fiktive Erzählungen werden dabei in ein historisches Setting transportiert – damit wird ein impliziter Authentizitäts-Anspruch erhoben, wie etwa im Roman »Enigma« von Robert Harris respektive dessen Verfilmung. Erst im postmodernen Roman »Cryptonomicon« von Neal Stephenson wird der Stoff dieser Fesseln enthoben. Ein derart freier Umgang mit dem Stoff bleibt aber singulär. In der ganzen Untersuchung ist uns kein Zeugnis begegnet, das einen ähnlich freien und erfrischend respektlosen Umgang mit dem Stoff pflegt.

Die Enigma taucht – von Ausnahmen abgesehen – erst rund 25 Jahre nach ihrer Wiederentdeckung im Museum auf. Wir haben eine Reihe von Museen in Deutschland, England und den USA dokumentiert, welche die Enigma im Lauf der 90er Jahre in ihre Ausstellungen aufgenommen haben.

Zu einer speziellen Gruppe medialer Zeugnisse gehören die Simulationen der Enigma. Es handelt sich in der Regel um relativ einfache Computerprogramme, die sich im Internet herunterladen lassen. Sie simulieren Chiffrieralgorithmus und in der Regel auch das Benutzerinterface. Ihre Authentizität lässt sich ohne ausgedehnte Fachkenntnisse oder der Möglichkeit des Vergleichs mit einer realen Maschine nicht überprüfen. Eine spezielle Form der Simulation sind sogenannte Re-Enactments. Dabei handelt es sich um das Nachspielen von Szenen aus dem Zweiten Weltkrieg mit authentischen Geräten und Uniformen. Die Authentizität wird an der materiellen Echtheit der benutzten Requisiten wie Fahrzeuge, Uniformen, Waffen und Übermittlungsgeräten festgemacht und damit zum Fetisch.

5 Hans Blumenberg: Arbeit am Mythos. Frankfurt 1996. Suhrkamp. S. 40.

Diese Inszenierungen nur als intensive Beschäftigung mit dem Mythos Enigma zu bezeichnen, ist wenig adäquat: Die Simulation und vor allem das Nach-Spielen im Re-Enactment erscheint vielmehr als eine Verdichtung dieser Auseinandersetzung. Sie ist die Fortführung eines Bestrebens, das in der Vermischung von Dokumentation und Fiktion beim Film schon beobachtet wurde. Sie führt zu einem neuartigen Realitäts-Bezug, die sich von der Realität abgekoppelt hat, weil sie daran ist, diese neu zu erschaffen.

Jean Baudrillard verwendet dafür den Begriff der Hyperrealität. Nach Baudrillard entsteht so zunehmend eine »referenzlose Epistemologie der postindustriellen Gesellschaft«.[6] Aber trifft dies im Fall der Enigma wirklich zu? – Verschwindet der Bezug zur geschichtlichen Realität wirklich? – Und wie liesse sich diese Beobachtung mit dem immer wieder vorgebrachten Interesse für die Geschichte, namentlich der Geschichte des Zweiten Weltkrieges vereinbaren?

Historismus und Hyperrealität - ein Widerspruch?

Das Interesse für Geschichte, das sich in der Auseinandersetzung mit der Enigma manifestiert, darf nicht unhinterfragt stehen bleiben. Handelt es sich um ein singuläres Interesse oder steckt dahinter ein tiefer gehender, gesellschaftlicher Prozess? – Letzteres ist wohl der Fall: Die Auseinandersetzung mit dem Thema Enigma spielt sich in den letzten 30 Jahren ab. Es ist dies eine Zeit des verstärkten gesellschaftlichen Wandels: Der Kalte Krieg und sein Ende, der Ölschock, wiederholte Kriege im Nahen Osten, aber auch in Afrika und Asien, Globalisierung, der Aufstieg der Popkultur und die Postmoderne, die Erfindung des Internet und die Zäsur der Neuen Medien, Beschleunigung als kulturelles Leitmotiv - das sind nur einige Stichworte dazu. In Zeiten beschleunigten Wandels, so stellt der Kulturphilosoph Hermann Lübbe fest, wächst auch das Interesse an der Vergangenheit. In allen modernen Gesellschaften, so konstatiert Lübbe, expandiert das Museumswesen und blüht der Denkmalschutz.[7]

»Jenseits ungewisser Grenzen unterliegen wir unter Bedingungen eines sich beschleunigenden sozialen Wandels der Gefahr einer temporalen Identitätsdiffu-

6 Falko Blask: Jean Baudrillard. Eine Einführung. Hamburg 2005. Junius Verlag. S. 23.

7 Hermann Lübbe: Im Zug der Zeit. Verkürzter Aufenthalt in der Gegenwart. Berlin 1991. Springer.

sion. Das historische Bewusstsein hält die fremdgewordene Vergangenheit als eigene Vergangenheit aneignungsfähig beziehungsweise als Vergangenheit anderer zuschreibungsfähig. Es konfrontiert uns mit dieser Vergangenheit im Museum. Die bündelnde Formel für diese Struktur lautet: Durch die progressive Musealisierung kompensieren wir die belastenden Erfahrungen eines änderungsbedingten kulturellen Vertrautheitsschwundes.«[8]

Historismus[9] heisst das Stichwort – und vor diesem Hintergrund ist die intensive Auseinandersetzung mit dem Phänomen Enigma zu sehen.

Eine spezielle Rolle – wenn auch nicht prinzipiell sondern nur graduell – spielt die Beschwörung der heroischen Vergangenheit im postkolonialen Grossbritannien. Die postulierte Trostfunktion des Enigma-Mythos angesichts der geschrumpften Bedeutung der einstigen Weltmacht kann durchaus als Teil der von Hermann Lübbe postulierten Kompensation betrachtet werden.

Historismus und Hyperrealität müssen nicht im Widerspruch sein, sondern können ein funktionales Ensemble bilden. Dies vor allem wenn man bedenkt, dass der Bezug zur Realität ein volatiles Element darstellt. Der Enigma-Mythos oszilliert gewissermassen zwischen geschichtlichen und pseudogeschichtlichen Bezügen. Man ist geneigt an die Heisenbergsche Unschärferelation zu denken. Sie besagt, dass in der Quantenphysik Ort und Impuls eines subatomaren Teilchens nicht beliebig genau bestimmbar sind. Vereinfacht ausgedrückt: Je genauer man hinschaut, desto ungenauer wird das Resultat. Übertragen auf die Enigma-Auseinandersetzung: Je mehr ›detailgetreu‹ rekonstruiert wird, desto unschärfer das Bild. Materielle Rekonstruktionen der Geschichte müssen aus prinzipiellen Gründen scheitern; dies zeigt auch ein Blick auf den Rekonstruktionswahn unserer denkmalgeschützten Städte.[10] Die Detailversessenheit, die sich dabei beobachten lässt, führt in letzter Konsequenz zum Verschwinden der Referenz, weil die Rekonstruktion besser, wirklicher, ›wahrer‹ geworden ist.

---

8 Hermann Lübbe: Die Aufdringlichkeit der Geschichte. Herausforderungen der Moderne vom Historismus bis zum Nationalsozialismus. Graz etc. 1989. Styria Verlag. S. 28/29.

9 Der Begriff bezeichnet dabei nicht eine Stilrichtung des ausgehenden 19. Jahrhunderts, sondern ein gesellschaftliches Phänomen am Ende des 20. Jahrhunderts. Die beiden Phänomene sind inhaltlich eng miteinander verwandt.

10 Hermann Lübbe: Im Zug der Zeit. Verkürzter Aufenthalt in der Gegenwart. Berlin 1991. Springer. S. 55ff.

Enigma, Kryptografie, Computer

Das Aufblühen der Geschichten rund um die Enigma fällt wie bereits mehrfach erwähnt ins letzte Viertel des 20. Jahrhunderts. Dies geschah in einem ganz spezifischen gesellschaftlichen Kontext.

Zum Zeitpunkt der ersten Veröffentlichungen zum Enigma-Geheimnis in den 70er Jahren lag der Zweite Weltkrieg erst 30 Jahre zurück. Die Welt war immer noch im Kalten Krieg. Politisch war die Welt im polaren Schema zwischen Ost und West gefangen. Spionage und der Verdacht, von sowjetischen Spionen ›unterwandert‹ zu sein, prägten die gesellschaftliche und politische Realität. Die Chiffriermaschine Enigma war das perfekte Bindeglied zwischen dem Zweiten Weltkrieg und dem Kalten Krieg und spiegelte die zeitgemässe Empfänglichkeit für Spionage-Themen und sorgte gleichzeitig für eine neue Perspektive.

Das Thema der Kryptografie erfuhr in der zweiten Hälfte des 20. Jahrhunderts und beschleunigt im letzten Viertel eine Transformation: 1950 war Kryptografie ein eher exotischer Teil der Mathematik, für den sich vor allem Nachrichtendienste interessierten. Heute, im Jahr 2006, ist Kryptografie ein etablierter Zweig von Mathematik und Informatik. Grundlagen der Kryptografie werden in Einführungskursen zum Thema Netzwerktechnik vermittelt.

Getrieben wurde diese Entwicklung ohne Zweifel von den Entwicklungen der Computertechnik nach dem Zweiten Weltkrieg. Gehörten die 70er Jahre noch ganz den Grossrechnern, so änderte sich das Bild in den 80er Jahren mit der Erfindung und Verbreitung des Personal Computers durch Apple und IBM. Als Netzwerke und Internet in den 90er Jahren sich durchsetzten, war die Welt der Informationen eine andere geworden. Chiffriertechnik wurde in diesem Kontext zu einem immer wichtigeren Element: Wo Daten produziert und gespeichert werden, wächst früher oder später der Wunsch nach Austausch, und für den Austausch von Daten braucht es sichere Standards.

Währenddem moderne Kryptografie für den Laien höchst unanschaulich ist, ist die Funktionsweise der Enigma als Räderwerk intuitiv sofort nachvollziehbar. Die Entfaltung der Enigma-Geheimnisse und die Diskussion um die Bedeutung der Kryptografie liefen parallel, wie sich etwa bei David Kahn oder Friedrich L. Bauer ablesen lässt. David Kahn weist ausserdem auf einen weiteren Aspekt hin, der die Mythenbildung wohl begünstigt hat: Wenn kryptografisches Wissen Allgemeingut geworden ist, braucht es keine Kryptografen mehr. Eine Entwicklung, die der amerikanische Kryptologe Herbert Yardley bereits in den 30er Jahren vorhergesehen hatte: »Sooner or later all government, all wireless companies, will adopt some such system. And when they do, cryptography as a profession will die out.«[11] Tatsächlich wird Kryptografie heute an Universitäten und Fachhochschulen als Teil der Informatik und Mathematik gelehrt und hat keinen Sonderstatus mehr.

Dass ein grosser Teil der wissenschaftlichen Forschung rund um die Enigma aus Grossbritannien stammt, darf nicht erstaunen. Schliesslich war der Code der deutschen Maschine ja dort gebrochen worden. In den Publikationen zum Thema schwingt aber ein anderer Subtext mit: Die Entschlüsselung der Enigma war nicht nur ein militärischer, sondern auch ein moralischer und intellektueller Akt. Tony Sale, einer der Gründer des Bletchley Park Museums, bringt dies in einem Fernsehinterview auf die kurze Formel »brain over bullets«.[12]

Im Lauf der letzten 25 Jahre wurden unzählige Aspekte der Enigma-Geschichte ausgeleuchtet. Die Geschichte erwies sich dabei als sehr anschlussfähig. Dabei fand eine zunehmende Stilisierung der Akteure statt: Zeitzeugen werden zu Helden, auf der anderen Seite scheint sich die Konzentration auf die Maschine immer mehr zu verselbständigen, sie erhält gewissermassen Fetisch-Charakter. Diese beiden Charakterisierungen mögen in der wissenschaftlichen Literatur nicht so ausgeprägt sein, treten aber in populärwissenschaftlichen Werken und stärker im Film und anderen elektronischen Medien hervor.

Dispositiv und Mythos

Wir haben in unseren Untersuchungen höchst unterschiedliche Texte und mediale Zeugnisse analysiert. Dazu zählten mündliche Äusserungen ebenso wie historische Quellen, literarische Werke, wissenschaftliche Literatur, Filme und Simulationen. Mehr noch: Wir haben auch menschliche Handlungen, soziale Beziehungen und sogar Räume, wie im Fall der Museen, untersucht, höchst heterogene Dinge also. Und doch sind sie auf eine hintergründige Weise miteinander verbunden. Sie bilden, um einen Begriff von Michel Foucault zu verwenden, ein Dispositiv: »Ein entschieden heterogenes Ensemble, das Diskurse, Institutionen, architektonische Einrichtungen, reglementierende Entscheidungen, Gesetze, administrative Maßnahmen, wissenschaftliche Aussagen, philosophische, moralische oder philanthropische Lehrsätze, kurz: Gesagtes ebensowohl wie

11 Herbert Yardley zitiert nach David Kahn: The Codebreakers. S.984.

12 Tony Sale im Film »Station X«.

Ungesagtes umfasst. […] Das Dispositiv ist das Netz, das zwischen diesen Elementen geknüpft ist.«[13]

Und worin besteht nun noch einmal gefragt der Mythos Enigma? – Der Enigma-Mythos ist anschlussfähig und wandelbar. Und: Dahinter steckt ein Geheimnis, das bis auf den heutigen Tag nicht vollständig gelüftet ist. Der Sieg der Alliierten über Nazideutschland wird zur Apotheose des Sieges des Guten über das Böse, eines Sieges des Geistes, der die Fundamente für die maschinelle Rationalität des Computers legte. Zum Mythos gehören Personen wie der tragische Held Alan Turing. Noch einmal verkürzt könnte man sagen: Der Enigma-Mythos ist ein Entstehungsmythos der nachmodernen Welt, die aus den Trümmern des Zweiten Weltkrieges entstanden ist.

Einiges, nicht alles ist erklärt. Der Mythos Enigma besteht fort. Und die Geschichte wird weiter erzählt werden. So wie im Februar 2007, während der Schlussredaktion dieser Arbeit. Das Nachrichtenmagazin »Der Spiegel«[14] berichtet von einer giftigen Fracht, die seit 1945 vor Norwegen auf dem Boden der Nordsee liegt. Sie gehört zum deutschen U-Boot U-864, das am 6. Februar 1943 mitsamt seiner Besatzung versenkt wurde, getroffen von einem Torpedo des britischen Unterseeboots »HMS Venturer« im ersten U-Boot-Kampf der Geschichte. Der deutsche U-Boot Kapitän Ralf-Reimar Wolfram und seine Besatzung hatten kaum eine Chance: »Er ahnt nichts von einem Herrenhaus namens Bletchley Park, unweit von London, er weiss nicht, dass die Festung Bergen nun eine Falle ist.«[15]

Damit ist nicht alles geklärt. Nicht umsonst heisst die Maschine, um die es hier ging, Enigma – das lateinische Wort für Rätsel!

---

13 Michel Foucault: Dispositive der Macht. Über Sexualität, Wissen und Wahrheit, Berlin 1978. Merve.

14 Jagd auf ›Caesar‹. In: Der Spiegel Nr.6 vom 5.2.2007, S. 54-60.

15 Ebenda S. 56.

Annex

A. Archive

National Archives Washington D.C. und Maryland (NARA)

NSA Historical Collection, RG 457

- NR 554 CBBI23 6212A 19370621 SWISS CODE D TELEGRAMS LETTER TRAFFIC
- NR 3820 ZEMA100 37007A 19441000 CRYPTOGRAPHIC CODES AND CIPHERS: SWISS DIPLOMATIC MACHINE CIPHER SZD
- NR 3821 ZEMA100 37008A 19420800 CRYPTOGRAPHIC CODES AND CIPHERS: SWISS RANDOM LETTER TRAFFIC
- NR 4224 ZEMA170 6173A 19391126 CODED SWISS DIPLOMATIC CABLEGRAMS SHOWING DECODING

Die konsultierten Unterlagen befinden sich nicht in der Hauptstadt Washington D.C. sondern in der Aussenstelle College Park im Staat Maryland, etwa 20 km ausserhalb von Washington.Die Unterlagen sind geordnet und werden im Internet kurz vorgestellt:www.archives.gov/research/holocaust/finding-aid/civilian/rg-457.html vom 16.2.2008

Auf den Seiten der National Security Agency (NSA) findet sich ausserdem eine Liste mit Titeln und Signaturen aller rund 5000 Dokumente aus den beiden Weltkriegen. www.nsa.gov/public/publi00004.cfm vom 16.2.2008

Informationen zu ähnlich gelagerten Deklassifzierungsaktionen finden sich hier: www.nsa.gov/public/publi00003.cfm vom 16.2.2008

Schweizerisches Bundesarchiv in Bern

Bestände E27/19007 – 19009 (Akten zum Thema Enigma und Chiffrierung im Allgemeinen)

Schweizer Regierung: Departement für Verteidigung, Bevölkerungsschutz und Sport (VBS) Bern (nicht öffentlich zugänglich)

- Bruno Kröger: Bericht über allgemeine Erfahrungen bei der Entzifferung von Geheimschriften im Hinblick auf die Sicherheitsanforderungen, die an Geheimschriftverfahren gestellt werden müssen. Kaufbeuren 1948. Typoskript. Nicht veröffentlicht.
- Bruno Kröger: Analyse der Chiffriermaschine ENIGMA Type K. Kaufbeuren 1948. Typoskript. Nicht veröffentlicht.

Diese Dokumente wurden dem Autor 2003 durch den Verantwortlichen für Kryptologie, dem Matheamtiker Peter Nyffeler, zur Verfügung gestellt.

B. Liste der befragten Personen

Nr.	Name	Vorname	Wohnort	Datum	Kategorie
Interviews					
1	Bauer	Friedrich	D-München	08.12.2005	Wissenschafter
2	Hütter	Günter	A-Altach	21.11.2005	Sammler
3	Ryska	Heinz	D-Paderborn	15.11.2005	Wissenschafter
4	Schmid	Walter	CH-Männedorf	31.10.2005	Wissenschafter
5	Alexander	John	GB-Milton Keynes	14.09.2003	Sammler
6	N.	N.	USA-New York	21.06.2004	Sammler B
7	Stürzinger	Oskar	M-Monaco	20.02.2003	Wissenschafter
8	N.	N.	CH-Zürich	05.10.2001	Sammler A
9	Ritter	Rudolf	CH-St.Gallen	22.10.2001	Historiker
10	Weierud	Frode	CH-Genf	06.01.2003	Wissenschafter
11	Glur *	Paul	CH-Bern	22.10.2001	Zeitzeuge
12	Heinzmann	Peter	CH-Zürich	10.10.2001	Wissenschafter
13	Sale	Tony	GB-Milton Keynes	08.04.2006	Wissenschafter
14	Hodges	Andrew	GB- Oxford	07.04.2006	Wissenschafter
15	Joyce	C.R.B.	CH-Basel	15.01.2006	Zeitzeuge
17	Schmeh	Klaus	D-Stuttgart	10.03.2006	Wissenschafter
18	Fick *	Franz	D-Hamburg	25.06.2005	Zeitzeuge
19	Kahn	David	USA-New York	11.11.2006	Wissenschafter
Kurze Befragungen					
20	Nyffeler	Peter	CH	24.06.2003	Wissenschafter
21	Valentine	Jean	GB	14.09.2003	Zeitzeuge

* verstorben

C. Internet-Ressourcen

Die wichtigsten Internet-Adressen, die für die Recherchen benutzt wurden, sind hier aufgeführt. Solche Angaben veralten schnell. Der Autor hat sich aus Gründen der Vollständigkeit, der Transparenz und der Nachvollziehbarkeit trotzdem zur Publikation der wichtigsten Internet-Adressen entschlossen. Die Adressen wurden zuletzt am 16.2.2008 kontrolliert.

Personen

Hartmut Böhme (Kulturwissenschaftler/D)
http://www.culture.hu-berlin.de/hb

Andrew Hodges (Mathematiker/GB)
http://www.synth.co.uk/main.html sowie
http://www.turing.org.uk/turing/

David Kahn (Historiker/USA)
http://david-kahn.com/

Friedrich Kittler (Kulturwissenschafter/D)
http://www.aesthetik.hu-berlin.de/mitarbeiter/kittler/

Tom Perera (Historiker/Psychologe USA)
http://www.chss.montclair.edu/~pererat/.

Tony Sale (Historiker/GB)
http://www.codesandciphers.org.uk/

Geoff Sullivan (Informatiker/GB)
http://www.hut-six.co.uk/

Bruce Schneier (Informatiker/USA)
http://www.schneier.com/

Neal Stephenson (Schriftsteller/USA)
http://www.nealstephenson.com/

Frode Weierud (Kryptologe/F)
http://frode.web.cern.ch/frode/crypto/index.html

Institutionen

Heinz Nixdorf Museumsforum (Paderborn/D)
http://www.hnf.de/

Bletchley Park National Codes Centre (Milton Keynes/GB)
http://www.bletchleypark.org.uk/

Deutsches Museum – Sektion Informatik (München/D)
http://www.deutsches-museum.de/

The International Spy Museum (Washington D.C./USA)
http://www.spymuseum.org/

National Cryptologic Museum (Forte Meade MD/USA)
http://www.nsa.gov/museum/

The Holocaust Memorial Museum (Washington D.C./USA)
http://www.ushmm.org/

Museum Peenemünde – Historisch-Technisches Museum im Kraftwerk (Peenemünde/D)
http://www.peenemuende.de

Kryptografie Programm der Deutschen Bank
http://www.cryptool.de/

Schweizerische Gesellschaft für Kulturwissenschaft (SGKW)
http://www.culturalstudies.ch/

Center for Interdisziplinary Memory Research
im Kulturwissenschaftlichen Institut Essen
http://www.memory-research.de

Tagungen

Computer als Medium – Hyperkult
http://kulturinformatik.uni-lueneburg.de/hyperkult/

Schweizerische Gesellschaft für Kulturwissenschaft (SGKW)
http://www.culturalstudies.ch/d/workshop/index.html

Nachschlagewerke, Foren und weitere Ressourcen

Cryptocollectors Yahoo Group
http://tech.groups.yahoo.com/group/cryptocollectors/

Computer als Medium – Hyperkult
http://kulturinformatik.uni-lueneburg.de/hyperkult/

Film-Forum
http://www.gnovies.com/discussion/u-2d571.html

Fawlty Towers
http://www.fawltysite.net/episode06.htm

Historisches Lexikon der Schweiz
http://www.hls.ch

Kryptografie-Wettbewerbe weltweit – zusammengestellt und kommentiert von Klaus Schmeh im Magazin Telepolis vom 9.1.2008
http://www.heise.de/tp/r4/artikel/26/26876/1.html

M-4 Projekt zum Entschlüsseln von Enigma-Botschaften
http://www.bytereef.org/m4_project.html

Shoa.de – Zukunft braucht Erinnerung
http://www.shoa.de

U-Boote
http://uboat.net/

D. Bibliografie

Assmann, Aleida: Erinnerungsräume. Formen und Wandlungen des kulturellen Gedächtnisses. München 1999/2006. Beck.

Bahr, Hans-Dieter: Über den Umgang mit Maschinen. Tübingen 1983. Konkursbuchverlag.

Bamford, James: The Puzzle Palace: A Report on America's Most Secret Agency. New York 1983. Penguin Books.

Barthes, Roland: Das Reich der Zeichen. Frankfurt am Main 1998. Suhrkamp.

Barthes, Roland: Der entgegenkommende und der stumpfe Sinn. Kritische Essays. Frankfurt am Main 2001. Suhrkamp.

Barthes, Roland: Mythen des Alltags. Frankfurt am Main 2002. Suhrkamp.

Barthes, Roland; Bischoff, Michael: Das Reich der Zeichen. Frankfurt am Main 1993. Suhrkamp.

Baudrillard, Jean: Agonie des Realen. Berlin 1978. Merve-Verlag.

Baudrillard, Jean: Simulacra et Simulations. Paris 1981. Editions Galilée.

Baudrillard, Jean: Simulacra and Simulation. Ann Arbor 1994. The University of Michigan Press.

Bauer, Friedrich L.: Entzifferte Geheimnisse. Methoden und Maximen der Kryptologie. Berlin 2000. Springer. 3. überarbeitete und ergänzte Auflage.

Bauer, Friedrich L: Entzifferte Geheimnisse – Codes und Chiffren und wie sie gebrochen werden. Berlin 1995. Weltbild (Lizenzausgabe).

Bauer, Friedrich L: Decrypted secrets. Methods and Maxims of Cryptology. Berlin 2006. Springer. 4. überarbeitete und ergänzte Auflage.

Bauer, Friedrich L.: Kurze Geschichte der Informatik. München 2007. Fink.

Bauer, Friedrich L.: Informatik. Führer durch die Ausstellung. München 2004. Deutsches Museum.

Beckman, Bengt: Codebreakers Arne Beurling and the Swedish crypto program during World War II. Providence 2002. American Mathematical Society.

Bertrand, Gustave: Enigma ou la Plus Grande Enigme de la Guerre 1939-1945. Paris 1973. Plon.

Beutelspacher, Albrecht: Geheimsprachen. Geschichte und Techniken. München 2000. Beck.

Beutelspacher, Albrecht: Kryptologie. Eine Einführung in die Wissenschaft vom Verschlüsseln, Verbergen und Verheimlichen: ohne alle Geheimniskrämerei, aber nicht ohne hinterlistigen Schalk, dargestellt zum Nutzen und Ergötzen des allgemeinen Publikums. Braunschweig 2002. Vieweg.

Beutelspacher, Albrecht; Schwenk, Jörg; Wolfenstetter, Klaus-Dieter: Moderne Verfahren der Kryptographie von RSA zu Zero-Knowledge. Braunschweig 2001. Vieweg.

Beutelspacher, Albrecht: Moderne Verfahren der Kryptographie. Von RSA zu Zero-Knowledge. Wiesbaden 2004. Vieweg.

Blask, Falko: Jean Baudrillard zur Einführung. Hamburg 2002. Junius.

Blom, Philipp: Sammelwunder, Sammelwahn. Szenen aus der Geschichte einer Leidenschaft. Frankfurt am Main 2004. Eichborn.

Blumenberg, Hans: Arbeit am Mythos. Frankfurt am Main 1996. Suhrkamp.

Bock, Darrell L.: Breaking the da Vinci Code. Answers to the Questions Everybody's Asking. Nashville 2004. Nelson.

Böhme, Hartmut: Fetischismus und Kultur. Eine andere Theorie der Moderne. Reinbek bei Hamburg 2006. Rowohlt Taschenbuch Verlag.

Bohrer, Karl Heinz: Mythos und Moderne. Begriff und Bild einer Rekonstruktion. Frankfurt am Main 1996. Suhrkamp.

Bolz, Norbert: Eine kurze Geschichte des Scheins. München 1991. Fink.

Bolz, Norbert; Kittler, Friedrich A; Tholen, Christoph Georg: Computer als Medium. München 1999. Fink.

Brown, Dan: Digital Fortress. Reading 1998. Corgi.

Brown, Dan: Angels & Demons. New York 2000. Pocket Books.

Brown, Dan: The Da Vinci Code: a Novel. New York 2003. Doubleday.

Budiansky, Stephen: Battle of Wits: The Complete Story of Codebreaking in World War II. New York 2000. Free Press.

Bush, Vannevar: As We May Think. In: The Atlantic Monthly. 176 (1) July 1945, S. 101-108. July 1945. Auch in: Wardrip-Fruin, Noah und Montfort, Nick: The New Media Reader. Cambridge, London, 2003. MIT Press. S. 35-48. www.theatlantic.com/doc/194507/bush.

Campiche, Christian: Comment la Suisse a Bradé des Enigma. Le Plus Célébre Codeur Secret du Monde a Fait Rêver le Monde Entier, sauf Berne. In: Liberté 2001, S.10.

Copeland, B. Jack: Colossus. The Secrets of Bletchley Park's Codebreaking Computers. Oxford 2006. University Press.

Copeland, Jack B.: Colossus and the Rise of the Modern Computer. In: ders.: Colossus. The Secrets of Bletchley Parks Codebreaking Computers. Oxford 2006. Oxford University Press. S. 101-115.

Coy, Wolfgang: Aus der Vorgeschichte des Mediums Computer. In: Bolz,Norbert;.Kittler, Friedrich A; Tholen, Christoph Georg: Computer als Medium. München 1994. Fink. S.19 -37.

Crichton, Michael: Jurassic Park. A Novel. New York 1990. Knopf/ Random House.

Crichton, Michael: The lost world. A Novel. New York 1995. Knopf/ Random House.

Cryptologia: An International Journal Devoted to Cryptology. Philadelphia 1977ff. Taylor & Francis.

Daniel, Ute: Kompendium Kulturgeschichte. Theorien, Praxis, Schlüsselwörter. Frankfurt am Main 2002. Suhrkamp.

Deavours, Cipher. A.;Kruh, Louis: Machine Cryptography and Modern Cryptanalysis. Dedham 1985. Artech House.

Debatin, Bernhard: Die Rationalität der Metapher. Eine sprachphilosophische und kommunikationstheoretische Untersuchung. Berlin 1995. De Gruyter.

Debatin, Bernhard: Metaphor and Rational Discourse. Tübingen 1997. Niemeyer.

Debatin, Bernhard: Allwissenheit und Grenzenlosigkeit: Mythen um Computernetze. In: Wilke, Jürgen (Hg.): Massenmedien und Zeitgeschichte. Konstanz 1999. UVK-Medien. S.481-493.

Debatin Bernhard: Metaphern und Mythen des Internet . Demokratie, Öffentlichkeit und Identität im Sog der vernetzten Datenkommunikation. Unveröffentlichter Vortrag, Evangelische Akademie Bad Segeberg, 13. April, 1997. Veröffentlicht unter folgender Adresse: http://oak.cats.ohiou.edu/~debatin/German/NetMet.htm vom 16.2.2008

Elm, Theo; Hiebel, Hans Helmut: Medien und Maschinen. Literatur im technischen Zeitalter. Freiburg im Breisgau 1991. Rombach.

Enzensberger, Hans Magnus: Die Elixiere der Wissenschaft. Seitenblicke in Poesie und Prosa. Frankfurt am Main 2002. Suhrkamp.

Erichsen, Johannes; Hoppe, Bernhard: Peenemünde. Mythos und Geschichte der Rakete 1923-1989. Berlin 2004. Nicolaische Verlagsbuchhandlung Berlin.

Dooley, John F.: Codes and Ciphers in Fiction. An Overview. In: Cryptologia. 29/4 2005. S. 290-328.

Flick, Uwe; Kardorff, Ernst von; Steinke, Ines: Qualitative Forschung. Ein Handbuch. Hamburg 2003. Rowohlt.

Flick, Uwe: Konstruktivismus. In: Flick, Uwe; Kardorff, Ernst von; Steinke, Ines: Qualitative Forschung. Ein Handbuch. Hamburg 2003. Rowohlt. S. 150-163.

Foucault, Michel: Der Wille zum Wissen. Frankfurt am Main 1998. Suhrkamp.

Foucault, Michel: Die Ordnung des Diskurses. Frankfurt, Main 2000. Fischer.

Friedman, William F.; Friedman, Elizabeth S.: The Shakespearean Ciphers Examined. Cambridge 1957. Cambridge University Press.

Gaj, Kris; Orlowski, Arkadiusz: Facts and Myth of Enigma: Breaking Stereotypes. In: Lecture Notes in Computer Science. Berlin 2003. Springer.

Galison, Peter: Die Ontologie des Feindes. Norbert Wiener und die Vision der Kybernetik. In: Michael Hagner: Ansicht der Wissenschaftsgeschichte. S. 430-487. Frankfurt 2001.

Gannon, Paul: Colossus. Bletchley Park's Greatest Secret. London 2006. Atlantic Books.

Garfinkel, Simson: Database Nation: The Death of Privacy in the 21st century. Beijing 2000. O'Reilly.

Garlinski, Jozef: The Swiss Corridor. Espionage Networks in Switzerland during World War II. London 1981. Dent.

Garlinski, Jozef: Deutschlands letzte Waffen im 2. Weltkrieg.Der Untergrundkrieg gegen die V1 und die V2. Stuttgart 1981. Motorbuch Verlag.

Gendolla, Peter: Die Kunst der Automaten. Klagenfurt 1995.

Gendolla, Peter: Die Künste des Zufalls. Frankfurt am Main 1999. Suhrkamp.

Gendolla, Peter: Bildschirm - Medien - Theorien. München 2002. Fink.

Gendolla, Peter: Wissensprozesse in der Netzwerkgesellschaft. Bielefeld 2005. Transcript.

Gibson, William: Pattern Recognition. New York 2003. G.P. Putnam's Sons.

Giesecke, Michael: Sinnenwandel, Sprachwandel, Kulturwandel Studien zur Vorgeschichte der Informationsgesellschaft. Frankfurt am Main 1992. Suhrkamp.

Gilvin, Brandon: Solving the Da Vinci code mystery. St. Louis, Mo. 2004. Chalice Press.

Glaser, Barney G.; Paul, Axel T.; Strauss, Anselm Leonard: Grounded Theory. Strategien qualitativer Forschung. Bern 1998. Huber.

Halbwachs, Maurice: Das Gedächtnis und seine sozialen Bedinungen. Frankfurt 1985. Suhrkamp. (Erstausgabe 1925).

Hagen, Wolfgang: Die verlorene Schrift. Skizzen zu einer Theorie des Computers. In: Kittler, Friedrich A.; Tholen, Georg Christoph: Arsenale der Seele. Literatur und Medienanalyse seit 1870. München 1989. Fink.

Hagen, Wolfgang: Das ›Los Alamos Problem‹. Zur Entstehung des Computers aus der Kalkulation der Bombe. Ursprüngliche Langfassung des Katalogtextes zu ›7 Hügel. Wissen‹. Berlin 2000. Publiziert unter: www.whagen.de vom 16.2.2008

Hamer, David: Enigma: Actions Involved in the Double Stepping of the Middle Rotor. Cryptologia. 21/1. 1997. S. 47-50.

Harris, Robert: Enigma. London 1995. Hutchinson.

Harris, Robert: Enigma. München 1996. Heyne. (Deutsche Übersetzung)

Hastedt, Heiner: Aufklärung und Technik. Grundprobleme einer Ethik der Technik. Frankfurt am Main 1991. Suhrkamp.

Heintz, Bettina: Wissenschafts- und Technikforschung in der Schweiz. Sondierungen einer neuen Disziplin. Zürich 1998. Seismo.

Heintz, Bettina: Die Herrschaft der Regel : Zur Grundlagengeschichte des Computers. Frankfurt 1993. Campus.

Herman, Michael: Intelligence Power in Peace and War. Cambridge; New York 1996. Royal Institute of International Affairs : Cambridge University Press.

Herman, Michael: Intelligence Services in the Information Age: Theory and Practice. London ; Portland 2001.

Hinsley, Francis Harry: British Intelligence in the Second World War. London 1994. HMSO.

Hirschfeld, Dieter; Debatin,Bernhard: Antinomien der Öffentlichkeit. Texte zum Streit über die Selbstthematisierung der Gesellschaft. Hamburg 1989. Argument.

Historisches Lexikon der Schweiz. Basel 2002 ff. Schwabe.

Hochhuth, Rolf: Alan Turing. Erzählung. Reinbek bei Hamburg 1987. Rowohlt.

Hodges, Andrew: Alan Turing: The Enigma. London 1983. Burnett Books.

Hodges, Andrew: Alan Turing, Enigma. Wien etc. 1994. Springer-Verlag.

Hörisch, Jochen: Eine Geschichte der Medien von der Oblate zum Internet. Frankfurt am Main 2004. Suhrkamp.

Hörisch, Jochen: Theorie-Apotheke. Eine Handreichung zu den humanwissenschaftlichen Theorien der letzten fünfzig Jahre, einschliesslich ihrer Risiken und Nebenwirkungen. Frankfurt am Main 2005. Eichborn.

Horn, Eva: Der geheime Krieg. Verrat, Spionage und moderne Fiktion. Frankfurt 2007. Fischer.

Horn, Eva: Secret Intelligence. Zur Epistemiologie der Nachrichtendienste. In: Marersch, Rudolf und Werber, Niels: Raum – Wissen – Macht. Frankfurt am Main 2002. Suhrkamp.

Irving, David: Das Reich hört mit. Der geheimste Nachrichtendienst des Dritten Reiches. Kiel 1989. Arndt Verlag.

Jäger, Siegfried: Kritische Diskursanalyse. Eine Einführung. Münster 2004.Unrast Verlag.

Jäger, Siegfried: Diskurs und Wissen. Theoretische und methodische Aspekte einer Kritischen Diskurs- und Dispositivanalyse. In: Keller, Reiner et al.: Handbuch sozialwissenschaftliche Diskursanalyse. Opladen 2001-2003. Leske und Buderich. S. 81-113.

Journal of Cryptology: The Journal of the International Association for Cryptologic Research. New York 1987ff. Springer.

Jungk, Robert: Heller als tausend Sonnen. Das Schicksal der Atomforscher. München 1990. Heyne

Kahn, David: The Codebreakers. The Story of Secret Writing. London 1967. Weidenfeld and Nicolson.

Kahn, David: The Codebreakers. The Story of Secret Writing. New York 1996. Scribner.

Kahn, David: Hitler's Spies. German Military Intelligence in World War II. London 1978. Hodder and Stoughton.

Kahn, David: Seizing the Enigma the Race to Break the German U-boat Codes, 1939-1943. London 1992. Souvenir Press.

Kahn, David: The Codebreakers. The Story of Secret Writing. New York 1996. Scribner.

Kalivoda, Gregor; Ueding, Gert; Jens, Walter: Historisches Wörterbuch der Rhetorik. Tübingen 1992. Niemeyer.

Kaltenborn, Olaf: Das künstliche Leben. Die Grundlagen der Dritten Kultur. München 2001. Wilhelm Fink.

Karrenberg, Ulrich und Shannon, Claude Elwood: Signale – Prozesse – Systeme. Eine multimediale und interaktive Einführung in die Signalverarbeitung. Berlin 2001. Springer.

Kaufmann, Stefan: Kommunikationstechnik und Kriegführung 1815-1945. Stufen telemedialer Rüstung. München 1996. Fink.

Keller, Reiner et al.: Handbuch sozialwissenschaftliche Diskursanalyse. Opladen 2001-2003. Leske und Buderich.

Keller, Reiner: Zur Aktualität sozialwissenschaftlicher Diskursanalyse. Eine Einführung. In: Ders.: Handbuch Sozialwissenschaftliche Diskursanalyse. Opladen 2001. Leske und Buderich. S. 7-27

Kippenhahn, Rudolf: Verschlüsselte Botschaften: Geheimschrift, Enigma und Chipkarte. Reinbek bei Hamburg 1997. Rowohlt.

Kittler, Friedrich: Pynchon und die Elektromysthik. In: Siegert, Bernhard und Krajewski, Markus (Hg.): Thomas Pynchon. Archiv – Verschwörung – Geschichte. S. 123-36. Weimar 2003. Verlag und Datenbank für Geisteswissenschaften.

Kittler, Friedrich: Grammophon, Film, Typewriter. Berlin 1986. Brinkmann & Bose.

Kittler, Friedrich: Aufschreibesysteme 1800-1900. München 1987. Fink.

Kittler, Friedrich: Die künstliche Intelligenz des Weltkriegs: Alan Turing. In: Ders./Georg Christoph Tholen: Arsenale der Seele. Literatur- und Medienanalyse seit 1870. S.187-202. München 1989. Fink.

Kittler, Friedrich: Optische Medien. Berliner Vorlesung 1999. Berlin 2002. Merve.

Kittler, Friedrich; Tholen, Georg Christoph: Arsenale der Seele. Literatur- und Medienanalyse seit 1870. München 1989. Fink.

Kittler, Friedrich: Draculas Vermächtnis. Technische Schriften. Leipzig 1993. Reclam.

Knorr Cetina, Karin: Epistemic Cultures: How the Sciences Make Knowledge. Cambridge 1999. Harvard University Press.

Knorr Cetina: Wissenskulturen. Ein Vergleich naturwissenschaftlicher Wissensformen. Frankfurt am Main 2002. Suhrkamp.

Knorr Cetina: Die Fabrikation von Erkenntnis. Zur Anthropologie der Naturwissenschaft. Frankfurt am Main 2002. Suhrkamp.

Kohl, Karl-Heinz: Die Macht der Dinge. Geschichte und Theorie sakraler Objekte. München 2003. Beck.

Korte, Helmut; Drexler, Peter: Einführung in die systematische Filmanalyse ein Arbeitsbuch. Berlin 1999. Erich Schmidt.

Kozaczuk, Wladyslaw: Geheimoperation Wicher: polnische Mathematiker knacken den deutschen Funkschlüssel Enigma. Bonn 1999. Bernard & Graefe Verlag.

Kuhn, Thomas S.: Die Struktur wissenschaftlicher Revolutionen. Frankfurt am Main 2003. Suhrkamp.

Landwehr, Dominik: Das Rätsel der Neuen Maschine. In: Neue Zürcher Zeitung vom 30. November 2001. S. 81/82.

Landwehr, Dominik: Re-Enacting Enigma. Die Konstruktion von Wirklichkeit durch Simulationen der Enigma-Chiffriermaschine. Referat für den Workshop der Hyperkult-Tagung 15 Modelling & Simulation. vom 13.-15. Juli 2006. http://kulturinformatik.uni-lueneburg.de/hyperkult/ vom 16.2.2008

Landwehr, Dominik: 10 000 Menschen und 1500 Elektronenröhren knackten die Nazi-Codes. In: Neue Zürcher Zeitung. 2.3.2007. S.63.

Landwehr, Dominik: Colossus. Der erste elektronische Digitalrechner. 2006. Typoskript. www.peshawar.ch vom 16.2.2008

Large, Christine: Hijacking Enigma: The Insider's Story. Chichester 2003. Wiley.

Latour, Bruno: Wir sind nie modern gewesen. Versuch einer symmetrischen Anthropologie. Berlin 1995. Akademie-Verlag.

Latour, Bruno: Die Hoffnung der Pandora. Untersuchungen zur Wirklichkeit der Wissenschaft. Frankfurt am Main 2000. Suhrkamp.

Leigh Star, Susan; Griesemer, James R.: Institutional Ecology, ›Translations‹ and Boundary Objects: Amateurs and Professionals in Berkeley's Museum of Vertebrate Zoology, 1907-1939. In: Social Studies of Science. An International Review of Research in the Social Dimensions of Science and Technology. 1989/5. S. 387-420.

Lévi-Strauss, Claude: Das wilde Denken. Frankfurt am Main 1997. Suhrkamp.

Levy, Steven: Crypto: How the Code Rebels Beat the Government. Saving Privacy in the Digital Age. New York 2001. Viking.

Lévy, Pierre: Die Erfindung des Computers. In: Serres, Michel: Elemente einer Geschichte der Wissenschaften. Frankfurt am Main 1994. Suhrkamp. S. 905-944.

Licklider, Joseph Carl Robnett: The Computer as a Communication Device. In: Science and Technology, April 1968. http://memex.org/licklider.pdf vom 16.2.2008.

Lübbe, Hermann: Die Aufdringlichkeit der Geschichte: Herausforderungen der Moderne vom Historismus bis zum Nationalsozialismus. Graz etc. 1989. Styria.

Lübbe, Hermann: Im Zug der Zeit. Verkürzter Aufenthalt in der Gegenwart. Berlin 2003. Springer.

Luhmann, Niklas: Die Realität der Massenmedien. Opladen 1996. Westdeutscher Verlag.

Maissen, Thomas: Schatten des Zweiten Weltkrieges. Wer verriet den Amerikanern die Zahl von 250 Millionen Franken. Abhöraktionen und Intrigen an der Washingtoner Konferenz von 1946. In: Neue Zürcher Zeitung vom 1.April 1998, S.17.

Maresch, Rudolf: Kommunikation, Medien, Macht. Frankfurt am Main 1999. Suhrkamp.

Maresch, Rudolf: Raum – Wissen – Macht. Frankfurt am Main 2002. Suhrkamp.

Muensterberger, Werner: Sammeln – eine unbändige Leidenschaft. Psychologische Perspektiven. Berlin 1995. Berlin-Verlag.

Mumford, Lewis: Mythos der Maschine. Kultur, Technik und Macht. Frankfurt am Main 1981. Fischer.

Münker, Stefan; Roesler, Alexander: Mythos Internet. Frankfurt am Main 1997. Suhrkamp.

Murphy, Walter F.: The Roman Enigma. New York 1981. Macmillan Publishing.

Nancy, Jean-Luc: Die undarstellbare Gemeinschaft. Stuttgart 1988. Edition Patricia Schwarz.

Nowotny, Helga: Es ist so – es könnte auch anders sein: Über das veränderte Verhältnis von Wissenschaft und Gesellschaft. Frankfurt am Main 1999. Suhrkamp.

Pomian, Krzysztof: Der Ursprung des Museums vom Sammeln. Berlin 1988. Wagenbach.

Porath, Erik: Die Vernunft des Sammelns und der Irrsinn des Wegwerfens. e-Journal. Philosophie der Psychologie. 2005.

Pröse, Michael: Chiffriermaschinen und Entzifferungsgeräte im Zweiten Weltkrieg: Technikgeschichte und informatikhistorische Aspekte. Chemnitz 2004. Dissertation Technische Universität Chemnitz.

Rammert, Werner: Was ist Technikforschung. Entwicklung und Entfaltung eines sozialwissenschaftlichen Forschungsprogramms. In: Heintz, Bettina: Wissenschafts- und Technikforschung in der Schweiz. Sondierungen einer neuen Disziplin. S. 161-193. Zürich 1998. Seismo.

Randell, Brian: The Origins of Digital Computers. Selected Papers. Third Edition. Berlin, Heidelberg, New York 1982. Springer.

Ritter, Rudolf: Das Fernmeldematerial der Schweizerischen Armee seit 1975. Folge 10: Codes und Chiffrierverfahren. Bern 2002. Publikationen des Generalstabs. Untergruppe Führungsunterstützung.

Rohrbach, Hans: Mathematische und maschinelle Methoden beim Chiffrieren und Dechiffrieren. In Walter, Alwin (Hg.): Fiat Review of German Science 1939 - 1945. Applied mathematics (Band 1). S.233-57. o.O. 1948.

Rohwer, Jürgen; Jäckel, Eberhard: Die Funkaufklärung und ihre Rolle im 2.Weltkrieg. Eine internationale Tagung in Bonn-Bad Godesberg und Stuttgart vom 15.-18. November 1978. Stuttgart 1979. Motorbuch Verlag

Routledge Encyclopedia of Narrative Theory. London 2005. Routledge.

Rowlett, Frank B. ; Kahn, David: The Story of Magic: Memoirs of an American Cryptologic Pioneer. Laguna Hills 1998. Aegean Park Press.

Sacco, Luigi: Manuel de Cyptographie. Paris 1951.

Sacco, Luig: Manual of Cryptography. Laguna Hills 1977. Aegean Park Press. (Reprint)

Sale, Tony: The Colossus Computer, 1943-1996, and how it Helped to Break the German Lorenz Cipher in WWII. Cleobury Mortimer 1998. M&M Baldwin.

Sarasin, Philipp: Geschichtswissenschaft und Diskursanalyse. Frankfurt am Main 2003. Suhrkamp.

Sarasin, Philipp; Wecker, Regina: Raubgold, Réduit, Flüchtlinge. Zur Geschichte der Schweiz im Zweiten Weltkrieg. Zürich 1998. Chronos.

Schelhowe, Heidi: Das Medium aus der Maschine. Zur Metamorphose des Computers. Frankfurt 1996. Campus.

Schmid, Walter: Die Chiffriermaschine Nema. Hombrechtikon 2005. Typoskript

Schmeh, Klaus: Die Welt der geheimen Zeichen. Die faszinierende Geschichte der Verschlüsselung. Herdecke 2004. W3L-Verlag.

Schmeh, Klaus: Als deutscher Codeknacker im Zweiten Weltkrieg. In: Telepolis 23.9.2004. www.heise.de/tp/r4/artikel/18/18371/1.html vom 16.2.2008.

Schmeh, Klaus: Enigma-Schwachstellen auf der Spur. Enigma Zeitzeugen berichten. Teil 3. Gisbert Hasenjäger. Telepolis vom 29.08.2005. www.heise.de/tp/r4/artikel/20/20750/1.html vom 16.2.2008.

Schmundt, Hilmar: Hightech Märchen. Berlin 2002. Argon Verlag.

Schneier, Bruce: Secrets and Lies: Digital Security in a Networked World. New York 2000. Wiley.

Schneier, Bruce: Beyond Fear: Thinking Sensibly about Security in an Uncertain World. New York 2003. Copernicus Books.

Schneier, Bruce: Angewandte Kryptographie. Protokolle, Algorithmen und Sourcecode in C. München 2006. Pearson Studium.

Schulzki-Haddouti, Christiane: Vom Ende der Anonymität. Die Globalisierung der Überwachung. Hannover 2000. Heise.

Schweizerisches Bundesarchiv (Bern): Imaginer la Guerre - der schweizerische Generalstab 1804-2004 = L'Etat-Major Général Suisse 1804-2004. Bern 2004. Schweizerisches Bundesarchiv.

Sebag-Montefiore, Hugh: Enigma – the Battle for the Code. London 2000. Weidenfeld & Nicolson.

Segeberg, Harro: Technik in der Literatur. Ein Forschungsüberblick und zwölf Aufsätze. Frankfurt am Main 1987. Suhrkamp.

Segeberg, Harro: Literarische Technik-Bilder: Studien zum Verhältnis von Technik- und Literaturgeschichte im 19. und frühen 20. Jahrhundert. Tübingen 1987. Niemeyer.

Segeberg, Harro: Technik in der Literatur. Ein Forschungsüberblick und zwölf Aufsätze. Frankfurt am Main 1987. Suhrkamp.

Segeberg, Harro: Literatur im technischen Zeitalter. Von der Frühzeit der deutschen Aufklärung bis zum Beginn des ersten Weltkrieges. Darmstadt 1997. Wissenschaftliche Buchgesellschaft.

Segeberg, Harro: Die Medien und ihre Technik. Theorie, Modelle, Geschichte. Marburg 2004. Schüren.

Segeberg, Harro: Mediale Mobilmachung. Paderborn 2004. Fink Wilhelm.

Sennett, Richard: Verfall und Ende des öffentlichen Lebens: die Tyrannei der Intimität. Frankfurt am Main 2004. Fischer.

Shannon, Claude Elwood: Communication Theory of Secrecy Systems. Bell System Technical Journal, 1949/28 S.656-715.

Shannon, Claude: Mathematische Grundlagen der Informationstheorie. München, Wien 1976. Oldenbourg.

Serres, Michel: Elemente einer Geschichte der Wissenschaften. Frankfurt am Main 1998. Suhrkamp.

Shannon, Claude Elwood und Kittler, Friedrich: Ein - Aus. Ausgewählte Schriften zur Kommunikations- und Nachrichtentheorie. Berlin 2000. Brinkmann und Bose.

Simmel, Georg: Das Geheimnis und die geheime Gesellschaft. In: Soziologie. Untersuchungen über die Formen der Vergesellschaftung. S. 256-304. Leipzig 1908. Duncker & Humblot.

Singh, Simon: The Code Book: the Evolution of Secrecy from Mary, Queen of Scots to Quantum Cryptography. New York 1999. Doubleday.

Singh, Simon: Geheime Botschaften. Die Kunst der Verschlüsselung von der Antike bis in die Zeiten des Internet. München 1999. Hanser.

Singh, Simon: Codes: Die Kunst der Verschlüsselung, die Geschichte, die Geheimnisse, die Tricks. München 2002. Hanser.

Singh, Simon: The Code Book : How to Make it, Break it, Hack it, Crack it. New York 2002. Delacorte Press.

Smith, Michael: Station X: The Codebreakers of Bletchley Park. London 1998. Channel 4 Books.

Smith, Michael: Enigma Entschlüsselt. Die ›Codebreakers‹ von Bletchley Park. München 2000. Heyne.

Stadlin, Hans: 100 Jahre Boris Hagelin 1892 - 1992. Die Geschichte des Firmengründers Crypto AG Zug. Crypto Hauszeitung, Nr.11 (1992).

Standage, Tom: Das viktorianische Internet. Die erstaunliche Geschichte des Telegraphen und der Online-Pioniere des 19. Jahrhunderts. St. Gallen 1999. Midas Verlag.

Standage, Tom: Der Türke: Die Geschichte des ersten Schachautomaten und seiner abenteuerlichen Reise um die Welt. Frankfurt am Main 2002. Campus Verlag.

Stephenson, Neal: Snow Crash. New York 1993. Bantam Books.

Stephenson, Neal: Cryptonomicon. New York 1999. Avon Books.

Stephenson, Neal: Cryptonomicon. (Deutsche Übersetzung). München 2001. Goldmann.

Stephenson, Neal: Quicksilver. New York, N.Y. 2003. Morrow.

Stingelin, Martin und Scherer, Wolfgang: HardWar, SoftWar: Krieg und Medien 1914 bis 1945. München 1991. Fink.

Strehle, Res: Verschlüsselt: Der Fall Hans Bühler. Zürich 1994. Werd Verlag.

Stripp, Alan: Codebreaker in the Far East. Oxford ; New York 1995. Oxford University Press.

Stripp, Alan: The Code Snatch. Cambridge 2001. Vanguard Press.

Stripp, Alan; Hinsley, Francis Harry: Codebreakers: The Inside Story of Bletchley Park. Oxford 1993. Oxford University Press.

Teuscher, Christof: Alan Turing: Life and Legacy of a Great Thinker. Berlin 2004. Springer.

Tholen, Georg Christoph: Die Zäsur der Medien: Kulturphilosophische Konturen. Frankfurt am Main 2002. Suhrkamp.

Turing, Alan M.: Intelligence Service. Hg. von Bernhard Dotzler und Friedrich Kittler. Berlin 1987. Brinkmann und Bose.

Türkel, Siegfried: Chiffrieren mit Geräten und Maschinen. Eine Einführung in die Kryptographie. Graz 1927. Moser.

Ulbricht, Heinz: Die Chiffriermaschine Enigma - trügerische Sicherheit. Ein Beitrag zur Geschichte der Nachrichtendienste. Braunschweig 2005. Dissertation. Technische Universität Braunschweig.

Unabhängige Expertenkommission Schweiz – Zweiter Weltkrieg: Die Schweiz, der Nationalsozialismus und der Zweite Weltkrieg. Schlussbericht. Zürich 2002. Pendo.

Vademecum. Der sprachlich-technische Leitfaden der »Neuen Zürcher Zeitung«. Zürich 2006. NZZ-Libro.

Vogl, Josef: Gemeinschaften - Positionen zu einer Philosophie des Politischen. Frankfurt am Main 1994. Suhrkamp.

Walther, A.: Applied mathematics. o.O. 1948. Off. of Military Govt. for Germany, Field Information Agencies Technical, British, French, U.S.

Warnke, Martin; Coy, Wolfgang; Tholen, Georg Christoph: Hyperkult. HyperKult II. Zur Ortsbestimmung analoger und digitaler Medien. Bielefeld 2005. Transcript.

Walther, Alwin (Hg.): Fiat Review of German Science 1939-1945. Applied Mathematics (Band 1). S.233-57. o.O. 1948.

Weierud, Frode; Hamer, David; Sullivan, Geoff: Enigma Variations: An Extended Family of Machines. Cryptologia Nr.22, 1998/3. S. 211-23.

Weierud, Frode und Sullivan, Geoff: The Swiss NEMA Cipher Machine. In: Cryptologia Nr. 23.1999/4. S.310-328.

Welchman, Gordon: The Hut Six Story: Breaking the Enigma Codes. New York 1982. McGraw-Hill.

Welzer, Harald: Das kommunikative Gedächtnis. Eine Theorie der Erinnerung. München 2005. Beck.

Welzer, Harald (Hg): Der Krieg der Erinnerung. Holocaust, Kollaboration und Widerstand im europäischen Gedächtnis. Frankfurt 2007. Fischer.

Welzer, Harald und Lenz, Claudia: Opa in Europa. Erste Befunde einer vergleichenden Tradierungsforschung. In: Welzer, Harald (Hg): Der Krieg der Erinnerung. Holocaust, Kollaboration und Widerstand im europäischen Gedächtnis. Frankfurt 2007. Fischer. S.7-40.

Winder, Simon: The Man who Saved Britain. A Personal Journey into the Disturbing World of James Bond. London 2006. Picador.

Winkel, Brian: Why Cryptologia. Cryptologia. Nr.1.1978.

Winterbotham, Frederick. W.: Secret and Personal. London 1969. Kimber.

Winterbotham, Frederick. W.: The Ultra Secret. New York 1974. Harper & Row.

Winterbotham, Frederick. W.: The Ultra Secret. London 2000. Orion.

Winterbotham, Frederick. W.: Aktion Ultra. Frankfurt, Berlin 1976. Ullstein.

Zielinski, Siegfried: Archäologie der Medien. Zur Tiefenzeit des technischen Hörens und Sehens. Reinbek bei Hamburg 2002. Rowohlt

E. Weitere Bilder und Dokumente

Verschiedene Enigma-Maschinen

Deutsche Wehrmacht-Enigma (oben). Deutlich erkennbar ist das Steckerbrett ganz vorne, das beim Schweizer Modell (Enigma K) fehlt. Im Übrigen sind die Maschinen baugleich. (Bilder D. Landwehr)

Die Entschlüsselung der Schweizer Enigma

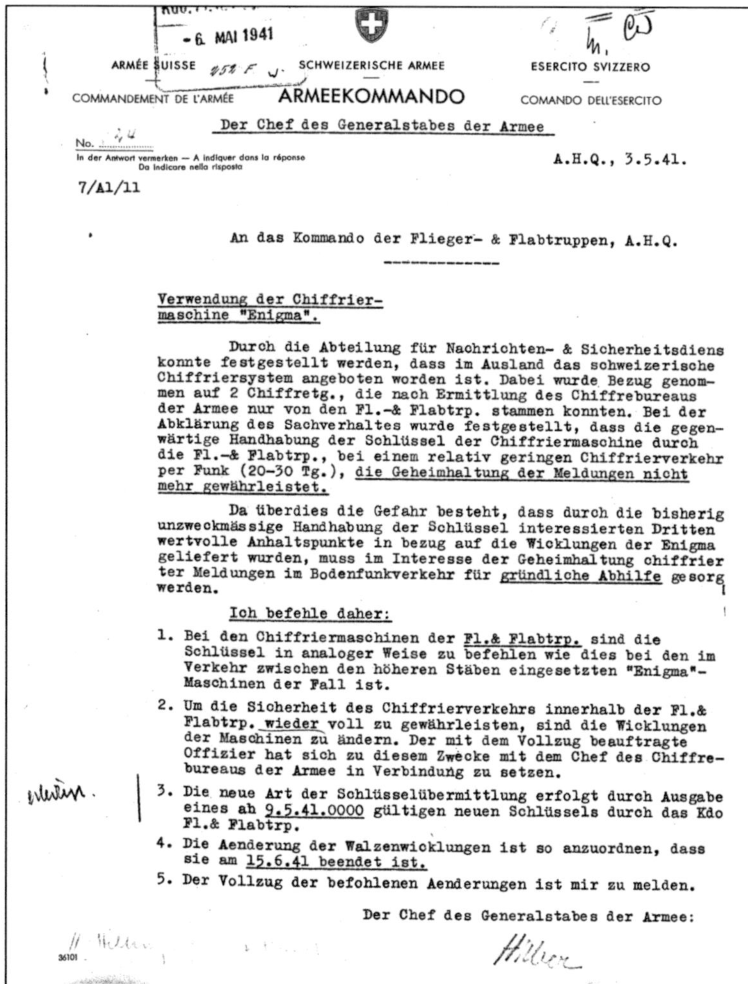

- 6. MAI 1941

ARMÉE SUISSE — SCHWEIZERISCHE ARMEE — ESERCITO SVIZZERO

COMMANDEMENT DE L'ARMÉE — ARMEEKOMMANDO — COMANDO DELL'ESERCITO

Der Chef des Generalstabes der Armee

No. ......

In der Antwort vermerken — A indiquer dans la réponse — Da indicare nella risposta

A.H.Q., 3.5.41.

7/Al/11

An das Kommando der Flieger- & Flabtruppen, A.H.Q.

Verwendung der Chiffriermaschine "Enigma".

Durch die Abteilung für Nachrichten- & Sicherheitsdiens konnte festgestellt werden, dass im Ausland das schweizerische Chiffriersystem angeboten worden ist. Dabei wurde Bezug genommen auf 2 Chiffretg., die nach Ermittlung des Chiffrebureaus der Armee nur von den Fl.-& Flabtrp. stammen konnten. Bei der Abklärung des Sachverhaltes wurde festgestellt, dass die gegenwärtige Handhabung der Schlüssel der Chiffriermaschine durch die Fl.-& Flabtrp., bei einem relativ geringen Chiffrierverkehr per Funk (20-30 Tg.), die Geheimhaltung der Meldungen nicht mehr gewährleistet.

Da überdies die Gefahr besteht, dass durch die bisherig unzweckmässige Handhabung der Schlüssel interessierten Dritten wertvolle Anhaltspunkte in bezug auf die Wicklungen der Enigma geliefert wurden, muss im Interesse der Geheimhaltung chiffrierter Meldungen im Bodenfunkverkehr für gründliche Abhilfe gesorgt werden.

Ich befehle daher:

1. Bei den Chiffriermaschinen der Fl.& Flabtrp. sind die Schlüssel in analoger Weise zu befehlen wie dies bei den im Verkehr zwischen den höheren Stäben eingesetzten "Enigma"-Maschinen der Fall ist.
2. Um die Sicherheit des Chiffrierverkehrs innerhalb der Fl.& Flabtrp. wieder voll zu gewährleisten, sind die Wicklungen der Maschinen zu ändern. Der mit dem Vollzug beauftragte Offizier hat sich zu diesem Zwecke mit dem Chef des Chiffrebureaus der Armee in Verbindung zu setzen.
3. Die neue Art der Schlüsselübermittlung erfolgt durch Ausgabe eines ab 9.5.41.0000 gültigen neuen Schlüssels durch das Kdo Fl.& Flabtrp.
4. Die Aenderung der Walzenwicklungen ist so anzuordnen, dass sie am 15.6.41 beendet ist.
5. Der Vollzug der befohlenen Aenderungen ist mir zu melden.

Der Chef des Generalstabes der Armee:

Huber

36101

Die Schweizer Enigma war durch das fehlende Steckerbrett weit weniger sicher als die Maschine, die in Deutschland verwendet wurde. Nachlässige Handhabung verschlechterte aber auch hier die Sicherheit zusätzlich: Offenbar wurde bei einem Teil der in der Schweiz verwendeten Maschinen die Walzen-Verdrahtung, hier Wicklung genannt, nicht geändert. Der Fehler wurde aber erkannt und entsprechende Konsequenzen wurden gezogen. Man war sich hier durchaus bewusst, dass auch die Enigma keine umfassende Sicherheit bot. (Quelle: Schweizer Bundesarchiv Bern. Bestände E27/19007.)

Enigma-Simulation (Crypto Simulation Group)

Reproduktion mit freundlicher Genehmigung von Frode Weierud

http://www.hut-six.co.uk/
http://frode.web.cern.ch/frode/crypto/index.html

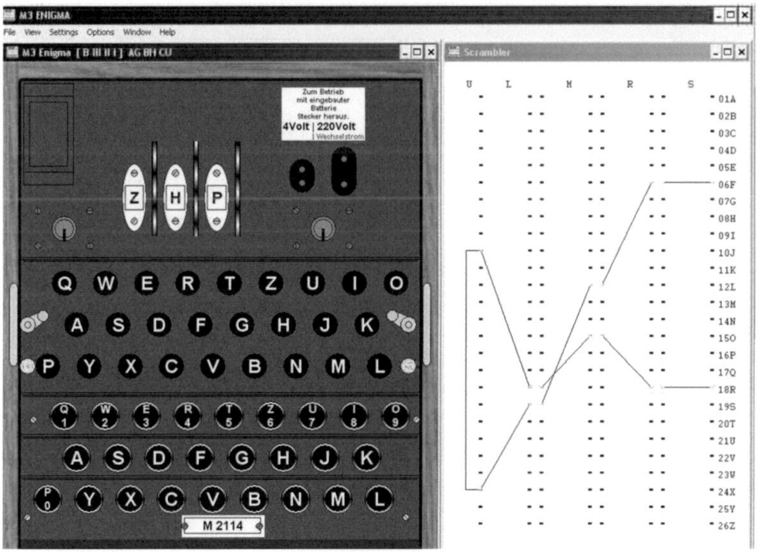

So präsentiert sich die Simulation einer dreirotorigen Enigma. Die Software der Crypto-Simulation Group erlaubt verschiedene Ansichten. Im vorliegenden Fall wird gezeigt, wie der Strom durch die drei Rotoren und via Umkehrwalze wieder zurück fliesst.

Papierenigma

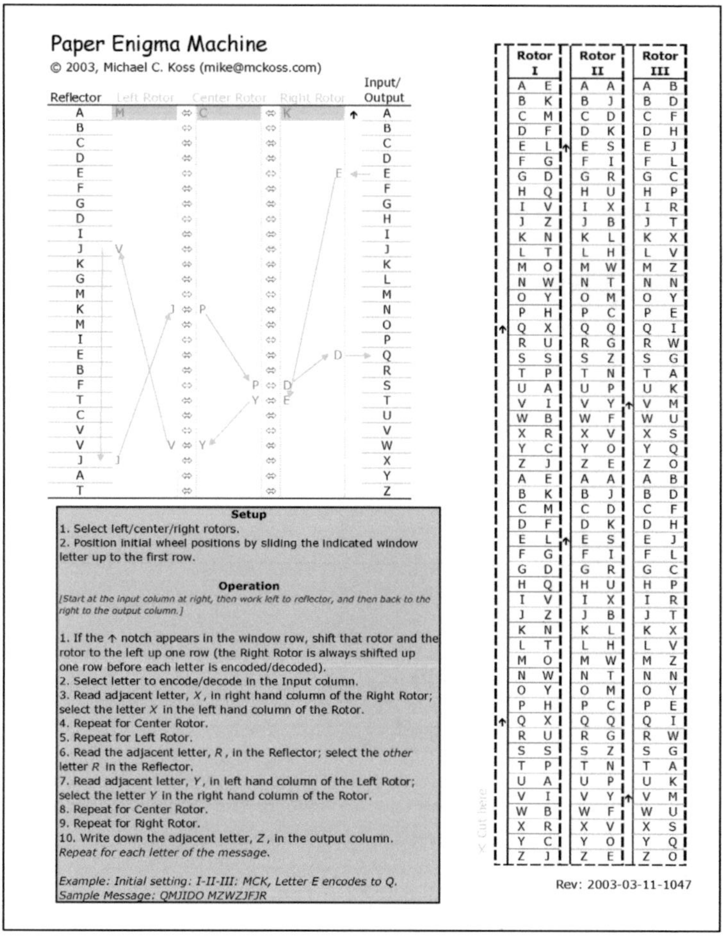

Paper Enigma Machine

Reflector	Left Rotor		Center Rotor		Right Rotor		Input/ Output
A	M	⇔	C	⇔	K	↑	A
B		⇔		⇔			B
C		⇔		⇔			C
D		⇔		⇔			D
E		⇔		⇔	E	←	E
F		⇔		⇔			F
G		⇔		⇔			G
D		⇔		⇔			H
I		⇔		⇔			I
J	V	⇔		⇔			J
K		⇔		⇔			K
G		⇔		⇔			L
M		⇔		⇔			M
K	J	⇔	P	⇔			N
M		⇔		⇔			O
I		⇔		⇔			P
E		⇔		⇔	D	→	Q
B		⇔		⇔			R
F		⇔	P	⇔	D		S
T		⇔	Y	⇔	E		T
C		⇔		⇔			U
V		⇔		⇔			V
V	V	⇔	Y	⇔			W
J	J	⇔		⇔			X
A		⇔		⇔			Y
T		⇔		⇔			Z

Setup

1. Select left/center/right rotors.
2. Position initial wheel positions by sliding the indicated window letter up to the first row.

Operation

[Start at the input column at right, then work left to reflector, and then back to the right to the output column.]

1. If the ↑ notch appears in the window row, shift that rotor and the rotor to the left up one row (the Right Rotor is always shifted up one row before each letter is encoded/decoded).
2. Select letter to encode/decode in the Input column.
3. Read adjacent letter, *X*, in right hand column of the Right Rotor; select the letter *X* in the left hand column of the Rotor.
4. Repeat for Center Rotor.
5. Repeat for Left Rotor.
6. Read the adjacent letter, *R*, in the Reflector; select the *other* letter *R* in the Reflector.
7. Read adjacent letter, *Y*, in left hand column of the Left Rotor; select the letter *Y* in the right hand column of the Rotor.
8. Repeat for Center Rotor.
9. Repeat for Right Rotor.
10. Write down the adjacent letter, *Z*, in the output column.

Repeat for each letter of the message.

Example: Initial setting: I-II-III: MCK, Letter E encodes to Q.
Sample Message: QMJIDO MZWZJFJR

Rotor I		Rotor II		Rotor III	
A	E	A	A	A	B
B	K	B	J	B	D
C	M	C	D	C	F
D	F	D	K	D	H
E	L	E ↑	S	E	J
F	G	F	I	F	L
G	D	G	R	G	C
H	Q	H	U	H	P
I	V	I	X	I	R
J	Z	J	B	J	T
K	N	K	L	K	X
L	T	L	H	L	V
M	O	M	W	M	Z
N	W	N	T	N	N
O	Y	O	M	O	Y
P	H	P	C	P	E
↑ Q	X	Q	Q	Q	I
R	U	R	G	R	W
S	S	S	Z	S	G
T	P	T	N	T	A
U	A	U	P	U	K
V	I	V	Y	↑ V	M
W	B	W	F	W	U
X	R	X	V	X	S
Y	C	Y	O	Y	Q
Z	J	Z	E	Z	O
A	E	A	A	A	B
B	K	B	J	B	D
C	M	C	D	C	F
D	F	D	K	D	H
E	L	E ↑	S	E	J
F	G	F	I	F	L
G	D	G	R	G	C
H	Q	H	U	H	P
I	V	I	X	I	R
J	Z	J	B	J	T
K	N	K	L	K	X
L	T	L	H	L	V
M	O	M	W	M	Z
N	W	N	T	N	N
O	Y	O	M	O	Y
P	H	P	C	P	E
↑ Q	X	Q	Q	Q	I
R	U	R	G	R	W
S	S	S	Z	S	G
T	P	T	N	T	A
U	A	U	P	U	K
V	I	V	Y	↑ V	M
W	B	W	F	W	U
X	R	X	V	X	S
Y	C	Y	O	Y	Q
Z	J	Z	E	Z	O

✂ Cut here

Rev: 2003-03-11-1047

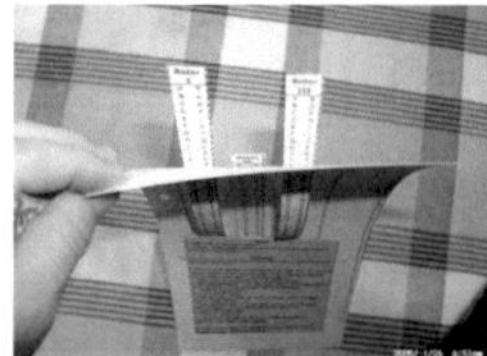

Reproduktion mit freundlicher Genehmigung der Autoren
http://mckoss.com/Crypto/Enigma.htm

Kultur- und Medientheorie

Thomas Ernst,
Patricia Gozalbez Cantó,
Sebastian Richter,
Nadja Sennewald,
Julia Tieke (Hg.)
SUBversionen
Zum Verhältnis von Politik und Ästhetik in der Gegenwart

März 2008, 406 Seiten,
kart., 30,80 €,
ISBN: 978-3-89942-677-9

Ronald Kurt,
Klaus Näumann (Hg.)
Menschliches Handeln als Improvisation
Sozial- und musikwissenschaftliche Perspektiven

März 2008, 238 Seiten,
kart., 25,80 €,
ISBN: 978-3-89942-754-7

Cora von Pape
Kunstkleider
Die Präsenz des Körpers in textilen Kunst-Objekten des 20. Jahrhunderts

Februar 2008, 228 Seiten,
kart., zahlr. Abb., 26,80 €,
ISBN: 978-3-89942-825-4

Christian Bielefeldt,
Udo Dahmen,
Rolf Großmann (Hg.)
PopMusicology
Perspektiven der Popmusikwissenschaft

Februar 2008, 284 Seiten,
kart., 26,80 €,
ISBN: 978-3-89942-603-8

Annett Zinsmeister (Hg.)
welt[stadt]raum
Mediale Inszenierungen

Januar 2008, 172 Seiten,
kart., zahlr. Abb., 18,80 €,
ISBN: 978-3-89942-419-5

Helge Meyer
Schmerz als Bild
Leiden und Selbstverletzung in der Performance Art

Januar 2008, 372 Seiten,
kart., zahlr. Abb., 35,80 €,
ISBN: 978-3-89942-868-1

Torben Fischer,
Matthias N. Lorenz (Hg.)
Lexikon der »Vergangenheitsbewältigung« in Deutschland
Debatten- und Diskursgeschichte des Nationalsozialismus nach 1945

2007, 398 Seiten,
kart., 29,80 €,
ISBN: 978-3-89942-773-8

Laura Bieger
Ästhetik der Immersion
Raum-Erleben zwischen Welt und Bild.
Las Vegas, Washington und die White City

2007, 266 Seiten,
kart., zahlr. Abb., 26,80 €,
ISBN: 978-3-89942-736-3

Lars Koch (Hg.)
Modernisierung als Amerikanisierung?
Entwicklungslinien der westdeutschen Kultur 1945-1960

2007, 330 Seiten,
kart., 29,80 €,
ISBN: 978-3-89942-615-1

Leseproben und weitere Informationen finden Sie unter:
www.transcript-verlag.de